建设工程监理

(第2版)

任国亮　俞　鑫　主　编
陆天宇　牛　杰　副主编

清华大学出版社
北　京

内容简介

本书是依据最新的《建设工程监理规范》(GB/T 50319—2013)，并结合《建设工程项目管理规范》(GB/T 50326—2017)的内容，按照国家注册监理工程师和监理员的考试要点和职业岗位任职要求，以建设工程实施阶段工程项目为载体，基于监理从业人员具体执业的系统化工作过程来展开，系统地介绍了建设工程监理的起源、发展，以及工程监理的主要执业内容、国外工程管理模式和特点等。

本书紧紧围绕培养高素质技术技能型人才这一职业教育目标，注重理论知识适度够用，特别突出实践动手能力的培养，并通过每章的项目化任务来实现。为了更好地推行项目化任务的实施，在每章的起始部分都清晰地展现了能力目标、知识目标和素质目标，然后通过情境案例逐步引导学生。此外，本书在编写过程中还涉及了最新的职业标准、技术规范和行业要求，并提供了大量的案例与习题。

本书既可作为高职高专建筑工程技术专业、工程管理等土建类专业的教材，也可作为注册监理工程师考试和监理员考试的辅导培训教材。

图书在版编目(CIP)数据

建设工程监理/任国亮，俞鑫主编. —2 版. —北京：清华大学出版社，2020.8
ISBN 978-7-302-55676-3

Ⅰ. ①建…　Ⅱ. ①任…　②俞…　Ⅲ. ①建筑工程—监理工作　Ⅳ. ①TU712.2

中国版本图书馆 CIP 数据核字(2020)第 100819 号

责任编辑：石　伟　桑任松
装帧设计：刘孝琼
责任校对：李玉茹
责任印制：沈　露
出版发行：清华大学出版社
　　网　　址：http://www.tup.com.cn, http://www.wqbook.com
　　地　　址：北京清华大学学研大厦 A 座　　**邮　　编**：100084
　　社 总 机：010-62770175　　**邮　　购**：010-62786544
　　投稿与读者服务：010-62776969, c-service@tup.tsinghua.edu.cn
　　质量反馈：010-62772015, zhiliang@tup.tsinghua.edu.cn
　　课件下载：http://www.tup.com.cn, 010-62791865
印 装 者：北京嘉实印刷有限公司
经　　销：全国新华书店
开　　本：185mm×260mm　　**印　张**：15.5　　**字　数**：375 千字
版　　次：2014 年 9 月第 1 版　2020 年 8 月第 2 版　　**印　次**：2020 年 8 月第 1 次印刷
定　　价：49.00 元

产品编号：086661-01

前　言

我国的建设工程监理制度，是传承自古以来的营造监督管理制度与借鉴学习西方现代工程咨询制度的产物，同时充分考虑了我国各项工程项目建设在施工阶段的管理模式与管理特色。一般认为在1988年开始试点，而以法律制度的形式首次作出规定，并提出“国家推行建筑工程监理制度”，则是始于1997年颁布的《中华人民共和国建筑法》，它从法律上明确了监理制度的地位，为监理行业企业的合规发展奠定了基础。

目前，建设工程监理已经逐渐转型，积极迈向现代工程咨询服务业，而建设市场亟须培养掌握建设工程监理工程实践最新内容的工程应用管理型人才和服务于建筑生产一线的高技能高素质人才。为此，我们组织编写了本书，旨在帮助高职高专土建类的学生以及有关现场工程施工、管理人员和其他社会学习者更系统地掌握我国目前建设工程监理实践中的基本知识和基本技能，为学习考试、升学就业和培训发展打下坚实的基础。

本书编写坚持以工程实践应用为目的，以通用性和实用性相结合为原则，以最新颁布的有关建设工程监理的法律法规以及相关文件为依据，突出了“项目引领、任务驱动、技能训练、做学教合一”的项目化教材编写特色。全书共分为8章，各章主要内容介绍如下：第1章介绍建设工程监理的基本概念及背景知识；第2章讲述建设工程监理的各类法规体系；第3章讲述监理员、监理工程师的执业内容和监理企业的经营特点；第4章讲述建立监理组织机构的原则、步骤及项目监理机构的组织设计；第5章讲述建设工程监理的目标控制原理和主要内容；第6章介绍建设工程项目监理文件的主要内容和编制方法；第7章介绍最新的国外工程管理模式及其内容；第8章用于自主学习，包括大量案例训练、网络资源以及综合测试。在每个章节中，均设置对应的工程情境、工程案例和具有针对性的项目化技能训练，为零距离职业岗位适应奠定良好的基础。

本书以培养土建类高端技能型人才为目标，既可作为高职高专土建类各专业(建筑工程技术、建设工程监理、建设工程管理、工程造价、装饰工程技术)的教材，也可作为土木工程施工技术与工程管理人员的职业培训教材和参考书。

本书由任国亮、俞鑫担任主编，陆天宇、牛杰任副主编，沈程、姚文驰、郭晓东参编，郑惠虹主审。本书在编写过程中参考并引用了许多文献资料，在此向所有的相关作者表示衷心的感谢！

由于编者水平有限，书中难免有不当之处，恳请各位读者批评指正，以便今后进一步修订完善。

编　者

目　　录

第 1 章　建设工程监理职业概貌

【学习目标】

能力目标	知识目标	素质目标
(1) 能够描述建设工程监理的职业内容及特点 (2) 能够搜集监理行业的历史发展资料并分析其发展特点 (3) 能够分析区域性工程监理业务的发展现状，分析存在的问题并提出具体对策	(1) 理解建设工程监理的基本概念 (2) 了解我国建设工程监理制度的缘起、发展和趋势 (3) 理解我国建设工程监理的性质与责任	(1) 培养敏锐的工程市场观察和分析能力 (2) 树立求真务实、爱岗敬业的职业道德意识 (3) 培养一丝不苟、细致耐心的工作作风

【任务引导】

1. 背景

《建筑业发展“十三五”规划》(必要时可简称《规划》)由住房和城乡建设部于 2017 年 4 月正式公布。这是“十三五”开局之际针对建筑业制订的发展规划，内容涵盖工程勘察设计、建筑施工、建设监理、工程造价等行业，以及政府对建筑市场、工程质量安全、工程标准定额、建筑节能与技术进步等方面的监督管理工作。

《规划》提出了“十三五”期间建筑业发展的六大目标。例如，市场规模目标，主要包括建筑业总产值年均增长 7%、建筑业增加值年均增长 5.5%；工程勘察设计企业营业收入年均增长 7%；工程监理、造价咨询、招标代理等工程咨询服务企业营业收入年均增长 8%；建筑企业对外工程承包营业额年均增长 6%。产业结构调整目标，主要包括促进大型企业做优做强，形成一批龙头企业。大力发展专业化施工，推进专业承包企业快速发展，尤其是原有的劳务企业和工人，要组建成为小微作业专业企业。加强业态创新，如“互联网＋”等，支持新业态的发展。技术进步三大目标：一是现有技术水平领先的领域要保持；二是要推进以 BIM(Building Information Modeling，建筑信息模型)为核心的信息化技术的开发应用；三是一级以上施工总承包企业技术研发投入占企业营业收入比例在“十二五”期末基础上提高 1 个百分点。

2. 任务布置

请仔细阅读学习《建筑业发展“十三五”规划》，并撰写短文，分析建设工程监理行业即将面临的机遇和挑战。

【应知应会】

在本章的学习过程中，应重点把握我国建设工程监理的性质与责任，并结合最新的国家建筑业“十三五”规划、各省(自治区、直辖市)地方“十三五”规划和建筑业结构调整背景，了解建设工程监理的基本概念、发展历程以及未来趋势。

在本章的学习过程中，应会搜集行业发展历史资料并整理分析；应会分析目前区域性监理行业面临的发展机遇，并寻求其发展对策。

1.1 建设工程监理基础知识

1.1.1 建设工程监理的内涵

1. 监理的定义

我们不妨拆开“监理”这两个字进行分析。“监”是监视、督察的意思。《诗·小雅·节南山》中就有：“何用不监。”“监”是一项目标性很明确的具体行为，进一步延伸，它有视察、检查、评价、控制等纠偏、督促实现目标之意。“理”可从以下几个方面进行理解。首先，它是一个哲学概念，通常指条理、准则。如战国时期的韩非子认为：“理者，成物之文(指规律)也。”其次，“理”通“吏”，是一个官员或执行者。以此引申“监理”的含义，可表述为：以某项条理或准则为依据，对一项行为进行监视、督察、控制和评价。由一个执行机构或一个执行者来实施的行为，这个机构或人也可以称为“监理”。而“条理”侧重于对计划、组织、指挥、控制、协调等的从中疏理、实现目标的意思。因此，综合上述几层意思，“监理”的含义可以更全面地表述为：一个执行机构或执行者，依据准则，对某一行为的有关主体进行督察、监控和评价，守“理”者按程序办事，违“理”者则必究；同时，这个执行机构或执行人还要采取组织、协调、控制、措施完成任务，使主办人员更准确、更完整、更合理地达到预期目标。

建筑业人士一般认为，“监理即为实施承包合同，由业主组建或选择监理工程师单位依据合同对承包商的生产(进度、质量和投资)进行监督和管理工作”。

《建设工程监理规范》(GB/T 50319—2013)对“监理(Construction Project Management)”提出以下定义：“受建设单位委托，根据法律法规、工程建设标准、勘察设计文件及合同，在施工阶段对建设工程质量、进度、造价进行控制，对合同、信息进行管理，对工程建设相关方的关系进行协调，并履行建设工程安全生产管理法定职责的服务活动。”

2. 建设工程监理的定义

在对“监理”的一般概念进行讨论之后，就不难理解建设监理的意义。建设监理实质上是对建设领域有关建设活动的“监理”，但它不同于一般性的监督管理，而是以一个严密的制度构成显著特征的综合管理行为。

原建设部和国家计委颁布《工程建设监理规定》(建监〔1995〕第 737 号文)，它对建设工程监理的定义：“建设工程监理是指监理单位受项目法人的委托，依据国家批准的工程项目建设文件、有关工程建设的法律法规和工程建设监理合同及其他工程建设合同，对工程建设实施的监督管理。”

建设工程监理是指社会化、专业化的工程建设监理单位，在接受工程建设项目业主的委托和授权之后，根据国家批准的工程项目建设文件、有关工程建设的法律法规和工程建设监理合同以及其他工程建设合同，控制工程建设的投资、工期、质量，协调工程建设中的各种关系，维护工程建设合同各方的利益，针对工程项目建设所进行的旨在实现工程建设项目投资目的的微观性监督管理活动。

1.1.2　建设工程监理概要

1. 建设工程监理的行为主体

《中华人民共和国建筑法》(以下简称《建筑法》)明确规定，实施监理的建设工程，由建设单位委托具有相应资质条件的工程监理企业实施监理。建设工程监理的行为主体是工程监理企业，这是我国建设工程监理制度的一项重要规定。建设工程监理不同于建设行政主管部门的监督管理。后者的行为主体是政府部门，它具有明显的强制性，是行政性的监督管理，它的任务、职责、内容不同于建设工程监理。同样，总承包单位对分包单位的监督管理也不能视为建设工程监理。

2. 建设工程监理的对象

建设工程监理是针对工程项目建设所实施的监督管理活动，建设工程监理对象也称为被监理行为主体，是指与工程建设项目业主签订了工程建设合同的设计、施工、设备材料供应单位等，它们共同指向的是新建、改建和扩建的各种工程项目。

工程建设委托监理合同和各种施工承包合同赋予了监理单位监督管理的权利，监理单位有权按照国家和有关部门颁布的法律、法规、标准、规范以及批准的建设计划、设计文件等，依照有关合同的规定进行监理。施工单位在执行施工承包合同时，必须接受监理单位的监理，并为监理工作的开展提供条件和协助。如果业主授权对设计单位、施工单位、材料设备供应单位实行全面监理时，这些单位也必须接受监理单位的监理。

3. 建设工程监理实施的前提

《建筑法》明确规定，建设工程监理的实施需要建设单位的委托和授权。工程监理企业应根据委托监理合同和有关建设工程合同的规定实施监理。

建设工程监理只有在建设单位委托的情况下才能进行。只有与建设单位订立书面委托监理合同，明确了监理的范围、内容、权利、义务和责任等，工程监理企业才能在规定的范围内行使管理权，合法地开展建设工程监理。工程监理企业在委托监理的工程中拥有一定的管理权限，能够开展管理活动，这是建设单位授权的结果。

承建单位根据法律、法规的规定以及它与建设单位签订的有关建设工程合同的规定接受工程监理企业对其建设行为进行的监督管理，接受并配合监理是其履行合同的一种行为。

工程监理企业根据委托监理合同和有关建设工程合同对建设行为实施监理。仅委托施工阶段监理的工程，只能根据委托监理合同和施工合同对施工行为实行监理；委托全过程监理的工程，可根据委托监理合同以及勘察合同、设计合同、施工合同对勘察单位、设计单位和施工单位实行监理。

4. 建设工程监理的依据

建设工程监理必须严格按照有关法律、法规和其他有关准则进行。建设工程监理的依据包括以下三个部分。

(1) 国家批准的工程建设文件，包括政府工程建设行政主管部门批准的工程建设项目可行性研究报告、规划、计划和设计文件。

(2) 有关工程建设各个方面的法律、法规，包括工程建设方面的现行规范、标准、规程，以及由各级立法机关和政府工程建设行政主管部门颁发的有关法律、法规。

(3) 工程建设监理合同和其他工程建设合同，具体包括依法签订的工程建设监理合同、工程勘察合同、工程设计合同、工程施工合同、材料和设备供应合同等。

应当特别说明的是，各类工程建设合同(特别是工程建设监理合同)是建设工程监理最直接的依据。

5. 建设工程监理的微观性质

建设工程活动对于国民经济的发展和人民生活水平的提高都具有极为重要的影响，因此，在任何国家，政府工程建设行政主管部门都必然要对工程建设活动实施一定的监督管理。但是政府工程建设行政主管部门的监督管理是一种宏观性质的监督管理活动，而建设工程监理的监督管理是一种微观性质的监督管理，二者有着本质的区别。

建设工程监理活动是针对某个具体的工程建设项目展开的。工程建设项目业主委托建设工程监理的目的就是期望工程建设监理单位能够协助其实现工程建设项目的投资目的，它是紧紧围绕着工程项目建设的各项投资活动和生产活动所进行的监督管理，注重具体工程建设项目的实际利益。

6. 当前建设工程监理的实施阶段

建设工程监理这种监督管理服务活动主要出现在工程项目建设的设计阶段(含设计准备过程)、招标阶段、施工阶段以及竣工验收和保修阶段。

当然，在工程项目建设实施阶段，建设工程监理单位的服务活动是否是建设工程监理活动还要看项目业主是否授予建设工程监理单位监督管理权。之所以这样界定，主要因为建设工程监理是“第三方”的监督管理行为，它的发生不仅要有委托方，还需要与项目业主建立委托与服务的关系，而且要有建设工程被监理方，需要与只在工程建设项目实施阶段才出现的设计、施工和材料设备供应单位等承建商建立建设工程监理与被建设工程监理的关系。

同时，建设工程监理的目的是协助项目业主在预定的投资、进度、质量目标内建成工程建设项目，它的主要内容是进行投资控制、进度控制、质量控制、合同管理、信息管理以及组织协调，而所有这些活动也都主要发生在工程项目建设的实施阶段。

1.2　我国建设工程监理制度的缘起

1.2.1　建设工程监理制度追溯

在我国漫长的封建社会里，建设活动大体可分为两种类型：一种是官府主持的建设活动；另一种是民间的建设活动。民间的建设活动多为个人建房，一般是砖木结构，茅草或泥、瓦盖顶，施工时多为互助性质，不取报酬。官府的建设活动多为宫殿与防御工程，靠行政力量强制征调工匠施工，在建造过程中虽有官吏负责组织设计和施工活动，但主要靠刀枪棍棒监督，工匠只得工食，报偿视具体情况而定(对比修筑长城与建造故宫)。

1840 年鸦片战争以后，随着帝国主义列强的铁蹄踏入中国，一些资本主义的生产方式开始传入我国，使我国建设活动的经营与管理体制发生了很大变化。19 世纪末，上海杨斯盛氏在上海创办“杨瑞记”营造厂，承揽建筑工程业务。此后，由中国人民自营或与外国人合营的营造厂相继成立，逐渐形成了土建工程承包业。与此同时，设计与施工进一步分离，出现了专营设计的建筑师事务所(俗称“打样间”)。业主营造房屋，比过去显得超脱，他先请“打样间”的建筑师进行设计，设计完成后刊登“招标”启事，凡愿承包的营造厂均可向“打样间”领取图纸，然后各自开出包造价格，封还“打样间”称为“投标”。参加投标的营造厂信誉好坏不同，开价高低不一，建筑师便帮助业主进行比较和优选。选定营造厂后，业主便与之签订工程承包合同。进入施工后，涉及建筑工程的各方都派监工员——俗称“看工”。首先，业主对工程的进度、质量最为关心，他要派监工驻扎现场，俗称“东家看工”。其次，建筑师事务所对营造厂能否认真执行设计要求，达到设计意图也十分关注，也要派出监工，俗称“打样间看工”。营造厂是工程的营造者，为维护自身的利益，不仅厂部有总看工，工地也派出看工。再次，管理城市建设的政府部门如工部局、公董局、工务局也派出监工员，俗称“马路官”。业主的看工往往委托“打样间看工”代行职权，其他 3 种看工也都对施工过程行使监督权，只是各自角度不一，所起作用也不同。如大梁钢筋绑扎好后，在灌浇混凝土之前，需要经“打样间看工”、营造厂工地看工、“马路官”一一查检，符合设计要求方可继续施工。在施工的监督过程中，“打样间看工”的权力很大，如营造厂未能按期完成规定的工程进度，则“打样间看工”不予签发领款证书，确需增加造价时，必须由业主、“打样间”建筑师及营造厂三方会签“工程更改证书”。

新中国成立前，我国工程营造中的这套监工制度，对监督工程进度、质量和造价起到了一定的作用。但由于唯利是图的资本主义经营性质，往往造成空监而不督，弊病累累。例如，浇捣混凝土时虽然有“东家看工”或“打样间看工”在现场监督配合比，但营造厂却想出种种方法瞒天过海。如在量水泥的斗中浇水，使斗中积上厚厚的一层水泥，从而减小斗的容量，以此降低水泥耗用；至于木材以旧代新、以次充好、降低材料品级的现象更为普遍；更有甚者，营造厂贿赂监工员，互相勾结，偷工减料。设计师或“打样间看工”“马路官”到工地监督，往往收受了营造厂的贿赂，而对质量、用料只求过得去，睁一只眼闭一只眼。例如，1929 年建成的华懋公寓，设计师从王荪记营造厂捞得 2 万两银子，对桩基施工中的偷工减料佯装不知，后来，这幢大楼下沉了 2 m。这充分说明在那样的社会里，这套貌似严格的监工制度实则徒有虚名。

1.2.2 建设工程监理制度的演进

新中国成立以后，社会主义公有制迅速占领了国民经济的主导地位，工程建设的目的是建立完整的工业体系和国民经济体系，不断改善人民物质文化生活。工程建设各参与者的根本利益一致，建设活动中监督的性质有了转变，其监督方式也适应多快好省完成国家建设任务的需要而不断完善和发展。自新中国成立以来，我国建设领域的广大职工对国民经济建设做出了巨大贡献，社会主义建设所取得的成就为世人所瞩目，回顾我国建设事业的发展历程，其中有许多经验和教训值得借鉴。

1. 从新中国成立到 20 世纪 70 年代末——政府部门的单向行政监督和施工单位的自我监督

从新中国成立到 20 世纪 70 年代末这 30 年期间，我国实行的是高度集中的计划经济体制。在工程建设领域，建筑生产长期被认为是“来料加工”活动，是“吃”国家投资和建筑材料的单纯消费行为，否定其物质生产的本质和商品交易的属性，以此形成了一种自然经济色彩浓厚的工程建设管理格局：建设投资由行政部门按条条块块层层拨付，施工任务由行政部门向各自所属的建筑企业直接下达，主要建筑材料采取物随钱走的供应方式，随投资向各工程项目按需调拨。在这种格局中，建设、施工、设计单位只是被动地执行任务，是行政部门的附属物。因此，政府对他们所参与的工程建设活动采取的是单向的行政监督，即按行政系统对下级的工作监督。

在工程建设的具体实施中，由于工程费用实报实销、不计盈亏、不讲核算，工程建设各参与者关注的重点是工程进度和质量。为了保进度，施工单位不惜投入大量人力，采用兵团式的人海战术。而对工程质量的保证又主要依靠施工单位的自我监督。30 年间，我国在工程质量的监督方面有着许多经验教训。1953—1957 年，第一个五年计划期间，由于 156 项工业建设，中央成立了建筑工程部，领导华北工程管理局等 11 个直属建筑工程局，承担了大部分的施工任务。当时，主要是由甲乙双方向现场派驻质量监督人员，没有统一的部署，由于对工程质量验收标准认识不一，往往引起争执，甚至造成施工中断。1958—1962 年，第二个五年计划期间，对工程项目的质量监督工作，经建工部向中央建议决定，改由乙方建立独立的质量监督机构负责监督，隐蔽工程的验收仍由甲方负责。但由于工程质量监督工作在同一个企业领导之下，当工期、产量与质量要求产生矛盾时，往往牺牲质量，使工程质量监督工作不能有效地展开。1958 年，为了响应“大跃进”的号召，建工部也提出了“以快速施工为纲”的口号，致使工程质量监督工作受到了很大的影响，也发生了房屋倒塌事故。1961—1965 年，在国民经济调整阶段，建工部加强了对工程质量监督工作的领导，于 1963 年制定并颁发了《建筑安装工程技术监督工作条例》，要求建筑安装企业必须建立独立的技术监督机构，加强对施工全过程的技术监督工作，并提出了谁施工谁负责质量，对每一工序实行自检、互检、交接检验制度，尽量把不合格工程消灭在施工过程之中。同时，建工部开始编制《建筑工程质量检验评定标准》，使每个工种在检验项目、检测工具、检验方法和评定标准上做到四统一，使全国各地的评定结果具有可比性。但这时的质量监督工作仍限于企业内部的自我检查，工程质量的好坏往往取决于企业领导的质量意识。1965 年开展了工业学大庆运动，在工程质量上贯彻“三老四严”的作风，由于领导的重视和实行计时工资制度的缘故，工程质量有了明显提高。1966—1976 年的十年动乱期间，曾把一切规章、制度、办法统统当作“管、卡、压”进行批判，工程质量普遍下降，码头滑坡、巷道冒顶、管线断裂、设备爆炸、房屋倒塌的事故时有发生，形成了第二次建筑物倒塌破坏的高潮。1977—1979 年，为了改变屡受冲击的工程质量状况，原国家建委颁发了《关于保证基本建设工程质量的若干规定》，明确要求各有关方面坚持“三老四严”的作风，对设计单位要求把好设计质量关，对施工企业要求建立技术岗位责任制，建立健全质量检查机构；要求各省、市、自治区定期开展工程质量大检查，引进政府部门监督工程质量的机制，借以保证工程质量。

2. 20 世纪 80 年代——政府的专业质量监督与企业自检相结合

20 世纪 80 年代以后，我国进入了改革开放的新时期。建设领域经过拨乱反正，认真贯彻党的十一届三中全会精神，从单项试点起步，较早地展开了全面改革。随着改革的发展，工程建设活动发生了一系列重大变化，投资开始有偿使用，投资主体开始出现多元化，建设任务逐步实行了招标承包制，施工单位开始摆脱行政附属地位，向相对独立的商品生产者转变，工程建设参与者之间的经济关系得到强化，追求自身利益的趋势日益突出。这种格局的出现，使得原有的工程建设管理方式和体制模式越来越不适应发展的要求。改革初期，建设领域出现了一些问题，集中表现在工程质量出现下滑趋势，相当一部分工程使用功能差，一些工程结构存在着严重隐患，倒塌事故时有发生，施工企业自评自报的工程质量合格率、优良率严重不准，水分很大。这些都迫切需要建立和健全新的管理体制，特别是在工程质量方面，要改变仅仅依靠企业内部管理的状况，建立严格的外部监督机制，形成企业内部保证和外部监督认证的双控体制。为适应这种要求，1983 年我国开始实行政府对工程质量监督制度。1984 年 9 月国务院颁发《关于改革建筑业和基本建设管理体制若干问题的暂行规定》，明确提出了改变工程质量监督制度，在地方建立有权威的政府工程质量监督机构，大大推动了这一改革的进程。几年来，政府对工程质量的监督工作取得了很大发展，带来了明显成效。各质量监督站在不断进行自身建设的基础上，认真履行职责，积极开展工作，在促进企业质量保证体系的建立、预防工程质量事故、确保工程质量方面发挥了重大作用。工程质量监督制度的建立，标志着我国的工程建设监督由原来的单向行政监督向政府专业质量监督转变，由仅仅依靠企业自检自评向第三方认证和企业内部保证相结合转变。这种转变，使得我国工程建设监督方式向前迈进了一大步。

3. 20 世纪 80 年代中后期——建设监理制度的萌芽与发展

随着改革的不断深化和有计划商品经济的发展，20 世纪 80 年代中后期，一种对工程建设活动更全面、更完善的监督方式出现了，这就是建设监理制度。最早应用这一制度的是利用世行贷款的鲁布革水电站引水工程。按照贷款的要求，该工程在鲁布革工程管理局内划出了一个专司建设监理职能的“工程师机构”。该工程师机构由工程师代表、驻地工程师和若干名检查员组成，按国际合同管理方式代表业主对该合同工程进行现场综合监督管理。其主要工作内容包括以下 10 项：①发布开工令，控制工程进度；②审核设计图纸和技术资料；③检查各种原材料、设备的规格质量，验证认可试验报告；④审批承包商的施工方法、工艺和临时设施；⑤检查监督安全工作；⑥检查监督施工质量；⑦向承包商付款签证；⑧处理合同变更和索赔；⑨工程验收；⑩负责办理向贷款单位提供的报告。该工程师机构内部分工明确、责权分明，在监理过程中公正合理，树立起了监理工作的权威。

改革开放之后，我国许多利用外资、外贷建设的工程项目，都按照建设监理这一国际惯例组织建设，多数由外国监理单位承担监理，少数由我国工程咨询等专门机构承担监理，普遍取得了良好效果。1988 年 7 月，原建设部发出通知，要求开展建设监理试点工作，逐步建立起有中国特色的建设监理制度。这标志着我国工程建设监督方式开始走向完善发展阶段。

1.3 建设工程监理制度的发展

1.3.1 国外建设工程监理的发展

18 世纪产业革命发生以后的欧洲，随着社会对房屋建造技术的要求不断提高，传统的建筑业开始出现专业分工，社会对建设监理的需求逐渐产生。18 世纪 60 年代的英国产业革命，大大促进了整个欧洲大陆工业化的发展进程，社会大兴土木带来建筑业的空前繁荣，建设工程的高质量要求，使工程业主感到自己监督管理工程建设活动已越来越困难，建设监理的必要性逐步被人们所认识。

第二次世界大战以后，欧美各国在恢复建设中加快了向现代化发展的速度。20 世纪 50 年代末期开始，由于科学技术、工业和国防建设的发展以及人民生活水平的不断提高，需要建设一些大型、巨型工程，如航天工程、大型水电工程、核电站、大型钢铁企业、石油化工企业和新型城市建设等。这些工程投资多、风险大、规模浩繁、技术复杂，无论投资者还是承建者都难以承担由于投资不当或项目管理失误而造成的损失。竞争激烈的社会环境，迫使业主更加重视对建设项目的科学管理。对工程建设项目进行可行性研究，进一步拓宽了建设监理的业务范围，使其由项目施工阶段向前延伸至项目决策阶段。业主为了减少投资风险，节约工程费用，保证投资效益和工程建设的实施，需要聘请有经验的咨询监理人员进行投资机会论证和项目可行性研究，并在此基础上进行决策。在工程建设的实施阶段，还要进行全面的监理。这样建设工程监理就逐步贯穿于建设活动的全过程。

随着建设监理需求的发展，一些欧洲国家(如法国、瑞士)与美国、日本等工业发达国家把建设工程监理逐步推入法律化、制度化、程序化轨道。美国的《统一建筑管理法规》、日本的《建筑师法》及《建筑基准法》等，都对建设监理的内容、方法以及从事监理的社会组织作出了详尽的规定，在工程建设活动中形成了业主、承包商和监理工程师三足鼎立的基本格局。20 世纪 80 年代以后，建设监理制度在国际上也得到了较大的发展。一些发展中国家，也开始效仿发达国家的做法，结合本国实际，确立或引进社会监理机制，对工程建设实行监理。世界银行、亚洲银行和非洲开发银行等国际金融机构，也把实行建设监理作为提供建设贷款的条件之一。建设工程监理制成为工程建设必须遵循的制度。

1.3.2 我国建设监理的发展阶段

(1) 1988 年以前，中国没有监理制度、监理公司及监理工程师。但是在世界银行和亚洲银行贷款的项目中却把实施监理作为贷款的先决条件，因此，此阶段的监理项目很少，如鲁布革水电站、西三公路、南昌大桥等。有关资料估计，1979—1988 的 10 年中我国共支付监理费达 15 亿美元。例如，京津塘高速公路由丹麦金硕公司进行监理，共 5 名丹麦监理工程师，3 年共支付 135 万美元。

(2) 1988—1992 年为试点阶段。建设部在 1988 年 7 月 25 日发出开展建设监理试点工作的通知，在北京、天津、上海、哈尔滨、南京、宁波、深圳、沈阳、交通部、能源部共八市两部进行监理工作的试点。在这期间，上述的八市两部分别在设计院、研究所和学院的基础上组建了监理公司，并对一些建设项目实施了监理，取得了明显的监理效果。

(3) 1993—1995 年为稳步发展阶段。经过四年的试点工作，发展了一批监理公司，培养了一批监理人员，实施了一批工程项目的监理工作，为我国的建设监理发展奠定了基础。但是前四年的试点工作所产生的效应还没有扩展到全国，许多城市还没有成立监理公司或还没有工程项目实施监理，因此还有必要进一步发展试点阶段所取得的成果。这一阶段的重点是在全国每个城市至少成立一个监理公司和至少实施一个工程项目的监理工作，为把建设监理推广到全国打下良好的基础。

(4) 1996—2000 年为全面推广阶段。又经过三年的发展，全社会对建设监理的认识有了很大的提高，主动委托监理的项目不断增加。同时，监理人员经过多年的探索和实践，逐步建立起一套比较规范的监理工作方法和制度。监理单位作为市场主体之一，与建设单位、承包单位、政府主管部门的关系日益清晰，尤其是监理单位与建设单位的责权利关系所形成的委托监理合同的内容日益规范。因此，在全国推行监理制度，实现产业化，使监理制度规范、统一、有效已是势在必行。建设部与原国家计委于 1995 年 12 月 15 日联合发布《工程建设监理规定》，标志着我国建设监理向全国全面推广。

1.3.3 建设工程监理的未来

尽管我国的建设工程监理已经取得极大的发展和成绩，但是与发达国家相比还存在较大的差距，还应从以下几个方面加以改进。

1. 加强法制建设，走法制化的道路

目前，我国建设工程监理的法制化建设已经取得相当的成效，但还有一些薄弱环节。例如，市场规则特别是市场竞争规则和市场交易规则还不健全；市场机制，包括信用机制、价格形成机制、风险防范机制、仲裁机制等尚未完全形成。还应当在总结经验、借鉴国际通行做法的基础上，使我国建设工程监理制逐步建立和健全起来，以适应加入世界贸易组织(World Trade Organization，WTO)后的新形势。

2. 以市场需求为导向，朝着全方位、全过程监理发展

我国实行建设工程监理 20 多年以来，目前仍然以施工阶段监理为主，造成这种状况既

有体制上、认识上的原因，也有建设单位需求和监理企业素质及能力等方面的原因。工程监理企业必须进一步树立市场竞争观念、经营理念和服务意识，不断拓展经营范围、扩大经营规模，向纵深两个方向扩展，从单一的施工阶段监理向建设工程全过程的项目管理延伸，从单一的质量控制向投资、进度控制全面发展，应用现代项目管理理论，采用先进的项目管理方法和技术手段，为业主提供全过程、全方位的咨询服务。这种咨询服务可以是从建设工程前期策划、可行性研究、设计管理到工程招标、施工管理、试运转的全过程服务，包括进度、造价、质量及安全等方面的全方位管理，“国内外工程咨询服务的兴起”就完成了。

3. 适应市场需求，优化工程监理企业结构

向全方位、全过程监理发展，是对建设工程监理整个行业而言的，并不意味着所有的工程监理企业都朝这个方向发展，而是应当逐步建立起综合性监理企业与专业性监理企业相结合、大中小型监理企业并存的合理的企业结构，满足建设单位的各种需求，使各类监理企业都有合理的生存和发展空间。

4. 推进行业体制改革，加快市场化进程

为了适应市场经济发展的需要，必须大力推进工程监理行业组织结构调整和监理企业产权制度的改革。第一，要积极推进监理行业组织结构的调整。随着我国市场经济体制进一步完善和加入 WTO 后新形势的发展需要，投资主体更趋多元化，工程建设管理体制改革逐步深化，社会和市场对监理行业的需求在深度和广度上都提出了更高的要求，为了适应多层次、多专业的市场需求，调整监理行业的组织结构势在必行。第二，要推进工程监理企业产权制度的改革。随着市场经济的发展，工程监理企业应加快建立现代企业制度的步伐，通过广泛吸收多种所有制资本，包括民营资本、外资和社会资本参股，积极吸收企业高层经营管理人员投资入股等形式，实现企业产权多元化，加快产权结构调整，加快向市场化方向迈进的步伐。

5. 加强培训工作，不断提高从业人员素质

从全方位、全过程监理的要求来看，我国建设工程监理从业人员的素质还不能与之相适应。同时，工程建设领域的新技术、新工艺、新材料不断出现，工程技术标准时有更新，信息技术日新月异，这些都要求建设工程监理从业人员与时俱进，不断提高自身的业务素质和职业道德素质。培养和造就出大批高素质的监理人员，才可能形成一批公信力强、有品牌效应的工程监理企业，从而提高我国建设工程监理的总体水平及其效果。

6. 管理和监理合一，并向项目管理公司过渡

国际工程项目管理实践中，多数将建设项目的全过程管理工作与建造期的现场施工监理工作合并委托同一家工程管理顾问公司承担，而国内工程多数项目是管理与监理分别委托的。原建设部 2003 年 3 月 10 日出台的《关于培育发展工程总承包和工程项目管理企业的指导意见》(以下简称《指导意见》)第四条、第五条规定：“对于依法必须实行监理的工程项目，具有相应监理资质的工程项目管理企业受业主委托进行项目管理，业主可不再另行委托工程监理，该工程项目管理企业依法行使监理权限，承担监理责任；没有相应监理资质的工程项目管理企业受业主委托进行项目管理，业主应该另行委托监理。”工程监理

是工程项目管理的重要组成部分，管理和监理单位职能的合并，符合不断发展的建筑市场运作关系，也符合项目管理的要求。同时，监理单位应逐步向项目管理公司过渡。《指导意见》中指出，积极推行工程总承包和工程项目管理是：……贯彻中央“走出去” 发展战略，积极开拓国际市场的需要。我国的建设监理公司本身的定位就应该是为业主方服务的项目管理公司。多年来，由于客观和主观的原因，未能全面实现这个目标，原建设部在专题调研的基础上发布的上述《指导意见》，既为我国建设监理事业的发展指明了方向，同时也提供了机遇。

随着市场经济的发展和加入 WTO 出现的新形势，监理行业必将面临一次重大的结构调整和重组，向全过程、全方位的工程项目管理模式转型是大趋势，这个过程将受市场直接影响，一些条件较好的监理企业可以向全过程监理方向发展，一般企业将继续从事施工阶段监理，条件较差的企业将以提供监理劳务为主，更差的企业将被市场淘汰。现在，我们的监理行业中，国有企业仍占多数，受到母体的羁绊，必须改革产权形式、经营管理制度和分配制度，向多阶段项目管理模式发展，根据企业特点，合理地确定改革方案，循序渐进实施改革。监理企业需着手做好以下几方面的充分准备：一是注重人才培养，合理使用人才，防止人才流失；二是加快监理企业的改革步伐，提高企业市场综合竞争能力；三是增强信誉意识，提高企业及行业社会影响力和社会信誉度，树立良好的市场形象；四是引进国外的先进管理模式，对部分国内企业进行嫁接改造，尽快与国际惯例接轨，尽早适应国际建筑市场的运行规律。

1.4　建设工程监理的性质

建设工程监理是一种特殊的工程建设活动，是工程建设活动日益复杂并进一步分工的结果，它与其他的工程建设行为相比有明显的区别。

1. 服务性

建设工程监理是在工程项目建设过程中，监理人员利用自己在工程建设方面的知识、技能和经验为客户提供高智能建设管理与监督服务，以满足项目业主对项目管理的需要。监理人员所获得的报酬也是技术服务性的报酬，是脑力劳动的报酬。建设工程监理不同于承建商的直接生产活动，也不同于业主的直接投资行为。

需要明确指出，建设工程监理是监理单位接受项目业主的委托而开展的技术服务性活动，因此，它的直接服务对象是客户，是委托方，也就是项目业主。这种服务性的活动是按工程建设监理合同进行的，是受法律约束和保护的。在监理合同中明确地对各种服务工作进行了分类和界定，如哪些是“正常服务(工作)”，哪些是“附加服务(工作)”，哪些是“额外服务(工作)”。因此，监理单位没有任何合同责任和义务为它提供直接的工程建设产品的生产。但是，在实现项目总目标上，参与项目建设的三方是一致的，要协同实现工程项目。因此，有许多工作需要监理工程师进行协调、指导、纠正，以便使工程能够顺利进行。

建设工程监理的服务性使它与政府对工程建设行政性监督管理活动区别开来，也使它与承建商在工程项目建设中的活动区别开来。

2. 独立性

从事建设工程监理活动的监理单位是直接参与工程项目建设的“三方当事人”之一，它与项目业主、承建商之间的关系是平等的、横向的；在工程项目建设中监理单位是独立的一方。我国的有关法规明确指出，监理单位应按照独立、自主的原则开展建设工程监理工作。国际咨询工程师联合会在其出版物《业主与咨询工程师标准服务协议书条件》中明确指出，监理单位是“作为一个独立的专业公司受聘于业主去履行服务的一方”，应当“根据合同进行工作”，它的监理工程师应当“作为一名独立的专业人员进行工作”。同时，国际咨询工程师联合会要求其会员“相对于承包商、制造商、供应商，必须保持其行为的绝对独立性，不得从他们那里接受任何形式的好处，而使他的决定的公正性受到影响或不利于他行使委托人赋予他的职责”，“咨询工程师仅为委托人的合法利益行使其职责，他必须以绝对的忠诚履行自己的义务并且忠诚地服务于社会的最高利益以及维护职业荣誉和名望”。因此，监理单位在履行监理合同义务和开展监理活动的过程中，要建立自己的组织，要确定自己的工作准则，“要运用自己掌握的方法和手段，根据自己的判断，独立地开展工作”。监理单位既要认真、勤奋、竭诚地为委托方服务，协助业主实现预定目标，也要按照公平、独立、自主的原则开展监理工作。

建设工程监理的这种独立性是建设监理制的要求，是由监理单位在工程项目建设中的第三方地位所决定的，是由它所承担的建设工程监理的基本任务所决定的。因此，独立性是监理单位开展建设工程监理工作的重要原则。

3. 公正性

在工程项目建设中，监理单位和监理工程师应当担任什么角色和如何担任这些角色是从事建设工程监理工作的人应当认真对待的一个重要问题。监理单位和监理工程师在工程建设过程中，一方面应当作为能够严格履行监理合同各项义务，能够竭诚地为客户服务的“服务方”，同时，应当成为“公正的第三方”。也就是在提供监理服务的过程中，监理单位和监理工程师应当排除各种干扰，以公正的态度对待委托方和被监理方，特别是当业主和被监理方发生利益冲突或矛盾时能够以事实为依据，以有关法律、法规和双方所签订的工程建设合同为准绳，站在第三方立场上公正地加以解决和处理，做到“公正地证明、决定或行使自己的处理权”。

对建设工程监理和监理单位公正性的要求，首先是建设监理制对建设工程监理进行约束的条件。因为，实施建设监理制的基本宗旨是建立适合社会主义市场经济的工程建设新秩序，为开展工程建设创造可靠、协调的环境，为投资者和承包商提供公平竞争的条件。建设监理制的实施，使监理单位和监理工程师在工程项目建设中具有重要地位。一方面，使项目业主或法人可以摆脱具体项目管理的困扰；另一方面，由于得到专业化的监理公司的有力支持，使业主与承建商在业务能力上达到一种平衡。为了保持这种状态，首先要对监理单位及其监理工程师制订约束条件。公正性要求就是重要约束条件之一。

公正性还是建设工程监理正常和顺利开展的基本条件。监理工程师进行目标规划、动态控制、组织协调、合同管理、信息管理等工作都是为力争在预定目标内实现工程项目建设任务这个总目标服务的。但是，仅仅依靠监理单位而没有设计、施工、材料和设备供应单位的配合是不能完成这个任务的。监理成败的关键在很大程度上取决于能否与承建单位及项目业主进行良好合作、相互支持、互相配合。而这一切都需要以监理能否具有公正性为基础。

建设工程监理的公正性是承建商的共同要求。由于建设监理制赋予监理单位在项目建设中具有一定的监督管理的权力，被监理方必须接受监理方的监督管理，所以，它们迫切要求监理单位能够办事公道，公正地开展建设工程监理活动。

公正性是监理行业的必然要求，它是社会公认的职业准则，也是监理单位和监理工程师的基本职业道德准则。

4. 科学性

我国《工程建设监理规定》指出：建设工程监理是一种高智能的技术服务；要求从事的建设工程监理活动应当遵循科学的准则。

建设工程监理的科学性是由被监理单位的社会化、专业化特点决定的。承担设计、施工、材料和设备供应的都是社会化、专业化的单位，它们在技术管理方面已经达到了一定水平。这就要求监理单位和监理工程师应当具有更高的素质和水平。只有如此，他们才能实施有效的监督管理。所以，监理单位应当按照高智能、智力密集型原则进行组建。

建设工程监理的科学性是由它的技术服务性质决定的。它是专门通过对科学知识的应用来实现其价值的。因此，要求监理单位和监理工程师在开展监理服务时能够提供科技含量高的服务，以创造更大的价值。

建设工程监理的科学性是由工程项目所处的外部环境特点决定的。工程项目总是处于动态的外部环境包围之中，随时都有被干扰的可能。因此，建设工程监理要适应千变万化的项目外部环境，要抵御来自它的干扰，这就要求监理工程师既要富有工程经验，又要具有应变能力，要进行创造性的工作。

建设工程监理的科学性是由它的维护社会公共利益和国家利益的特殊使命决定的。在开展监理活动的过程中，监理工程师要把维护社会最高利益当作自己的天职。这是因为，工程项目建设牵涉到国计民生，维系着人民的生命和财产安全，涉及公众利益。因此，监理单位和监理工程师要以科学的态度，用科学的方法来完成这项工作。

按照建设工程监理的科学性要求，监理单位应当有足够数量的、业务素质合格的监理工程师，要有一套科学的管理制度，要配备计算机辅助监理的软件和硬件，要掌握先进的监理理论、方法，要积累足够的技术、经济资料和数据，要拥有现代化的监理手段。

1.5　建设工程监理的系统方法

工程建设监理的系统方法是由目标规划、动态控制、组织协调、信息管理和合同管理构成的有机的方法体系。

1. 目标规划

目标规划是指围绕工程项目投资、进度和质量目标进行研究确定、分解综合、计划安排、制订措施等项工作的集合。目标规划是目标控制的基础和前提，只有做好目标规划工作才能有效地实施目标控制。

工程项目目标规划过程是一个由粗到细的过程。它随着工程的进展，分阶段地根据可能获得的工程信息对前一阶段的规划进行细化、补充和修正，它和目标控制之间是一种交替出现的循环链式关系。

2. 动态控制

动态控制是在完成工程项目过程中，通过对过程、目标和活动的动态跟踪，全面、及时、准确地掌握工程信息，定期地将实际目标值与计划目标值进行对比，如果发现或预测实际目标偏离计划目标，就采取措施加以纠正，以保证计划总目标的实现。

动态控制贯穿于整个监理过程中，与工程项目的动态性相一致。工程在不同的阶段进行，控制就要在不同的阶段开展；工程在不同的空间展开，控制就要针对不同的空间来实施；计划伴随着工程的变化而调整，控制就要不断地适应计划的调整；随着工程的内部因素和外部环境的变化，控制者就要不断地改变控制措施。监理工程师只有把握工程项目的动态性，才能做好目标的动态控制工作。

3. 组织协调

协调就是连接、联合、调和所有的活动及力量。组织协调就是把监理组织作为一个整体来研究和处理，对所有的活动及力量进行连接、联合、调和的工作。在工程建设监理过程中，监理工程师要不断地进行组织协调，这是实现项目目标不可缺少的方法和手段。

组织协调的内容很多，大致可分为以下几种。

(1) 人际关系的协调。具体包括监理组织内部的人际关系、项目组织与本公司的人际关系、监理组织与关联单位的人际关系。主要解决人员和人员之间在工作中的联系和矛盾。

(2) 组织关系的协调。主要解决监理组织内部的分工与配合问题。

(3) 供求关系的协调。具体包括监理实施中所需人力、资金、设备、材料、技术、信息等供给。主要解决供求平衡问题。

(4) 配合关系的协调。具体包括与业主、设计单位、施工单位、材料和设备供应单位，以及与政府有关部门、社会团体、科学研究、工程毗邻单位之间的协调。主要解决配合中的同心协力问题。

(5) 约束关系的协调。主要是了解和遵守国家及地方政策、法规、制度方面的制约，求得执法部门的指导和许可。

4. 信息管理

信息管理是指监理人员对所需要的信息进行收集、整理、处理、存储、传递、应用等一系列工作的总和。信息是控制的基础，没有信息，监理工程师就不能实施目标控制。监理工程师在开展监理工作时要不断地预测或发现问题，要不断地进行规划、决策、执行和检查，而做好每项工作都离不开相应的信息。

工程项目控制信息系统中的信息资料大致可分为三类：第一类是项目设计阶段所拥有的原始信息资料；第二类是运行过程反馈的实际信息资料；第三类是对上述两种信息资料加工处理而形成的比较资料。为了获得全面、准确、及时的工程信息，需要成立专门机构，确定专门的人员从事这项工作。

监理工程师进行信息管理的基础工作是设计一个以监理为中心的信息流结构，确定信息目录和编码，建立信息管理制度等。

5. 合同管理

监理单位在监理过程中的合同管理主要是根据监理合同的要求对工程建设合同的签订、履行、变更和解除进行监督、检查，对合同双方的争议进行调解和处理，以保证合同的全面履行。

监理工程师在合同管理中应主要进行以下几方面工作：协助业主签订有利于目标控制的工程建设合同；对签订合同进行系统分析；建立合同目录、编码和档案；对合同的履行进行监督、检查；做好防止索赔和处理索赔工作。

合同管理对于监理单位完成监理任务是必不可少的。根据国外经验，合同管理所产生的经济效益往往大于技术优化所产生的经济效益。工程合同对参与建设项目的各方建设行为起到控制作用，同时又具体指导工程如何操作完成。所以，从这个意义上讲，合同管理起着控制整个项目实施的作用。

1.6　建设工程监理的重要作用

建设单位的工程项目实行专业化、社会化管理在外国已有 100 多年的历史，现在越来越显现出强劲的生命力，在提高投资的经济效益方面发挥了重要作用。我国实施建设工程监理的时间虽然不长，但已经发挥出明显的作用，为政府和社会所承认。建设工程监理的作用主要表现在以下几个方面。

1. 有利于提高建设工程投资决策科学化水平

在建设单位委托工程监理企业实施全方位、全过程监理的条件下，并有了初步的项目投资意向之后，工程监理企业可协助建设单位选择适合的工程咨询机构，并管理工程咨询合同的实施，对咨询结果(如项目建议书、可行性研究报告)进行评估，提出有价值的修改意见和建议；或者直接从事工程咨询工作，为建设单位提供建设方案。这样，不仅可使项目投资符合国家经济发展规划、产业政策、投资方向，而且可使项目投资更加符合市场需求。工程监理企业参与或承担项目决策阶段的监理工作，有利于提高项目投资决策的科学化水平，避免项目投资决策的失误，也为实现建设工程投资综合效益最大化打下良好基础。从目前来看，要想使这种重要作用能够发挥，还有待于工程监理行业企业的转型发展。

2. 有利于规范工程建设参与各方的建设行为

工程建设参与各方的建设行为都应当符合法律、法规、规章和市场准则。要做到这一点，仅仅依靠自律机制是远远不够的，还需要建立有效的约束机制。为此，首先需要政府对工程建设参与各方的建设行为进行全面的监督管理，这是最基本的约束，也是政府的首要职能之一。但是由于客观条件所限，政府的监督管理不可能深入到每项建设参与各方的建设行为进行约束。建设工程监理制就是这样一种约束机制。

在建设工程施工中，工程监理企业可依据委托监理合同和有关的建设工程合同对承建单位的建设行为进行监督管理。由于这种约束机制贯穿于工程建设的全过程，采用事前、事中和事后控制相结合的方式，因此可以有效地规范各城建单位的建设行为，最大限度地避免不当建设行为的发生。即使出现不当建设行为，也可及时加以制止，以最大限度地减少其不良后果。应当说，这是约束机制的根本目的。另外，由于建设单位不一定都了解建设工程有关的法律、法规、规章、管理程序和市场行为准则，也可能发生不当建设行为，这对规范建设单位的建设行为也可起到一定的约束作用。

当然，要发挥上述约束作用，工程监理企业必须首先规范自身的行为，并接受政府的监督和管理。

3. 有利于促使承建单位保证建设工程质量和使用安全

建设工程是一种特殊的产品，不仅价值大、使用寿命长，而且还关系到人民的生命财产安全、健康和环境。因此，保证建设工程质量和使用安全就显得尤为重要，在这方面不允许有丝毫的懈怠和疏忽。

工程监理企业对承建单位建设行为的监督管理，实际上是从产品需求者的角度对建设生产过程的管理，这与产品生产者自身的管理有很大的不同。而工程监理企业又不同于建设工程的实际需求者，其监理人员都是既懂工程技术又懂经济管理的专业人士，他们有能力及时发现建设工程质量隐患。因此，实行建设工程监理制之后，在加强承建单位自身对工程质量管理的基础上，由工程监理企业介入建设工程生产过程的管理，对保证建设工程质量和施工安全有着重要作用。

4. 有利于实现建设工程投资效益最大化

建设工程投资效益最大化有以下 3 种表现。

(1) 在满足建设工程预定功能和质量标准的前提下，建设投资额最少。

(2) 在满足建设工程预定功能和质量标准的前提下，建设工程寿命周期费用(或全寿命费用)最少。

(3) 建设工程本身的投资效益与环境、社会效益最大化。

实行建设工程监理制后，工程监理企业一般都能协助建设单位实现上述建设工程投资效益最大化的第一种表现，也能在一定程度上实现上述第二种和第三种表现。随着建设工程寿命周期费用思想和综合效益理念被越来越多的建设单位所接受，建设工程投资效益最大化的第二种和第三种表现所占的比例将越来越大，从而大大提高我国全社会的投资效益，促进我国国民经济的发展。

技能训练营——区域性监理行业调研报告

任务背景

2018 年 10 月 30 日，中国建设监理协会会长王早生在“工程监理行业创新发展 30 周年”经验交流会上的报告指出：从 2005 年到 2017 年年底，工程监理从业人员由 433193 人发展到 1071780 人，年均增长率为 7.84%；工程监理企业全年营业收入由 279.67 亿元增长到 3281.72 亿元，年均增长率为 22.78%；工程监理收入由 192.84 亿元增长到 1185.35 亿元，年均增长率为 16.34%。有 174 家监理企业的监理年收入超过 1 亿元。我国的工程监理行业已发展到了 8000 家监理企业、100 万人的监理队伍、实现年收入超 3000 亿元的行业，涵盖了房屋建筑、市政公用设施、电力、石油化工、铁路、民航等14个专业类别。无论是在三峡工程、青藏铁路、西气东输、西电东送、南水北调、京沪高铁、港珠澳大桥等国家重点建设项目上，还是在遍布全国城乡的难以计数的众多民生工程中，无不凝聚了监理人的心血和汗水。

然而住建部的统计数据显示，全国各地区监理企业、从业人员发展极不平衡，目前60%的甲级资质工程监理企业和注册监理工程师主要集中在江苏、广东、山东、浙江、北京五个省市。

(数据来源：住建部执业资格注册中心网站)

问题提出

进一步加强对监理行业的深入了解，准确定位区域监理行业的发展状况，增强自我职业规划与个人发展意识，培养职场观念。

任务提示

1. 报告题目：××省××市(地级市以上)监理行业调研报告
2. 报告内容应包括下面几个部分。
(1) 该区域内监理市场和行业的发展状况。
(2) 以3~5家具有代表性的监理企业为例，分析行业特点和趋势。
(3) 分析存在的问题并提出对策。
3. 调研方式：电话问询、深入行业协会企业实地访问交流和网络调研。
4. 完成任务思路：以该区域监理协会和各类监理企业网站资源为突破口，以总监和专业监理工程师为访谈重点，注意对比分析，完成调研报告。

本章小结

我国于1988年开始工程监理工作的试点，1996年在建设领域全面推行工程监理制度，取得了明显的社会效益和经济效益，促进了我国工程建设管理水平的提高，得到了全社会的广泛认同，监理已成为工程建设中不可缺少的重要环节。我国的建设工程监理具有现阶段的中国特色，随着市场经济的发展和加入WTO后出现的新形势，中国监理行业必将有着更加广阔的发展前景。

自我拓展(基础与进阶测试)

一、基础测试——不定项选择题

1. 请课后仔细阅读《建筑业发展“十三五”规划》，以下说法错误的是(　　)。
   A. “十二五”期间工程监理企业营业收入增长约为26%
   B. BIM为“十三五”新发展方向
   C. “十二五”期间国家注册监理工程师约为17万人

D. “十三五”提倡促进小微企业发展

2. 有关工程监理组织协调的内容，以下说法错误的是(　　)。

A. 人际关系的协调　B. 配合关系的协调　C. 组织关系的协调
D. 劳务市场的协调　E. 约束关系的协调　F. 民事纠纷的协调

3. 建设工程监理的性质包括(　　)。

A. 科学性　B. 公平性　C. 公正性　D. 独立性　E. 综合性　F. 服务性

4. 工程建设监理的系统方法，包括(　　)。

A. 目标规划　B. 静态控制　C. 组织协调　D. 信息管理　E. 合同管理

5. 有关建设工程监理的重要作用，以下说法错误的是(　　)。

A. 有利于提高科学决策水平　B. 有利于规范工程建设参与各方的建设行为
C. 有利于投资人作出战略决策　D. 有利于实现工程投资效益最大化

二、进阶测试——论述题

1. 何谓建设工程监理？它的概念要点是什么？
2. 建设工程监理具有哪些性质？它们的含义是什么？
3. 建设工程监理的中心任务是什么？
4. 法律法规规定的监理单位和监理人员的责任是什么？
5. 建设工程监理的基本方法是什么？
6. 在工程项目控制信息系统中的信息资料有哪些？

第2章 建设工程监理相关法规

【学习目标】

能力目标	知识目标	素质目标
(1) 能够搜集、整理有关建筑业的法律法规以及技术标准文件，并针对监理行业编制适用的检索目录文件 (2) 能够分析工程实践中参与各方行为的合法性、合规性 (3) 能够分析工程项目中出现的违法违规行为，运用法律、法规约束参建方 (4) 能够根据法律事实和工程惯例，独立、科学、公正地协调处理各方关系，在各类工程实践活动中熟练地运用建设工程监理相关法规	(1) 熟悉工程法规的各类表现形式，掌握建设工程法规的体系和内容 (2) 了解建设工程监理立法的必要性和相关的国际公约、国际惯例和国际标准 (3) 熟悉与建设工程监理相关的各类法律、法规、规章及制度，重点掌握《建设工程监理规范》(GB/T 50319—2013)和《房屋建筑工程施工旁站监理管理办法》	(1) 树立“知法守法、监督合规”的工程法务观念 (2) 树立求真务实、爱岗敬业的职业道德意识 (3) 加强在复杂工程环境中的职业自我保护意识 (4) 树立基于法律事实和工程惯例的法律维权意识

【任务引导】

1. 背景

原告：吉林省某市甲房地产投资有限公司(国家一级开发资质)

第一被告：江苏省某地级市丙建筑设计院(房屋建筑设计甲级资质)

第二被告：广东省深圳市乙建筑承包公司(房屋建筑施工一级企业)

基本案情：

甲房地产投资有限公司，因开发某住宅小区一期工程(工程所在地位于吉林省某市解放南路与人民南路交叉处)，与乙建筑承包公司签订了工程总承包合同。其后经甲同意，乙分别与丙建筑设计院和广州市的丁建筑工程公司签订了工程勘察设计合同和工程施工合同。勘察设计合同约定由丙对甲的住宅小区一期工程提供房建设计服务，并按勘察设计合同的约定交付有关的设计文件和资料。施工合同约定：由丁根据丙提供的设计图纸进行施工，

工程竣工时依据国家有关验收规定及设计图纸进行质量验收。合同签订后，丙按时将设计文件和有关资料交付给丁，丁依据设计图纸进行施工。

工程竣工后，甲会同有关质量监督部门对工程进行验收，发现工程存在严重质量问题是由于设计不符合规范所致。原来，丙未对现场进行仔细勘察即自行进行设计，导致设计不合理，给甲带来了重大损失。

丙以与甲没有合同关系为由拒绝承担责任，乙又以自己不是设计人为由推卸责任，甲遂以丙为被告向工程所在地的吉林省某市一审法院起诉。法院受理后，追加乙为共同被告，判决乙与丙对工程建设质量问题承担连带责任。

2. 任务布置(答案见本章末)

分析一：本案中的法律主体及相互关系是什么？

分析二：对出现的质量问题，各法律主体将如何承担责任？

分析三：本案中的有关法律主体在承发包方面是否违法？

【应知应会】

在本章的学习过程中，应熟悉我国建设工程法规的各种形式，如宪法、法律、行政法规、部门规章、地方性法规与规章及技术法规。应重点掌握建设工程监理的基本法规体系及相关的规章制度，如建筑法、建设工程质量管理条例、建设工程安全生产管理条例、建设工程监理规范、房屋建筑工程施工旁站监理管理办法等；对国际公约、国际惯例和国际标准，仅作了解即可。

在本章的学习过程中，应能够系统地理解各类建设法规构成的“框架体系”；应会针对实际工程案例，灵活运用各类建设法律、法规条文内容来解决实际问题，举一反三，而不要只停留在案例本身；应能通过“透视”工程参建各方行为的实质，逐步树立基于法律事实和工程惯例的公平、公正的维权意识，并根据法律事实和工程惯例，独立、科学、公平、公正地协调处理各方关系，从而为开展工程监理的全面协调工作打下良好的基础。

2.1 建设法规概貌

建设法规是指有立法权的国家机关或其授权的行政机关制定的，旨在调整政府部门、企事业单位、社会团体、其他经济组织以及公民个人在建设活动中相互之间所发生的各种社会关系的法律规范的总称。

建设工程法规的表现形式有宪法、法律、行政法规、部门规章、地方性法规与规章、技术法规以及国际公约、国际惯例、国际标准等。

2.1.1 宪法

宪法是国家的根本大法，具有最高的法律地位和效力，任何其他法律、法规都必须符合宪法的规定，而不得与之相抵触。宪法是建筑业的立法依据，同时又明确规定国家基本建设的方针和原则，直接规范与调整建筑业的活动。

2.1.2 法律

作为建设工程法规表现形式的法律，是指行使国家立法权的全国人民代表大会及其常务委员会制定的规范性文件。其法律地位和效力仅次于宪法，在全国范围内具有普遍的约束力，如《中华人民共和国建筑法》《中华人民共和国招标投标法》等，还有国家正在积极制定的其他法律。

2.1.3 行政法规

行政法规是指作为国家最高行政机关的国务院制定颁布的有关行政管理的规范性文件。行政法规在我国立法体制中具有重要地位，其效力低于宪法和法律，在全国范围内有效。行政法规的名称一般为“管理条例”，如《建设工程质量管理条例》《建设工程勘察设计管理条例》《建设工程安全生产管理条例》和《物业管理条例》等。

2.1.4 部门规章

部门规章是指国务院各部门(包括具有行政管理职能的直属机构)根据法律和国务院的行政法规、决定、命令在本部门的权限范围内按照规定的程序所制定的规定、办法、暂行办法、标准等规范性文件的总称。部门规章的法律地位和效力低于宪法、法律和行政法规。例如，近几年由国家发展与改革委员会颁布的部门规章有《工程建设项目招标范围和规模标准规定》《工程建设项目自行招标试行办法》《招标公告发布暂行办法》等，建设部(现为住房和城乡建设部)颁布的部门规章有《建筑业企业资质管理规定》《房屋建筑和市政基础设施工程施工招标投标管理办法》《建筑业企业资质等级标准》《建设工程监理范围和规模标准规定》等。

2.1.5 地方性法规与规章

1. 地方性法规

地方性法规是指省、自治区、直辖市以及省级人民政府所在地的市和经国务院批准的较大的市人民代表大会及其常委会制定的，只在本行政区域内具有法律效力的规范性文件，如 2003 年 12 月 19 日江苏省第十届人民代表大会常务委员会第七次会议通过的《江苏省招标投标条例》。

2. 地方政府规章

地方政府规章是指由省、自治区、直辖市以及省级人民政府所在地的市和经国务院批准的较大的市人民地方政府制定颁布的规范性文件，如江苏省物价局、江苏省建设厅印发的《江苏省建设工程监理服务收费管理暂行办法》(苏价服〔2005〕317 号)。

地方政府规章的法律地位和效力低于上级和本级的地方性法规，地方性法规与地方政府规章的法律地位和效力低于宪法、法律、行政法规，只在本区域内有效。

部门规章之间、部门规章与地方性法规之间具有同等效力，在各自的权限范围内施行。

当部门规章与地方性法规对同一事项的规定不一致或不能确定是否适用时，由国务院提出意见。国务院认为应当适用地方性法规时，应当决定在该地方使用地方性法规的规定；认为应当适用部门规章时，应当提请全国人大常委会裁决。

当部门规章之间、部门规章与地方规章之间对同一事项的规定不一致时，由国务院裁决。

2.1.6 技术法规

技术法规是国家制定或认可的，在全国范围内有效的技术规程、规范、标准、定额、方法等技术性文件，它们是建筑业工程技术人员从事经济技术作业、建筑管理监测的依据，如预算定额、设计规范、施工规范、验收规范等。

2.1.7 国际公约、国际惯例、国际标准

我国已经加入 WTO，我国参加或与外国签订的调整经济关系的国际公约和双边条约，还有国际惯例、国际上通用的建筑技术规程都属于建筑法规的范畴，参建方都应当遵守与实施。例如，FIDIC(国际咨询工程师联合会)制定的《土木工程施工合同条件》非常复杂，它涉及有形贸易、无形贸易、信贷、委托、技术规范、保险等诸多法律关系。这些法律关系的调整必须遵守我国承认的国际公约、国际惯例和国际通用的技术规程和标准。

2.2 建设工程监理法规体系

2.2.1 立法基础

建设监理立法与监理制度的产生、演进和发展相伴，它们基本是同时产生并走向完善的。建设监理制的经济法律关系，是委托协作性的经济法律关系和管理性经济法律关系的统一。委托就是一种契约关系，即建设单位委托监理单位对其投资建设的工程进行监理，具体来看就是业主委托监理工程师去监督承包商执行其与业主形成的契约。这是一种复杂的委托关系，在这种关系的建立和延续乃至终止的过程中，由于各个主体之间的经济利益不同，往往会出现违反契约的事情，这就需要有一种公正的关系来保证协调，仲裁这种违约行为。这种关系在初期是以人们形成的一种约定的形式出现的，时间长了，渐渐成为一种规范习惯，最后演变为法。从管理性的经济关系也就是政府监理的角度来看，政府监理属于国家机器社会管理职能的范畴，作为政府的管理部门，为了维护建设秩序乃至整个社会的秩序，必须对属于社会活动的建设行为进行有效的监督和管理。具体来说，就是需要

对建设业主和承包商的行为进行管理，同时也需要对承担监理工程师角色的人员进行有关的资格认证和实施管理，制定有关法律。若无法可依，则建设活动中各种契约委托关系将出现一片混乱，各种关系将难以正常维持，建设活动必将受到影响。正是靠法律的保证，建设监理才能称为制度。

建设监理要规范各个建设主体的行为，从管理关系来看，它包括建设行政主管部门对建设单位和承建单位以及对监理工程师的管理；从合同和工作关系来讲，它包括建设单位与监理工程师、承建单位的关系以及监理工程师与承建单位的关系；从工作内容来说，它包括各建设主体为实现建设目标所进行的一切工作。这就需要建立一个相互联系、相互补充、相互协调、多层次的完整统一的法规体系，它既包含了管理性法规，也包括了依据性法规。只有这样才能做到行为有准则，也才能达到规范行为的目的。

2.2.2　法规体系

《中华人民共和国建筑法》的颁布实施，确立了工程监理在建设活动中的法律地位；《建设工程质量管理条例》和《建设工程安全生产管理条例》的出台，进一步明确了工程监理在质量管理和安全生产管理方面的法律责任、权利和义务。为了规范工程监理行为，保障工程监理行业的健康发展，建设部先后出台了《监理工程师资格考试和注册管理办法》《建设工程监理范围和规模标准规定》《工程监理企业资质管理规定》等部门规章；国务院铁道、交通、水利、信息产业等有关部门也出台了相应专业工程监理的部门规章。近几年来，一些省市相继出台了地方法规和规章。例如，浙江省于 2001 年出台了《浙江省建设工程监理管理条例》，深圳市于 2002 年出台了《深圳经济特区建设工程监理条例》，四川、河北等省也以省长令的形式出台了监理规定。这些法律、法规和规章的出台，初步形成了我国工程监理的法规体系，为工程监理工作提供了法律保障。

我国建设监理法规体系的主导思想如下。

(1) 结合国情，从全局考虑。建设监理法规体系必须服从国家法律体系及建设法律体系的要求，适应现行立法体制及工作实际，特别要注意处理好建设监理法规体系在建设法律体系中的地位和作用。

(2) 建立一个完整的系统。建设监理法规只有做到尽量覆盖建设监理全部工作，才能称其为体系，它应当全面体现完整、科学、系统，使每项工作都有法可依。

(3) 多层次相互协调。建设监理每个层次的立法都要有特定的立法目的和调整内容，尤其要注意避免重复交叉和矛盾，总的原则是：下一层次的法规要服从上一层次的法规，所有法规都要服从国家法律，不能有所抵触。

(4) 借鉴国际立法经验，在结合国情的基础上，尽量向国际标准靠拢。

我国建设监理法规体系构成的 3 个层次(见图 2-1)如下。

第一个层次是建设工程法律，这是由全国人民代表大会及其常务委员会通过的规范工程建设活动的法律规范，由国家主席签署主席令予以公布。如《中华人民共和国建筑法》《中华人民共和国招标投标法》和《中华人民共和国合同法》等。其他层次的建设监理法规均据此制定，不得与之相抵触。

第二个层次是建设监理行政法规，是指由国务院根据宪法和法律制定的规范工程建设活动的有关建设监理方面的行政法规，由总理签署国务院令予以公布，如《建设工程质量管理条例》等。

第三个层次是部门建设监理规章和地方建设监理法规，目前我国建设监理立法工作主要在这个层次展开。建设工程部门规章是指建设部按照国务院规定的职权范围，独立或同国务院有关部门联合根据法律和国务院的行政法规、决定、命令制定的规范工程建设活动的各项规章。属于建设部制定的由部长签署建设部令予以公布，如《注册监理工程师管理规定》等。

法律的效力高于行政法规，行政法规的效力高于部门规章。

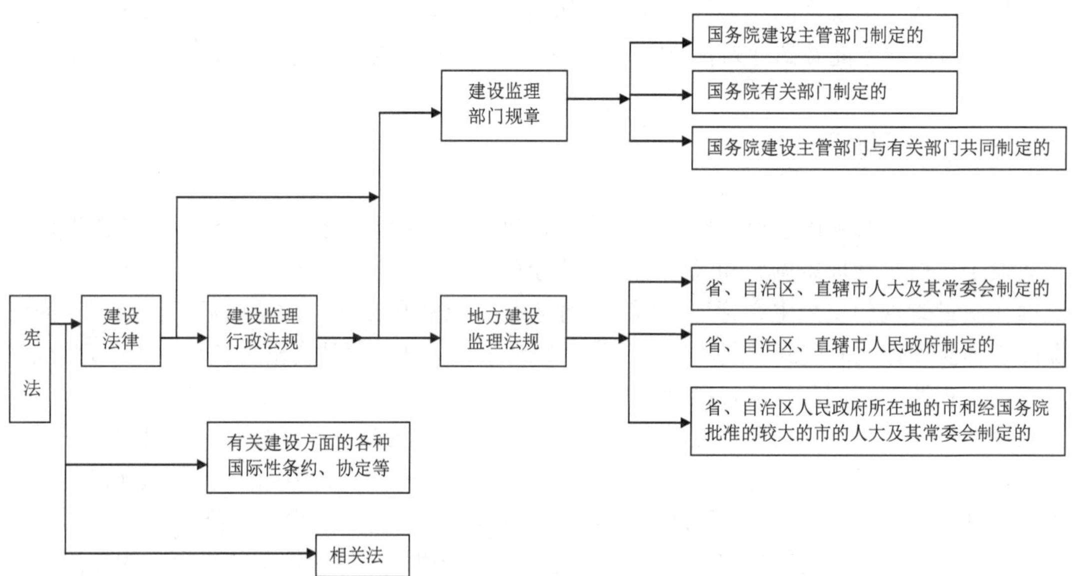

注：相关法是指民事、行政、刑事及其他与建设管理法规相关的法。

图 2-1 建设监理法规体系构成的 3 个层次

2.2.3 法规文件

遵循“谨慎起步、法规先导、健康发展”的指导思想，我国于 1988 年开始推行建设监理制，经过短短几年的试点阶段，到 1992 年年底，已先后制定了一系列的有关规定和办法，如《关于开展建设监理工作的通知》(建设部〔88〕建字第 142 号)、《关于开展建设监理试点工作的若干意见》(建设部〔88〕建字第 336 号)、《建设监理试行规定》(建设部〔89〕建字第 431 号)等。

在经历了 3 年的稳定推行阶段以后，从 1996 年我国的建设监理制进入全面推行阶段，并且向着制度化、规范化、科学化的目标稳步前进。在此期间，国家建设行政主管部门在对原有监理法规进一步完善的基础上，又制定出一系列新的法律和法规，推动了我国监理事业的发展。与此同时，一大批由地方政府建设行政主管部门颁布的建设监理法规也相继出台，如《工程建设监理规定》(建设部、国家计委建监〔1995〕737 号)、《关于全国监理工程师执业资格考试工作的通知》(建设部、人事部建监〔1996〕462 号)、《中华人民共和国建筑法》(1997 年 11 月 1 日)、《工程建设监理规程》(DBJ01-41—1998)、《中华人民共和国招标投标法》(1999 年 8 月 30 日)、《建设工程质量管理条例》(国务院令 2000 年 1 月 30 日)等，详见表 2-1。

表 2-1　建设工程监理相关法规文件

编号	法律法规及规章文件名称	颁布部门或文件编号	颁布时间
一	法律		
	中华人民共和国建筑法	全国人民代表大会常务委员会	1997 年 11 月 1 日 2019 年 4 月 23 日第 2 次修正
	中华人民共和国合同法	全国人民代表大会常务委员会	1999 年 3 月 15 日
	中华人民共和国招标投标法	全国人民代表大会常务委员会	1999 年 8 月 30 日 2017 年 12 月 27 日第 1 次修正
二	行政法规		
	建设工程质量管理条例	国务院令第 279 号	2000 年 1 月 30 日 2017 年 10 月 7 日第 1 次修正
	建设工程安全生产管理条例	国务院令第 393 号	2003 年 11 月 24 日
三	部门规章		
	工程监理企业资质管理规定	建设部令第 158 号	2007 年 6 月 26 日
	建设工程监理与相关服务收费管理规定	国家发展改革委、建设部发改价格〔2007〕670 号	2007 年 3 月 30 日
	注册监理工程师管理规定	建设部令第 147 号	2006 年 1 月 26 日
	房屋建筑工程施工旁站监理管理办法(试行)	建设部建市〔2002〕189 号文	2002 年 7 月 17 日
	建设工程监理范围和规模标准规定	建设部令第 86 号	2001 年 1 月 17 日
	房屋建筑工程和市政基础设施工程竣工验收备案管理暂行办法	建设部令第 78 号	2000 年 4 月 7 日
	城市建设档案管理规定	建设部令第 90 号	1997 年 12 月 23 日
四	标准规范		
	建设工程监理规范	GB/T 50319—2013	2013 年 5 月 13 日
	建设工程监理规范(GB/T 50319—2013)条文说明		2013 年 5 月 13 日
	建设工程工程量清单计价规范	GB 50500—2013	2012 年 12 月 25 日

续表

编号	法律法规及规章文件名称	颁布部门或文件编号	颁布时间
五	规范性文件		
	关于印发《建设工程施工合同(示范文本)》的通知	GF-2017-0201	2017年9月22日
	关于印发《建设工程监理合同(示范文本)》的通知	GF-2012-0202	2012年3月27日
	关于印发《建筑安装工程费用项目组成》的通知	建标〔2013〕44号	2013年3月21日

2.3　相关的重要法律、法规及制度

2.3.1　建筑法

1. 建筑法的概念及立法目的

《中华人民共和国建筑法》(以下一般简称《建筑法》)的整部法律内容是以建筑市场管理为中心，以建筑工程质量和安全为重点，以建筑活动监督管理为主线形成的，它是我国工程建设领域的一部基本法律。

(1) 建筑法的概念。建筑法是指调整建筑活动的法律规范的总称，建筑活动是指各类房屋及其附属设施的建造及其配套的线路、管道、设备的安装活动。

(2) 建筑法的立法目的。《建筑法》第一条规定：“为了加强对建筑活动的监督管理，维护建筑市场秩序，保证建筑工程的质量和安全，促进建筑业健康发展，制定本法。”此条即规定了我国《建筑法》的立法目的。

2. 建设工程监理制度

1) 建设工程监理的概念

建设工程监理，是指工程监理单位受建设单位的委托对建设工程进行监理和管理的活动。建设工程监理制度是我国建设体制深化改革的一项重大措施，它是适应市场经济的产物。建设工程监理随着建筑市场的日趋国际化，得到了普遍推行。参照国际惯例，建立具有中国特色的建设工程监理制度，不仅是建立和完善社会主义市场经济的需要，同时也是开拓国际建筑市场，进入国际经济大循环之必需。《建筑法》第三十条规定：“国家推行建设工程监理制度。”

2) 建设工程监理的范围

建设工程监理是一种特殊的中介服务活动，对建设工程实行强制性监理，对控制建设工程的投资、保证建设工期、确保建设工程质量以及开拓国际建设市场等都具有非常重要的意义。因此，《建筑法》第三十条第二款规定：“国务院可以规定实行强制监理的建设工程的范围。”2001 年 1 月 17 日颁布《建设工程监理范围和规模标准规定》(建设部令第 86 号)，对实行强制监理的建设工程范围作出规定。根据《建设工程监理范围和规模标准规定》，建设工程实施强制监理的范围包括以下几个方面。

(1) 国家重点建设工程。

(2) 大、中型公用事业工程。

(3) 成片开发建设的住宅小区工程。

(4) 利用外国政府或者国际组织贷款、援助资金的工程。

(5) 国家规定必须实行监理的其他工程(注：参见《建设工程监理范围和规模标准规定》第七条)。

3) 工程监理人员的权利与义务

(1) 工程施工不符合工程设计要求、施工技术标准和合同约定质量要求的，有权要求建筑施工企业改正。

(2) 工程设计不符合建筑工程质量标准或合同约定的质量要求的，应当报告建设单位，要求设计单位改正。

4) 建筑工程监理合同

(1) 监理合同的概念。监理合同是监理单位与建设单位之间为完成特定的建筑工程监理任务，明确相互权利和义务关系的协议。

(2) 监理合同示范文本的构成。建设部、国家工商行政管理局于 1995 年对建设部、国家工商行政管理局联合颁布的《工程建设监理合同》示范文本(GF-95-0202)进行了修订(注：最新版《建设工程监理合同(示范文本)》(GF-2012-0202))。修订后的《建设工程委托监理合同(示范文本)》(GF-2000-0202)于 2000 年 1 月 14 日起执行。该示范文本由《监理合同标准条件》和《监理合同专用条件》两个部分组成。《监理合同标准条件》共 49 条，是监理合同的必备条款；《监理合同专用条件》是对《监理合同标准条件》中的某些条款进行补充、修正，使两个条件中相同序号的条款共同组成一条内容完善的条款。

5) 监理单位的责任

(1) 工程监理单位不按照委托监理合同的约定履行监理义务，对应当监督检查的项目不检查或不按规定检查，给建设单位造成损失的，应当承担相应的赔偿责任。

(2) 工程监理单位与承包单位串通，为承包单位牟取非法利益，给建设单位造成损失的，应与承包单位承担连带赔偿责任。

2.3.2　建设工程质量管理条例

《建设工程质量管理条例》以建设工程质量责任主体为基线，规定了建设单位、勘察单位、设计单位、施工单位和工程监理单位的质量责任和义务，明确了工程质量包修制度、工程质量监督制度等内容，并对各种违法违规行为的处罚作了原则上的规定。

《建设工程质量管理条例》中对工程监理单位质量责任和义务的规定如下。

(1) 市场准入和市场行为规定。工程监理单位应当依法取得相应等级的资质证书，并在其资质等级许可的范围内承担工程监理业务。禁止工程监理单位超越本单位资质等级许可的范围或者以其他工程监理单位的名义承担工程监理业务。禁止工程监理单位允许其他单位或者个人以本单位的名义承担工程监理业务。工程监理单位不得转让工程监理业务。

(2) 工程监理单位与被监理单位关系的限制性规定。工程监理单位与被监理工程的施工承包单位以及建筑材料、建筑构配件和设备供应单位有隶属关系或者其他利害关系的，不得承担该项建设工程的监理业务。

(3) 工程监理单位对施工质量监理的依据和监理责任。工程监理单位应当依照法律、法规以及有关技术标准、设计文件和建设工程承包合同，代表建设单位对施工质量实施监理，并对施工质量承担监理责任。

(4) 监理人员资格要求及权力方面的规定。工程监理单位应当选派具备相应资格的总监理工程师和(专业)监理工程师进驻施工现场。未经监理工程师签字，建筑材料、建筑构配件和设备不得在工程上使用或安装，施工单位不得进行下一道工序的施工。未经总监理工程师签字，建设单位不拨付工程款，不进行竣工验收。

(5) 监理方式的规定。监理工程师应当按照工程监理规范的要求，采用旁站、巡视和平行验收等形式，对建设工程实施监理。

2.3.3 建设工程安全生产管理条例

《建设工程安全生产管理条例》以建设单位、勘察单位、设计单位、施工单位、工程监理单位及其他与建设工程安全生产有关的单位为主体，规定了各主体在安全生产中的安全管理责任与义务，并对监督管理、生产安全事故的应急救援和调查处理、法律责任等作了相应的规定。

《建设工程安全生产管理条例》对工程监理单位的安全责任作了以下规定。

(1)《建设工程安全生产管理条例》规定了工程监理单位应当审查施工组织设计中的安全技术措施或者专项施工方案是否符合工程建设强制性标准。

(2) 工程监理单位在实施监理的过程中，发现存在安全事故隐患的，应当要求施工单位整改；情况严重的，应当要求施工单位暂时停止施工，并及时报告建设单位。施工单位拒不整改或者不停止施工的，工程监理单位应当及时向有关主管部门报告。

(3) 工程监理单位和监理工程师应当按照法律、法规和工程建设强制性标准实施监理，并对建设工程安全生产承担监理责任。

2.3.4 工程建设标准化管理法律制度

1. 工程建设标准概述

1) 工程建设标准的概念

工程建设标准是对工程建设中各类工程的勘察、规划、设计、施工、安装、验收等重复性工作所作的统一规定。工程建设标准化则是在工程建设中，通过制定和发布工程建设标准，使标准在工程建设中得到统一实施，以获得最佳秩序和社会效益。

2) 工程建设标准的分类

(1) 按内容划分，可分为以下 3 种。

① 技术标准。技术标准是对工程建设中需要协调统一的技术方面的事项所制定的标准。

② 经济标准。经济标准是对工程建设中需要协调统一的经济方面的事项所制定的标准。

③ 管理标准。管理标准是对工程建设中需要协调统一的管理方面的事项所制定的标准。

(2) 按性质划分，可分为以下两种。

① 强制性标准。强制性标准是指法律、法规规定必须强制执行的标准。

② 推荐性标准。推荐性标准是指国家及有关部门制定并推荐使用的标准。

2. 《中华人民共和国标准化法》对工程建设标准的管理

(1) 关于制定工程建设标准的对象。建设工程的设计、施工方法和安全需要统一的技术要求，有关工程建设的技术术语、符号、代号和制图方法应当制定标准。

(2) 关于工程建设标准化工作的管理体制。我国标准化工作采用的是统一管理和分工管理相结合的管理体制，全国标准化工作由国务院标准化行政主管部门统一管理，国务院建设行政主管部门负责分工管理全国的工程建设标准化工作。

3. 《工程建设国家标准管理办法》的主要内容

《工程建设国家标准管理办法》由原建设部于 1992 年 12 月 30 日以建设部令第 24 号发布。其主要内容如下。

1) 工程建设国家标准的对象

(1) 工程建设勘察、规划、设计、施工、安装及验收等通用的质量要求和方法。

(2) 有关工程建设通用的安全、卫生和环境保护的技术要求。

(3) 工程建设通用的术语、符号、计量单位、模数和制图方法。

(4) 工程建设通用的试验、检验和评定方法。

(5) 国家需要控制的其他技术要求。

2) 工程建设国家标准的制定

工程建设国家标准的制定应当体现国家的技术、经济政策，能够适应工程建设和科学技术发展的需要。工程建设国家标准制定计划分为 5 年计划和年度计划。

3) 工程建设国家标准的日常管理

为了保证工程建设国家标准在制定、修订工作上的连续性，不断提高国家标准的技术水平，国家标准发布后，该项国家标准的管理单位应组建该项国家标准的管理组，负责该项国家标准的日常管理。

4. 《工程建设行业标准管理办法》的主要内容

《工程建设行业标准管理办法》由原建设部于 1992 年 12 月 30 日以建设部令第 25 号发布。其主要内容如下。

1) 制定工程建设行业标准的对象

(1) 行业专用的工程建设勘察、规划、设计、施工、安装及验收的质量要求和方法。

(2) 有关工程建设安全、卫生和环境保护的行业专用技术要求。

(3) 行业专用的生产工艺等的技术要求。

(4) 行业专用的术语、符号、代号、计量单位和制图方法。

(5) 行业专用的试验、检验和评定方法。

2) 工程建设行业标准的管理

工程建设行业标准的制定、修订计划，由有关行政主管部门根据国务院建设行政主管部门的统一部署组织编制，报国务院建设行政主管部门协调确认后，由有关行政主管部门下达。工程建设行业标准的某些规定与国家标准不一致时，必须有充分的科学依据和理由，并经国家标准的审批部门批准。

工程建设行业标准实施后，该标准的批准部门应根据科学技术的发展和工程建设的实际需要适时进行复审，确认是继续有效还是予以修订、废止，并将复审结果报国务院建设行政主管部门备案。

5. 《工程建设标准强制性条文》的主要内容

《工程建设标准强制性条文》是2000年1月由国务院发布的《建设工程质量管理条例》(第279号令)的配套文件，是参与建设活动各方执行工程建设强制性标准和政府等机构对执行情况实施监督的依据。国务院第279号令规定了建设单位、勘察单位、设计单位、施工单位、工程监理单位的质量责任和义务，明确了政府质量监督的法律地位和主要任务，多次强调了严格执行工程建设强制性标准，并规定了违反条例的处罚措施，为解决当前建设工程质量问题提供了有力的法律手段。然而，在我国现行的工程建设国家标准和行业标准中，强制性标准有2000本之多，而且在这些标准中，除强制性条文外还包含了许多推荐性的条文，这就对贯彻执行国务院第279号令中有关执行强制性标准的规定造成了一定困难。《工程建设标准强制性条文》是以摘编的方式将必须严格执行的强制性规定汇集在一起，从而为执行国务院第279号令提供了基础条件。

《工程建设标准强制性条文》包括城乡规划、城市建设、房屋建筑、工业建筑、水利工程、电力工程、人防工程、广播电影电视工程和民航机场工程等部分的内容。在《工程建设标准强制性条文》列入的涉及人民生命财产、安全、人身健康、环境保护和其他公共利益的所有条文都必须严格执行。

2.3.5 建设工程监理规范

我国自1988年开始，在工程建设领域实行了一项重大的管理体制改革，即推行建设工程监理制度。建设监理作为一项制度已被正式列入《中华人民共和国建筑法》中。为了提高监理工作水平，充分发挥监理作用，更有效地提高我国工程建设的投资效益，由中国工程监理协会组织编写了《建设工程监理规范》(GB/T 50319—2013)。

在我国的建设监理制度中，监理的工作范围包括两个方面：一是工程类别，其范围确定为各类土木工程、建筑工程、线路管道工程、设备安装工程和装修工程；二是工程建设阶段，其范围确定为工程建设投资决策阶段、勘察设计招投标与勘察设计阶段、施工招投标与施工阶段(包括设备采购与制造和工程质量保修)。因此，本规范在工程类别方面适用各类新建、扩建、改建建设工程。由于目前我国的监理工作在工程建设投资决策阶段、勘察设计招投标与勘察设计阶段尚不够成熟，需要进一步探索与完善，在施工招投标方面国家已有比较系统、完整的规定和办法，而在施工阶段(包括设备采购与制造和工程质量保修)的监理工作已经摸索总结出一套比较成熟的经验和做法，因而在工程建设阶段方面，本规范的适用范围仅限于建设工程施工阶段的监理工作。

《建设工程监理规范》(GB/T 50319—2013)是国家强制性标准，分总则、术语、项目监理机构及其设施、监理规划及监理实施细则、施工阶段的监理工作、施工合同管理的其他工作、施工阶段监理资料的管理、设备采购监理与设备监造及相关服务共计 9 个部分，另附有施工阶段监理工作的基本表格样式。《建设工程监理规范》(GB/T 50319—2013)对统一、规范建设工程监理行为，提高建设工程监理水平有着重要作用。

2.3.6　施工旁站监理管理办法

为了提高建设工程质量，建设部于 2002 年 7 月 17 日颁布了《房屋建筑工程施工旁站监理管理办法(试行)》。该规范性文件要求在工程施工阶段的监理工作中实行旁站监理，并明确了旁站监理的工作程序、内容及旁站监理人员的职责，强调旁站监理是监理人员对关键部位、关键工序的施工质量实施全过程现场跟班的监督活动，是控制工程施工质量的重要手段之一，也是确认工程质量的重要依据。

下面列出《房屋建筑工程施工旁站监理管理办法(试行)》的相关内容。

第一条 为加强对房屋建筑工程施工旁站监理的管理，保证工程质量，依据《建设工程质量管理条例》的有关规定，制定本办法。

第二条 本办法所称房屋建筑工程施工旁站监理(以下简称旁站监理)，是指监理人员在房屋建筑工程施工阶段监理中，对关键部位、关键工序的施工质量实施全过程现场跟班的监督活动。

本办法所规定的房屋建筑工程的关键部位、关键工序在基础工程方面包括：土方回填，混凝土灌注桩浇筑，地下连续墙、土钉墙、后浇带及其他结构混凝土、防水混凝土浇筑，卷材防水层细部构造处理，钢结构安装。在主体结构工程方面包括梁柱节点钢筋隐蔽过程、混凝土浇筑、预应力张拉、装配式结构安装、钢结构安装、网架结构安装、索膜安装。

第三条 监理企业在编制监理规划时，应当制订旁站监理方案，明确旁站监理的范围、内容、程序和旁站监理人员的职责等。旁站监理方案应当送建设单位和施工企业各一份，并抄送工程所在地的建设行政主管部门或其委托的工程质量监督机构。

第四条 施工企业根据监理企业制订的旁站监理方案，在需要实施旁站监理的关键部位、关键工序进行施工前 24 小时，应当书面通知监理企业派驻工地的项目监理机构。项目监理机构应当安排旁站监理人员按照旁站监理方案实施旁站监理。

第五条 旁站监理在总监理工程师的指导下，由现场监理人员负责具体实施。

第六条 旁站监理人员的主要职责如下。

(一)检查施工企业现场质检人员到岗、特殊工种人员持证上岗以及施工机械、建筑材料准备情况。

(二)在现场跟班监督关键部位、关键工序的施工执行施工方案以及工程建设强制性标准情况。

(三)核查进场建筑材料、建筑构配件、设备和商品混凝土的质量检验报告等，并可在现场监督施工企业进行检验或者委托具有资质的第三方进行复验。

(四)做好旁站监理记录和监理日记，保存旁站监理原始资料。

第七条 旁站监理人员应当认真履行职责，对需要实施旁站监理的关键部位、关键工序在施工现场跟班监督，及时发现和处理旁站监理过程中出现的质量问题，如实、准确地做好旁站监理记录。凡旁站监理人员和施工企业现场质检人员未在旁站监理记录上签字的，不得进行下一道工序的施工。

第八条 旁站监理人员实施旁站监理时，发现施工企业有违反工程建设强制性标准行为的，有权责令施工企业立即整改；发现其施工活动已经或者可能危及工程质量的，应当及时向监理工程师或者总监理工程师报告，由总监理工程师下达局部暂停施工指令或者采取其他应急措施。

第九条 旁站监理记录是监理工程师或者总监理工程师依法行使有关签字权的重要依据。对于需要旁站监理的关键部位、关键工序施工，凡没有实施旁站监理或者没有旁站监理记录的，监理工程师或者总监理工程师不得在相应文件上签字。在工程竣工验收后，监理企业应当将旁站监理记录存档备查。

第十条 对于按照本办法规定的关键部位、关键工序实施旁站监理的，建设单位应当严格按照国家规定的监理取费标准执行；对于超出本办法规定的范围，建设单位要求监理企业实施旁站监理的，建设单位应当另行支付监理费用，具体费用标准由建设单位与监理企业在合同中约定。

第十一条 建设行政主管部门应当加强对旁站监理的监督检查，对于不按照本办法实施旁站监理的监理企业和有关监理人员要进行通报，责令整改，并作为不良记录载入该企业和有关人员的信用档案；情节严重的，在资质年检时应定为不合格，并按照下一个资质等级重新核定其资质等级；对于不按照本办法实施旁站监理而发生工程质量事故的，除依法对有关责任单位进行处罚外，还要依法追究监理企业和有关监理人员的相应责任。

第十二条 其他工程的施工旁站监理可以参照本办法实施。

第十三条 本办法自 2003 年 1 月 1 日起施行。

2.3.7 与建设工程监理有关的管理制度

建设工程监理管理制度，即根据法律、法规的规定，形成的相互关联、相互支持的建设工程管理制度体系。

1. 项目法人责任制

为了建立投资约束机制，规范建设单位的行为，建设工程应当按照政企分开的原则组建项目法人，实行项目法人责任制，即由项目法人对项目的策划、资金筹措、建设实施、生产经营、债务偿还和资产的保值增值实行全过程负责的制度。

1) 项目法人责任制是实行建设工程监理制的必要条件

实行项目法人责任制，执行谁投资，谁决策，谁承担风险的市场经济基本原则，针对此原则，项目法人为了做好决策，尽量避免承担风险，也就为建设工程监理提供了社会需求空间和发展空间。

2) 建设工程监理制是实行项目法人责任制的基本保障

建设单位在工程监理企业的协助下，做好投资控制、进度控制、质量控制、合同管理、信息管理、组织协调等工作，就为在计划目标内实现建设项目提供了基本保障。

2. 建设工程施工许可制

建设工程开工前，建设单位应当按照国家有关规定向工程所在地县级以上人民政府建设行政主管部门申请领取施工许可证，领取此证的条件之一是有保证工程质量和安全的具体措施；而《建设工程质量管理条例》进一步明确为按照国家有关规定办理工程质量监督手续。

3. 从业资格与资质制

从事建设活动的建筑施工企业、勘察单位、设计单位和工程监理单位，应当具备下列条件。

(1) 有符合国家规定的注册资本。

(2) 有与其从事的建设活动相适应的具有法定执业资格的专业技术人员。

(3) 有从事相关建设活动所应有的技术装备。

(4) 法律、行政法规规定的其他条件。

4. 建设工程招标投标制

《中华人民共和国招标投标法》规定，下列工程建设项目包括项目的勘察、设计、施工、监理以及与工程建设有关的重要设备、材料等的采购必须进行招标。

(1) 大型基础设施、公用事业等关系社会公共利益、公众安全的项目。

(2) 全部或者部分使用国有资金投资或者国家融资的项目。

(3) 使用国际组织或者外国政府贷款、援助资金的项目。

5. 建设工程监理制

国家推行建设工程监理制度。国务院规定了实行强制监理的建设工程的范围。建设工程监理应当依照法律、行政法规及有关的技术标准、设计文件和工程承包合同，对承包单位在施工质量、建设工期和建设资金使用等方面，代表建设单位实施监督。工程监理人员认为工程施工不符合工程设计要求、施工技术标准和合同约定的，有权要求建筑施工企业改正；工程监理人员认为工程设计不符合建筑工程质量标准或者合同约定的质量要求的，应当报告建设单位要求设计单位改正。

6. 合同管理制

建设工程的勘察设计、施工、设备材料采购和工程监理都要依法订立合同。各类合同都要明确质量要求、履约担保和违约处罚条款，违约方要承担相应的法律责任。

7. 安全生产责任制

所有的工程建设单位都必须遵守《中华人民共和国招标投标法》和其他有关安全生产的法律法规，加强安全生产管理，坚持“安全第一、预防为主”的方针，建立健全安全生产责任制度，完善安全生产条件，确保安全生产。

8. 工程质量责任制

从事工程建筑活动的所有单位都要为自己的建筑行为以及该行为结果的质量负责，并接受相应的监督。

9. 工程质量保修制

建设工程承包单位在向建设单位提交工程竣工验收报告时，应当向建设单位出具质量保修书。质量保修书中应当明确建设工程的保修范围、保修期限和保修责任。

10. 工程竣工验收制

建设工程项目建成后，必须按国家有关规定进行严格的竣工验收，竣工验收合格后，方可交付使用。对未经验收或验收不合格就交付使用的，要追究项目法定代表人的责任；造成重大损失的，要追究其法律责任。

11. 建设工程质量备案制

工程竣工验收合格后，建设单位应当在工程所在地的县级以上地方人民政府建设行政主管部门备案，提交工程竣工验收报告，勘察、设计、施工、工程监理等单位分别签署的质量合格文件，法律、行政法规规定的应当由规划、公安消防、环保等部门出具的认可文件或者准许使用文件，工程质量保修书以及备案机关认为需要提供的有关资料。

12. 建设工程质量终身责任制

建设、勘察、设计、施工、工程监理单位的工作人员因调动工作、退休等原因离开该单位后，如果被发现在该单位工作期间违反国家有关建设工程质量管理规定，造成重大工程质量事故的，仍应当依法追究其法律责任。

项目工程质量的行政领导责任人，项目法定代表人，勘察、设计、施工、监理等单位的法定代表人，要按各自的职责对其经手的工程质量负终身责任。如果发生重大工程质量事故，这些人员不管调到哪里工作、担任什么职务，都要追究其相应的行政和法律责任。

13. 项目决策咨询评估制

国家大中型项目和基础设施项目，必须严格实行项目决策咨询评估制度。建设项目可行性研究报告未经有资质的咨询机构和专家的评估论证，有关审批部门不予审批；重大项目的项目建议书也要经过评估论证。咨询机构要对其出具的评估论证意见承担责任。

14. 工程设计审查制

工程项目设计在完成初步设计文件后，经政府建设主管部门组织工程项目内容所涉及的行业主管部门依据有关法律、法规进行初步设计的会审，会审后由建设主管部门下达设计批准文件，之后方可进行施工图设计。施工图设计文件完成后报送具备资质的施工图设计审查机构，依据国家设计标准、规范的强制性条款进行审查签证后才能用于工程。

2.4　相关的节能法律、法规及制度

2.4.1　节能法

《中华人民共和国节约能源法》(可简称《节能法》)是为了推动全社会节约能源、提高能源利用效率、保护和改善环境、促进经济社会全面协调可持续发展而制定的。该法于 1997 年 11 月 1 日由第八届全国人民代表大会常务委员会第二十八次会议通过，自 1998 年 1 月 1 日起施行。2007 年 10 月 28 日第十届全国人民代表大会常务委员会第三十次会议(第一次)修订通过，自 2008 年 4 月 1 日起施行。根据 2016 年 7 月 2 日第十二届全国人民代表大会常务委员会第二十一次会议的决定进行第二次修订。2018 年 10 月 26 日，第十三届全国人民代表大会常务委员会第六次会议通过并发布了《中华人民共和国节约能源法(2018 年修正)》(以下称为新《节能法》)，对节能的标准和管理提出了新的要求，一方面，新《节能法》首先突出了节约能源的发展战略地位，同时健全了节能标准体系和监管制度，强调了节能标准既是企业实施节能管理的基础，又是政府加强节能监管的依据。另一方面，新《节能法》更注重节能管理和监督的规定，既发挥经济手段和市场经济规律在节能管理中的作用，对列入推广目录的节能技术和产品实行税收优惠，同时又规定强制性的节能管理措施，相关政府部门将对违反新《节能法》的行为加大处罚力度，以强化政府的法律责任。

1. 基本规定

《节能法》所称“能源”，是指煤炭、石油、天然气、生物能和电力、热力以及其他直接或者通过加工、转换而取得有用的各种资源。《节能法》所称“节能”，是指加强用能管理，采取技术上可行、经济上合理以及环境和社会可以承受的措施，从能源生产到消费的各个环节，降低消耗，减少损失和污染物排放，制止浪费，有效、合理地利用能源。《节能法》确定节约资源是我国的基本国策，国家实施节约与开发并举，把节约放在首位的能源发展战略。

关于节能的标准，《节能法》规定，建筑节能的国家标准、行业标准由国务院建设主管部门组织制定，并依照法定程序发布。省、自治区、直辖市人民政府建设主管部门可以根据本地的实际情况，制定严于国家标准或者行业标准的地方建筑节能标准，并向国务院建设主管部门备案。

2. 关于建筑节能的有关规定

国务院建设主管部门负责全国建筑节能的监督管理工作。县级以上地方各级人民政府建设主管部门负责本行政区域内建筑节能的监督管理工作。县级以上地方各级人民政府建设主管部门会同同级管理节能工作的部门编制本行政区域内的建筑节能规划。建筑节能规划应当包括既有建筑节能改造计划。

建筑工程的建设、设计、施工和监理单位应当遵守建筑节能标准。对不符合建筑节能标准的建筑工程，建设主管部门不得批准开工建设；已经开工建设的，应责令停止施工，限期改正；已经建成的，不得销售或者使用。建设主管部门应当加强对在建建筑工程执行建筑节能标准情况的监督检查。

房地产开发企业在销售房屋时，应当向购买人明示所售房屋的节能措施、保温工程保修期等信息，在房屋买卖合同、质量保证书和使用说明书中载明，并对其真实性、准确性负责。使用空调采暖、制冷的公共建筑应当实行室内温度控制制度，具体办法由国务院建设主管部门制定。国家采取措施，对实行集中供热的建筑分步骤实行供热分户计量、按照用热量收费，新建建筑或者对既有建筑进行节能改造，应当按照规定安装用热计量装置、室内温度调控装置和供热系统调控装置，具体办法由国务院建设主管部门会同国务院有关部门制定。

县级以上地方各级人民政府有关部门应当加强城市节约用电管理，严格控制公用设施和大型建筑物装饰性景观照明的能耗。

国家鼓励在新建建筑和既有建筑节能改造中使用新型墙体材料等节能建筑材料和节能设备，安装和使用太阳能等可再生能源利用系统。

3. 与建筑节能相关的法律责任

建设单位违反建筑节能标准由县级以上地方各级人民政府及国务院建设主管部门(以下简称建设主管部门)责令改正，处20万元以上50万元以下罚款。

设计单位、施工单位、监理单位违反建筑节能标准的，由建设主管部门责令改正，处10万元以上50万元以下罚款；情节严重的，由颁发资质证书的部门降低资质等级或者吊销资质证书；造成损失的，依法承担赔偿责任。

房地产开发企业违反本规定，在销售房屋时未向购买人明示所售房屋的节能措施、保温工程保修期等信息的，由建设主管部门责令限期改正；逾期不改正的，处3万元以上5万元以下罚款；对以上信息作虚假宣传的，由建设主管部门责令改正，处5万元以上20万元以下罚款。

公共机构采购用能产品、设备，未优先采购列入节能产品、设备政府采购名录中的产品、设备，或者采购国家明令淘汰的用能产品、设备的，由政府采购监督管理部门给予警告，可以并处罚款；对直接负责的主管人员和其他直接责任人员依法给予处分，并予以通报。

重点用能单位未按照本法规定设立能源管理岗位，聘任能源管理负责人，并报管理节能工作的部门和有关部门备案的，由管理节能工作的部门责令改正；拒不改正的，处1万元以上3万元以下罚款。

违反本法规定，构成犯罪的，依法追究刑事责任。

国家工作人员在节能管理工作中滥用职权、玩忽职守、徇私舞弊，构成犯罪的，依法追究刑事责任；尚不构成犯罪的，依法给予处分。

为了贯彻《节能法》，各级地方政府也制定了相应的法律法规。例如，江苏省人民政府下发了《江苏省建筑节能管理办法》(江苏省人民政府第59号令)(2009年12月1日)，对如何加强建筑节能管理工作作了具体规定和要求。

2.4.2　民用建筑节能条例

《民用建筑节能条例》(国务院令第 530 号)于 2008 年 7 月 23 日由国务院第 18 次常务会议通过并公布，自 2008 年 10 月 1 日起施行。

1. 基本规定

本条例所称民用建筑节能，是指在保证民用建筑使用功能和室内热环境质量的前提下，降低其使用过程中能源消耗的活动。本条例所称民用建筑，是指居住建筑、国家机关办公建筑以及商业、服务业、教育、卫生等其他公共建筑。

各级人民政府应当加强对民用建筑节能工作的领导，积极培育民用建筑节能服务市场，健全民用建筑节能服务体系，推动民用建筑节能技术的开发应用，做好民用建筑节能知识的宣传教育工作。

国家鼓励和扶持在新建建筑和既有建筑节能改造中采用太阳能、地热能等可再生能源。

在具备太阳能利用条件的地区，有关地方人民政府及其部门应当采取有效措施，鼓励和扶持单位、个人安装使用太阳能热水系统、照明系统、供热系统、采暖制冷系统等太阳能利用系统。

国务院建设主管部门负责全国民用建筑节能的监督管理工作。县级以上地方人民政府建设主管部门负责本行政区域内民用建筑节能的监督管理工作。国务院建设主管部门应当在国家节能中长期专项规划指导下，编制全国民用建筑节能规划，并与相关规划相衔接。县级以上地方人民政府建设主管部门应当组织编制本行政区域的民用建筑节能规划，报本级人民政府批准后实施。

国家建立健全民用建筑节能标准体系。国家民用建筑节能标准由国务院建设主管部门负责组织制定，并依照法定程序发布。

县级以上人民政府应当安排民用建筑节能资金，用于支持民用建筑节能的科学技术研究和标准制定、既有建筑围护结构和供热系统的节能改造、可再生能源的应用，以及民用建筑节能示范工程、节能项目的推广。

政府引导金融机构对既有建筑节能改造、可再生能源的应用，以及民用建筑节能示范工程等项目提供支持。民用建筑节能项目依法享受税收优惠。

2. 新建建筑节能的有关规定

国家推广使用民用建筑节能的新技术、新工艺、新材料和新设备，限制使用或者禁止使用能源消耗高的技术、工艺、材料和设备。国务院节能工作主管部门、建设主管部门应当制定、公布并及时更新推广使用、限制使用、禁止使用目录。限制进口或者禁止进口能源消耗高的技术、材料和设备。建设单位、设计单位、施工单位不得在建筑活动中使用列入禁止使用目录的技术、工艺、材料和设备。

城乡规划主管部门依法对民用建筑进行规划审查，应当就设计方案是否符合民用建筑节能强制性标准征求同级建设主管部门的意见，对不符合民用建筑节能强制性标准的，不得颁发建设工程规划许可证。施工图设计文件审查机构应当按照民用建筑节能强制性标准对施工图设计文件进行审查；经审查不符合民用建筑节能强制性标准的，县级以上地方人民政府建设主管部门不得颁发施工许可证。

建设单位不得明示或者暗示设计单位、施工单位违反民用建筑节能强制性标准进行设计、施工，不得明示或者暗示施工单位使用不符合施工图设计文件要求的墙体材料、保温材料、门窗、采暖制冷系统和照明设备。按照合同约定由建设单位采购墙体材料、保温材料、门窗、采暖制冷系统和照明设备的，建设单位应当保证其符合施工图设计文件要求。

设计单位、施工单位、工程监理单位及其注册执业人员，应当按照民用建筑节能强制性标准进行设计、施工、监理。施工单位应当对进入施工现场的墙体材料、保温材料、门窗、采暖制冷系统和照明设备进行检查；不符合施工图设计文件要求的，不得使用。

工程监理单位发现施工单位不按照民用建筑节能强制性标准施工的，应当要求施工单位改正；施工单位拒不改正的，工程监理单位应当及时报告建设单位，并向有关主管部门报告。墙体、屋面的保温工程施工时，监理工程师应当按照工程监理规范的要求，采取旁站、巡视和平行检验等形式实施监理。未经监理工程师签字，墙体材料、保温材料、门窗、采暖制冷系统和照明设备不得在建筑上使用或者安装，施工单位不得进行下一道工序的施工。

建设单位组织验收时，应当对民用建筑是否符合民用建筑节能强制性标准进行查验；对不符合民用建筑节能强制性标准的，不得出具竣工验收合格报告。

实行集中供热的建筑应当安装供热系统调控装置、用热计量装置和室内温度调控装置；公共建筑还应当安装用电分项计量装置。居住建筑安装的用热计量装置应当满足分户计量的要求。建筑的公共走廊、楼梯等部位，应当安装、使用节能灯具和电气控制装置。对具备可再生能源利用条件的建筑，建设单位应当选择合适的可再生能源，用于采暖、制冷、照明和热水供应等；设计单位应当按照有关可再生能源利用的标准进行设计。建设可再生能源利用设施，应当与建筑主体工程同步设计、同步施工、同步验收。

国家机关办公建筑和大型公共建筑(单体建筑面积在2万平方米以上)的所有权人应当对建筑的能源利用效率进行测评和标识，并按照国家有关规定将测评结果予以公示，接受社会监督。国家机关办公建筑应当安装、使用节能设备。

在正常使用条件下，保温工程的最低保修期限为 5 年。保温工程的保修期，自竣工验收合格之日起计算。保温工程在保修范围和保修期内发生质量问题的，施工单位应当履行保修义务，并对造成的损失依法承担赔偿责任。

3. 既有建筑节能的有关规定

既有建筑节能改造，是指对不符合民用建筑节能强制性标准的既有建筑的围护结构、供热系统、采暖制冷系统、照明设备和热水供应设施等实施节能改造的活动。

县级以上地方人民政府建设主管部门应当对本行政区域内既有建筑的建设年代、结构形式、用能系统、能源消耗指标、寿命周期等组织调查统计和分析，制订既有建筑节能改造计划，明确节能改造的目标、范围和要求，报本级人民政府批准后组织实施。

实施既有建筑节能改造，应当符合民用建筑节能强制性标准，优先采用遮阳、改善通风等低成本改造措施。既有建筑围护结构的改造和供热系统的改造，应当同步进行。

对实行集中供热的建筑进行节能改造，应当安装供热系统调控装置和用热计量装置；对公共建筑进行节能改造，还应当安装室内温度调控装置和用电分项计量装置。

4. 违反本条例的法律责任

违反本条例规定，县级以上人民政府有关部门有下列行为之一的，对负有责任的主管人员和其他直接责任人员依法给予处分；构成犯罪的，依法追究刑事责任：①对设计方案不符合民用建筑节能强制性标准的建筑项目颁发建设工程规划许可证的；②对不符合民用建筑节能强制性标准的设计方案出具合格意见的；③对施工图设计文件不符合民用建筑节能强制性标准的民用建筑项目颁发施工许可证的；④不依法履行监督管理职责的其他行为。

违反本条例规定，建设单位有下列行为之一的，由县级以上地方人民政府建设主管部门责令改正，处 20 万元以上 50 万元以下的罚款：①明示或者暗示设计单位、施工单位违反民用建筑节能强制性标准进行设计、施工的；②明示或者暗示施工单位使用不符合施工图设计文件要求的墙体材料、保温材料、门窗、采暖制冷系统和照明设备的；③采购不符合施工图设计文件要求的墙体材料、保温材料、门窗、采暖制冷系统和照明设备的；④使用列入禁止使用目录的技术、工艺、材料和设备的。

违反本条例规定，建设单位对不符合民用建筑节能强制性标准的民用建筑项目出具竣工验收合格报告的，由县级以上地方人民政府建设主管部门责令改正，处民用建筑项目合同价款 2%～4%的罚款；造成损失的，依法承担赔偿责任。

违反本条例规定，设计单位未按照民用建筑节能强制性标准进行设计，或者使用列入禁止使用目录的技术、工艺、材料和设备的，由县级以上地方人民政府建设主管部门责令改正，处 10 万元以上 30 万元以下的罚款；情节严重的，由颁发资质证书的部门责令停业整顿，降低资质等级或者吊销资质证书；造成损失的，依法承担赔偿责任。

违反本条例规定，施工单位未按照民用建筑节能强制性标准进行施工的，由县级以上地方人民政府建设主管部门责令改正，处民用建筑项目合同价款 2%～4%的罚款；情节严重的，由颁发资质证书的部门责令停业整顿，降低资质等级或者吊销资质证书；造成损失的，依法承担赔偿责任。

违反本条例规定，施工单位有下列行为之一的，由县级以上地方人民政府建设主管部门责令改正，处 10 万元以上 20 万元以下的罚款；情节严重的，由颁发资质证书的部门责令停业整顿，降低资质等级或者吊销资质证书；造成损失的，依法承担赔偿责任：①未对进入施工现场的墙体材料、保温材料、门窗、采暖制冷系统和照明设备进行查验的；②使用不符合施工图设计文件要求的墙体材料、保温材料、门窗、采暖制冷系统和照明设备的；③使用列入禁止使用目录的技术、工艺、材料和设备的。

违反本条例规定，工程监理单位有下列行为之一的，由县级以上地方人民政府建设主管部门责令限期改正；逾期未改正的，处 10 万元以上 30 万元以下的罚款；情节严重的，由颁发资质证书的部门责令停业整顿，降低资质等级或者吊销资质证书；造成损失的，依法承担赔偿责任：①未按照民用建筑节能强制性标准实施监理的；②墙体、屋面的保温工程施工时，未采取旁站、巡视和平行检验等形式实施监理的。对不符合施工设计文件要求的墙体材料、保温、门窗、采暖制冷系统和照明设备按照符合施工图设计文件要求签字的，依照《建设工程质量管理条例》第十七条的规定罚款。

违反本条例规定，房地产开发企业销售商品房，未向购买人明示所售商品房的能源消耗指标、节能措施和保护要求、保温工程保修期等信息，或者向购买人明示的所售商品房能源消耗指标与实际能源消耗不符的，依法承担民事责任；由县级以上地方人民政府建设主管部门责令限期改正；逾期未改正的，处交付使用的房屋销售总额2%以下的罚款；情节严重的，由颁发资质证书的部门降低资质等级或者吊销资质证书。

违反本条例规定，注册执业人员未执行民用建筑节能强制性标准的，由县级以上人民政府建设主管部门责令停止执业 3 个月以上 1 年以下；情节严重的，由颁发资格证书的部门吊销执业资格证书，5 年内不予注册。

2.4.3 公共机构节能条例

《公共机构节能条例》(国务院令第 531 号)于 2008 年 7 月 23 日由国务院第 18 次常务会议通过并公布，自 2008 年 10 月 1 日起施行。现行版本于 2017 年 3 月 1 日根据《国务院关于修改和废止部分行政法规的决定》进行了修订。

为了推动公共机构节能，提高公共机构能源利用效率，发挥公共机构在全社会节能中的表率作用，根据《中华人民共和国节约能源法》，制定本条例。

本条例中所称公共机构，是指全部或者部分使用财政性资金的国家机关、事业单位和团体组织。

条例要求公共机构应当加强用能管理，采取技术上可行、经济上合理的措施，降低能源消耗，减少、制止能源浪费，有效、合理地利用能源。

2.4.4 民用建筑节能管理规定

《民用建筑节能管理规定》(建设部令第 143 号)于 2005 年 10 月 28 日由原建设部第 76 次部常务会议讨论通过并发布，自 2006 年 1 月 1 日起施行。

1. 总体要求

本规定所称民用建筑，是指居住建筑和公共建筑；所称民用建筑节能，是指民用建筑在规划、设计、建造和使用过程中，通过采用新型墙体材料，执行建筑节能标准，加强建筑物用能设备的运行管理，合理设计建筑围护结构的热工性能，提高采暖、制冷、照明、通风、给排水和通道系统的运行效率，以及利用可再生能源，在保证建筑物使用功能和室内热环境质量的前提下，降低建筑能源消耗，合理、有效地利用能源的活动。

国务院建设行政主管部门根据建筑节能发展状况和技术先进、经济合理的原则，组织制定建筑节能相关标准，建立和完善建筑节能标准体系；省、自治区、直辖市人民政府建设行政主管部门应当严格执行国家民用建筑节能有关规定，可以制定严于国家民用建筑节能标准的地方标准或者实施细则。

鼓励发展下列建筑节能技术和产品：①新型节能墙体和屋面的保温、隔热技术与材料；②节能门窗的保温隔热和密闭技术；③集中供热和热、电、冷联产联供技术；④供热采暖系统温度调控和分户热量计量技术与装置；⑤太阳能、地热等可再生能源应用技术及设备；⑥建筑照明节能技术与产品；⑦空调制冷节能技术与产品；⑧其他技术成熟、效果显著的节能技术和节能管理技术。

建筑工程施工过程中，县级以上地方人民政府建设行政主管部门应当加强对建筑物的围护结构(含墙体、屋面、门窗、玻璃幕墙等)、供热采暖和制冷系统、照明和通风等电气设备是否符合节能要求的监督检查。

新建民用建筑应当严格执行建筑节能标准要求，民用建筑工程扩建和改建时，应当对原建筑进行节能改造。鼓励新建民用建筑和既有建筑实施建筑能效测评。

建筑节能标准和节能技术应当作为注册城市规划师、注册建筑师、勘察设计注册工程师、注册监理工程师、注册建造师等继续教育的必修内容。

2. 各方主体的节能工作职责

建设单位应当按照建筑节能政策要求和建筑节能标准委托工程项目的设计。建设单位不得以任何理由要求设计单位、施工单位擅自修改经审查合格的节能设计文件，降低建筑节能标准。房地产开发企业应当将所售商品住房的节能措施、围护结构、保温隔热性能指标等基本信息在销售现场显著位置予以公示，并在《住宅使用说明书》中予以载明。

设计单位应当依据建筑节能标准的要求进行设计，保证建筑节能设计质量。施工图设计文件审查机构在进行审查时，应当审查节能设计的内容，在审查报告中单列节能审查章节；对不符合建筑节能强制性标准的，施工图设计文件审查结论应当定为不合格。

施工单位应当按照审查合格的设计文件和建筑节能施工标准的要求进行施工，保证工程施工质量。

监理单位应当依照法律、法规以及建筑节能标准、节能设计文件、建设工程承包合同以及监理合同对节能工程建设实施监理。

3. 各方主体违反节能规定的行政责任

建设单位在竣工验收过程中，有违反建筑节能强制性标准行为的，应按照《建设工程质量管理条例》的有关规定，重新组织竣工验收。

建设单位未按照建筑节能强制性标准委托设计，擅自修改节能设计文件，明示或暗示设计单位、施工单位违反建筑节能设计强制性标准，降低工程建设质量的，处 20 万元以上 50 万元以下的罚款。

设计单位未按照建筑节能强制性标准进行设计的，应当修改设计。未进行修改的，给予警告，处 10 万元以上 30 万元以下罚款；造成损失的，依法承担赔偿责任；两年内，累计 3 项工程未按照建筑节能强制性标准设计的，责令停业整顿，降低资质等级或者吊销资质证书。

对未按照节能设计进行施工的施工单位，责令改正；整改所发生的工程费用，由施工单位负责；可给予警告，情节严重的，处工程合同价款 2%～4%的罚款；两年内，累计 3 项工程未按照符合节能标准要求的设计进行施工的，责令停业整顿，降低资质等级或者吊销资质证书。

2.4.5　民用建筑工程节能质量监督管理办法

《民用建筑工程节能质量监督管理办法》(建质〔2006〕192 号)由原建设部于 2006 年 7 月 31 日发布，旨在对民用建筑工程节能质量实施监督管理，保证在中华人民共和国境内从事民用建筑工程的新建、改建、扩建等有关活动中建筑节能法律法规和技术标准的贯彻落实。

1. 总体要求

为了加强民用建筑工程节能质量的监督管理，保证民用建筑工程符合建筑节能标准，根据《建设工程质量管理条例》《建设工程勘察设计管理条例》和《实施工程建设强制性标准监督规定》《民用建筑节能管理规定》以及《房屋建筑和市政基础设施工程施工图设计文件审查管理办法》《建设工程质量检测管理办法》等有关法规规章，制定本办法。

凡在中华人民共和国境内从事民用建筑工程的新建、改建、扩建等有关活动及对民用建筑工程质量实施监督管理的，必须遵守本办法。

本办法所称民用建筑，是指居住建筑和公共建筑。

2. 各方主体在建筑节能质量方面的责任与义务

建设单位、设计单位、施工单位、监理单位、施工图审查机构、工程质量检测机构等单位，应当遵守国家有关建筑节能的法律法规和技术标准，履行合同约定的义务，并依法对民用建筑工程节能质量负责。各地建设主管部门及其委托的工程质量监督机构依法实施建筑节能质量监督管理。

(1) 建设单位应当履行的质量责任和义务。组织设计方案评选时，应当将建筑节能要求作为重要内容之一；不得擅自修改设计文件。当建筑设计修改涉及建筑节能强制性标准时，必须将修改后的设计文件送原施工图审查机构重新审查；不得明示或者暗示设计单位、施工单位降低建筑节能标准；不得明示或者暗示施工单位使用不符合建筑节能性能要求的墙体材料、保温材料、门窗、采暖空调系统、照明设备等。按照合同约定由建设单位采购的有关建筑材料和设备，建设单位应当保证其符合建筑节能指标；不得明示或者暗示检测机构出具虚假检测报告，不得篡改或者伪造检测报告；在组织建筑工程竣工验收时，应当同时验收建筑节能实施情况，在工程竣工验收报告中，应当注明建筑节能的实施内容；大型公共建筑工程竣工验收时，应当对采暖空调、通风、电气等系统进行调试。

(2) 设计单位应当履行的质量责任和义务。建立健全质量保证体系，严格执行建筑节能标准；民用建筑工程设计要按功能要求合理组合空间造型，充分考虑建筑体形、围护结构对建筑节能的影响，合理确定冷源、热源的形式以及设备性能，选用成熟、可靠、先进、适用的节能技术、材料和产品；初步设计文件应设建筑节能设计专篇，施工图设计文件须包括建筑节能热工计算书，大型公共建筑工程方案设计须同时报送有关建筑节能专题报告，明确建筑节能措施及目标等内容。

(3) 施工图审查机构应当履行的质量责任和义务。严格按照建筑节能强制性标准对送审的施工图设计文件进行审查，对不符合建筑节能强制性标准的施工图设计文件，不得出具审查合格书；向建设主管部门报送的施工图设计文件审查备案材料中应包括建筑节能强制性标准的执行情况；审查机构应将审查过程中发现的设计单位和注册人员违反建筑节能强制性标准的情况，及时上报当地建设主管部门。

(4) 施工单位应当履行的质量责任和义务。严格按照审查合格的设计文件和建筑节能标准的要求进行施工，不得擅自修改设计文件；对进入施工现场的墙体材料、保温材料、门窗部品等进行检验；对采暖空调系统、照明设备等进行检验，保证产品说明书和产品标识上注明的性能指标符合建筑节能要求；应当编制建筑节能专项施工技术方案，并由施工单位专业技术人员及监理单位专业监理工程师进行审核，审核合格，由施工单位技术负责人及监理单位总监理工程师签字；应当加强施工过程质量控制，特别应当加强对易产生热桥和热工缺陷等重要部位的质量控制，保证符合设计要求和有关节能标准规定；对大型公共建筑工程采暖空调、通风、电气等系统的调试，应当符合设计等要求；保温工程等在保修范围和保修期限内发生质量问题的，施工单位应当履行保修义务，并对造成的损失承担赔偿责任。

(5) 监理单位应当履行的质量责任和义务。严格按照审查合格的设计文件和建筑节能标准的要求实施监理，针对工程的特点制定符合建筑节能要求的监理规划及监理实施细则；总监理工程师应当对建筑节能专项施工技术方案审查并签字认可。专业监理工程师应当对工程使用的墙体材料、保温材料、门窗、采暖空调系统、照明设备，以及涉及建筑节能功能的重要部位进行检测，对易产生热桥和热工缺陷部位的施工，以及墙体、屋面等保温工程隐蔽前的施工，专业监理工程师应当采取旁站形式实施监理；应当在《工程质量评估报告》中明确建筑节能标准的实施情况。

(6) 工程质量检测机构应当将检测过程中发现建设单位、监理单位、施工单位违反建筑节能强制性标准的情况，及时上报当地建设主管部门或者工程质量监督机构。

3. 政府对节能质量工作的监管

建设主管部门及其委托的工程质量监督机构应当加强对施工过程建筑节能标准执行情况的监督检查，发现未按施工图设计文件进行施工和违反建筑节能标准的，应当责令改正；建设、勘察、设计、施工、监理单位，以及施工图审查和工程质量检测机构违反建筑节能有关法律法规的，建设主管部门应当依法给予处罚。

2.5　监理单位与执业人员的法律责任和责任风险

2.5.1　监理的法律责任

当前我国正在不断发展的社会主义市场经济，是法制的经济。作为建筑市场主体之一的社会监理单位，在参与市场活动的过程中，依法享受法律规定的权利，承担法律规定的义务。如果监理单位或监理工程师在执业过程中发生了违法行为，就要承担相应的法律责任。

1. 监理的行政法律责任

监理的行政法律责任，是指监理单位或监理工程师在行使监理职责时违反了行政法律规范，国家行政机关依法对监理单位或监理工程师违反有关法律、法规、规章的行为所应承担法律后果的追究。行政法律责任必须由国家授权的行政机关负责追究，行政机关追究责任主体的行政法律责任必须按法律规定的行政处罚程序进行。追究行政法律责任一般采用警告、通报批评、责令改正、没收非法所得、罚款、责令停业整顿、降低资质等级、吊销资质证书、收缴岗位证等方式。行政机关对监理单位和监理工程师进行处罚时，应当以事实为根据，以法律为准绳，遵循公正、公开的原则。

国家有关的法律法规对监理单位和监理工程师违法执业所应承担的行政法律责任有如下规定。

《中华人民共和国建筑法》第六十九条规定，工程监理单位与建设单位或者建筑施工企业串通，弄虚作假、降低工程质量的，责令改正，处以罚款，降低资质等级或者吊销资质证书；有违法所得的，予以没收……工程监理单位转让监理业务的，责令改正，没收违法所得，可以责令停业整顿，降低资质等级；情节严重的，吊销资质证书。

《建设工程质量管理条例》第六十条规定，勘察、设计、施工、工程监理单位违反本条例规定，超越本单位资质等级承揽工程的，责令停止违法行为，对勘察、设计单位或者工程监理单位处合同约定的勘察费、设计费或者监理酬金 1 倍以上 2 倍以下的罚款；情节严重的，吊销资质证书；有违法所得的，予以没收。并规定未取得资质证书承揽工程的，予以取缔，依照规定处以罚款；有违法所得的，予以没收；以欺骗手段取得资质证书承揽工程的，吊销资质证书，依照规定处以罚款；有违法所得的，予以没收。

《建设工程质量管理条例》第六十一条规定，勘察、设计、施工、工程监理单位违反本条例规定，允许其他单位或者个人以本单位名义承揽工程的，责令改正，没收违法所得，对勘察、设计单位和工程监理单位处合同约定的勘察费、设计费和监理酬金 1 倍以上 2 倍以下的罚款；可以责令停业整顿，降低资质等级；情节严重的，吊销资质证书。第六十二条规定，工程监理单位转让工程监理业务的，责令改正，没收违法所得，处合同约定监理酬金 25%～50%的罚款；可以责令停业整顿，降低资质等级；情节严重的，吊销资质证书。

《建设工程质量管理条例》第六十七条规定，工程监理单位有下列行为之一的，责令改正，处 50 万元以上 100 万元以下的罚款，降低资质等级或者吊销资质证书；有违法所得的，予以没收：①与建设单位或者施工单位串通，弄虚作假、降低工程质量的；②将不合格的建设工程、建筑材料、建筑构配件和设备按照合格签字的。第六十八条规定，工程监理单位与被监理工程的施工承包单位以及建筑材料、建筑构配件和设备供应单位有隶属关系或者其他利害关系承担该项建设工程的监理业务的，责令改正，处 5 万元以上 10 万元以下的罚款，降低资质等级或者吊销资质证书；有违法所得的，予以没收。

《建设工程质量管理条例》第七十二条规定，监理工程师等注册执业人员因过错造成质量事故的，责令停止执业 1 年；造成重大质量事故的，吊销执业资格证书，5 年以内不予注册。第七十三条规定，给予单位罚款处罚的，对单位直接负责的主管人员和其他直接责任人员处单位罚款数额 5%～10%的罚款。第七十七条规定，建设、勘察、设计、施工、工程监理单位的工作人员因调动工作、退休等原因离开该单位后，被发现在该单位工作期间有违反国家有关建设工程质量管理规定，造成重大工程质量事故的，仍应当依法追究法律责任。

《建设工程安全生产管理条例》第五十七条规定，工程监理单位有下列行为之一的，责令限期改正；逾期未改正的，责令停业整顿，并处 10 万元以上 30 万元以下的罚款；情节严重的，降低资质等级，直至吊销资质证书；造成重大安全事故，构成犯罪的，对直接责任人员，依照刑法有关规定追究刑事责任；造成损失的，依法承担赔偿责任：①未对施工组织设计中的安全技术措施或者专项施工方案进行审查的；②发现安全事故隐患未及时要求施工单位整改或者暂时停止施工的；③施工单位拒不整改或者不停止施工未及时向有关主管部门报告的；④未依照法律、法规和工程建设强制性标准实施监理的。

《建设工程安全生产管理条例》第五十八条规定：注册执业人员未执行法律、法规和工程建设强制性标准的，责令停止执业 3 个月以上 1 年以下；情节严重的，吊销执业资格证书，5 年不予注册；造成重大安全事故的，终身不予注册；构成犯罪的，依照刑法有关规定追究刑事责任。

原建设部、国家计委《工程建设监理规定》(建监〔1995〕737 号)第三十条规定，监理单位违反本规定，有下列行为之一的，由人民政府建设行政主管部门给予警告、通报批评、责令停业整顿、降低资质等级、吊销资质证书的处罚，并可处以罚款：①未经批准而擅自开业；②超出批准的业务范围从事工程建设监理活动；③转让监理业务；④故意损害项目法人、承建商利益；⑤因工作失误造成重大事故。第三十一条规定，监理工程师违反本规定，有下列行为之一的，由人民政府建设行政主管部门没收非法所得，收缴《监理工程师岗位证书》，并可处以罚款：①假借监理工程师的名义从事监理工作；②出卖、出借、转让、涂改《监理工程师岗位证书》；③在影响公正执行监理业务的单位兼职。

《工程监理企业资质管理规定》(原建设部第 158 号令)第二十七～第三十一条，规定了对违反该管理规定的监理企业处以警告、罚款、赔偿损失等处罚措施。

《注册监理工程师管理规定》(原建设部第 147 号令)第二十七～第三十一条，规定了违反该管理规定的注册监理工程师将承担的行政法律责任，包括警告、罚款、撤销注册、没收违法所得等。

2. 监理民事法律责任

监理民事法律责任，是指监理单位或监理工程师在执业过程中，因违法执业或者因过错给业主或其他主体的合法权益造成损害而应承担的民事法律责任。监理承担民事法律责任的形式主要有赔偿损失、支付违约金、赔礼道歉、停止侵害、消除影响、排除妨碍等。

我国《民法通则》第一百〇六条第二款规定：公民、法人由于过错侵害国家的、集体的财产，侵害他人财产、人身的，应当承担民事责任。因此，根据民法精神，如果监理单位或监理工程师在执业过程中因违法执业或因自身过错给业主、承包商等有关主体造成财产和人身损害，就应当承担民事赔偿责任。

确定监理民事赔偿责任，对于促进监理单位和监理工程师自觉遵守职业规范，提高监理服务质量，维护监理行业的社会声誉都具有重要意义。此外，建立监理民事赔偿制度，有利于加强政府对监理的管理及社会各界对监理的监督，减少监理工作中的失误，拓展监理业务，巩固推行建设监理制度的成果，促使我国的建设监理事业健康发展。

监理损害赔偿，其实质就是民事损害赔偿，因此适用民事损害赔偿的条件。监理承担民事赔偿的责任必须满足以下条件。

(1) 监理必须实施了侵害当事人合法权益的行为。这种侵害行为，可以是作为，如与承包商恶意串通出卖业主利益等；也可以是不作为，也就是不履行法定义务或合同约定义务，如对应该检查的部位不检查或不按规定的深度和标准进行检查，致使工程质量达不到合同约定的标准，给业主的利益造成损失。

(2) 监理在主观上存在过错。所谓主观上存在过错，是指监理实施损害行为是由于其主观上的故意或过失。如果监理在主观上没有过错，即使在执业过程中给当事人造成经济损失，根据民法原理，也不应承担赔偿责任。

(3) 监理的行为已经给当事人造成了经济或人身损害，而且监理的行为与当事人的经济或人身损害之间存在因果联系。这是监理承担民事赔偿责任的重要条件。如果监理违法执业或者工作中存在过错，但并未给当事人造成任何经济和人身上的损害，那么监理只应受到行政处罚或纪律处分，而不应承担赔偿责任。

(4) 监理的行为必须具有违法性。如果监理单位或监理工程师的行为系正当执业，既不违反法律规定，又不违反监理执业规范，也不违反监理委托合同，亦不超越监理权限，即使业主受到经济损害，也不能由监理承担赔偿责任。

(5) 监理的损害行为必须是发生在监理执业过程中。如果监理工程师给业主合法权益造成损害的行为不是发生在执业过程中，则不是监理执业过错行为，而是发生在监理执业以外的个人行为，应由造成损害的个人承担包括赔偿损失在内的民事责任及其他责任。但这种情形并不属于监理赔偿责任，也不属于《中华人民共和国建筑法》第六十九条调整的范围。

监理的民事法律责任，可通过双方当事人自行协商、有关部门调解、仲裁机关仲裁、对方当事人向法院提起民事诉讼等途径来实现。根据民法的有关规定，监理承担的民事法律责任主要是补偿性的，其方式以财产性经济补偿为主，非财产性补偿措施(如停止侵害、排除妨碍、赔礼道歉等)为辅。监理单位以其全部资产对其债务承担责任。

国家有关法律法规对监理执业造成民事损害的法律责任有以下规定。

《中华人民共和国建筑法》第六十九条规定，工程监理单位与建设单位或者建筑施工企业串通，弄虚作假、降低工程质量，造成损失的，承担连带赔偿责任。

《建设工程质量管理条例》第六十七条规定，工程监理单位有下列行为之一，造成损失的，承担连带赔偿责任：①与建设单位或者施工单位串通，弄虚作假、降低工程质量的；②将不合格的建设工程、建筑材料、建筑构配件和设备按照合格签字的。

3. 监理刑事法律责任

所谓刑事法律责任，是指行为人实施刑事法律禁止的行为所必须承担的法律后果。刑事责任是刑罚的前提，是法律责任中最严厉的一种。

监理刑事法律责任，是指监理单位或监理工程师在执业过程中触犯了刑律，构成犯罪，国家司法机关依法对监理单位的经营者或监理工程师的违法犯罪行为所应承担刑事法律后果的追究。

关于监理的刑事法律责任，应当注意区分监理工程师个人犯罪和监理职业犯罪的界限。监理工程师自身与执业活动不相关的犯罪行为所应承担的刑事责任，属于一般主体刑事责任，与监理执业是否适当无关。如果监理工程师在执业过程中，利用职务之便实施犯罪行为。例如，收受承包商贿赂，提供虚假工程量骗取业主工程款；与承包商恶意串通，随意降低工程质量标准，给国家和社会公众利益造成重大损失等，就构成了监理工程师的职务犯罪，必须追究其刑事法律责任。追究监理的刑事法律责任，应当由国家司法机关按法律规定的刑事诉讼程序进行。

关于监理刑事法律责任的主体，不仅仅指执业监理工程师，还应当包括监理单位的经营者。国家已明确规定法人在特定条件下也可作为刑事犯罪的主体。监理单位是独立自主、自负盈亏，具有独立责任的法人组织，在监理执业活动中，以监理单位名义实施违法行为且情节严重构成犯罪的，或者因严重失职给国家、社会和公众造成重大损失的，法律规定除追究直接责任者的刑事责任外，还将追究监理单位经营者的刑事责任。国家有关法律法规对监理执业构成犯罪的刑事法律责任有以下规定。

《中华人民共和国刑法》第一百三十七条规定，建设单位、设计单位、施工单位、工程监理单位违反国家规定，降低工程质量标准，造成重大安全事故的，对直接责任人员，处 5 年以下有期徒刑或者拘役，并处罚金；后果特别严重的，处 5 年以上 10 年以下有期徒刑，并处罚金。

《中华人民共和国建筑法》第六十八条规定，在工程发包与承包中索贿、受贿、行贿，构成犯罪的，依法追究刑事责任……第六十九条规定，工程监理单位与建设单位或者建筑施工企业串通，弄虚作假、降低工程质量……构成犯罪的，依法追究刑事责任。

《建设工程质量管理条例》第七十四条规定，建设单位、设计单位、施工单位、工程监理单位违反国家规定，降低工程质量标准，造成重大安全事故，构成犯罪的，对直接责任人员依法追究刑事责任。

《建设工程安全生产管理条例》第五十七条规定，工程监理单位未对施工组织设计中的安全技术措施或者专项施工方案进行审查的，发现安全事故隐患未及时要求施工单位整改或者暂时停止施工的，施工单位拒不整改或者不停止施工、未及时向有关主管部门报告的，未依照法律、法规和工程建设强制性标准实施监理的，如造成重大安全事故，构成犯罪的，对直接责任人员，依照刑法有关规定追究刑事责任。

2.5.2　监理工程师的责任风险

在监理应当承担的责任方面，存在许多盲区，人们只强调监理工程师必须对工程质量承担监理责任，但对监理责任的内涵这一关键问题至今未进行过深入探讨。有责任就有风险。认识和防范监理责任风险已成为十分紧迫和重要的任务，应当引起高度重视。

1. 监理工程师的责任风险

(1) 行为责任风险。监理工程师的行为责任风险来自 3 个方面：一是监理工程师违反了监理委托合同规定的职责义务，超出了业主委托的工作范围，从事了本不属于自身职责范围内的工作，并造成了工程上的损失，就可能因此承担相应的责任；二是监理工程师未能正确地履行监理合同中规定的职责，在工作中发生失职行为；三是监理工程师由于主观上的无意行为未能严格履行自身的职责并因此造成了工程损失 。

(2) 工作技能风险。监理工作是基于专业技能基础上的技术服务，因此，尽管监理工程师履行了监理合同中业主委托的工作职责，但由于其本身专业技能的限制，并不一定能取得应有的效果。如今新材料、新工艺层出不穷，并不是每位监理工程师都能及时、准确、全面地掌握所有的相关知识和技能，因此也就无法完全避免这类风险。

(3) 技术资源风险。即使监理工程师在工作中并无行为上的过错，仍然有可能承受由技术、资源而带来的工作上的风险。一方面，某些工程上质量隐患的暴露需要一定的时间和诱因，利用现有的技术手段和方法，并不可能保证所有问题都能及时发现；另一方面，由于人力、财力和技术资源的限制，监理工程师无法对施工过程中的任何部位、任何环节都进行细致、全面的检查，因此也就有可能面对这类风险。

(4) 管理风险。明确的管理目标、合理的组织机构、细致的职责分工、有效的约束机制，是监理组织管理的基本保证。尽管有高素质的人才资源，但如果管理机制不健全，监理工程仍然可能面临较大的风险。这种管理上的风险主要来自两个方面：一是监理单位和监理机构之间的管理约束机制；二是项目监理机构的内部管理机制。

(5) 职业道德风险。

(6) 社会环境风险。社会上相当一部分人士认为，既然工程实施了监理，监理工程师就应该对工程质量负责，工程出了质量问题时，首先向监理工程师追究责任。应该明确，监理工程师和承包商二者在质量责任和安全责任方面的性质是完全不同的。监理工程师的介入，可以使工程质量和安全更有保证，但监理工程师不能替代承包商来担保工程不出现质量和安全问题。

2. 责任风险的控制

监理工程师必须通过以下途径加强风险意识，提高对风险的警觉和防范，减少和控制责任风险。

(1) 严格履行合同。

(2) 提高专业技能。

(3) 提高管理水平。

(4) 加强职业道德约束。

(5) 完善法律体系。迄今，我国建设领域法律体系的建立已取得了长足的进展，但是，存在的问题也不少，主要表现在：不同的法律、法规之间，存在不少不协调乃至矛盾抵触的地方；法律、法规还大量存在覆盖不到的范围；不少法律的定义不明确。例如，我国《建设工程质量管理条例》第三十六条规定：“工程监理单位应该依据法律、法规以及有关技术标准、设计文件和建设工程承包合同，代表建设单位对施工质量实施监理，并对施工质量承担监理责任。”但是，此处所述的监理责任却没有明确的规定。

(6) 推行职业责任保险。监理工程师对自身因工作的疏忽或过失造成合同对方或其他第三方的损失而承担赔偿的职业责任进行投保，一旦由于职业责任导致了业主或其他第三方的损失，其赔偿由保险公司来承担，索赔的处理过程也由保险公司来负责。通过市场手段来转移监理工程师的责任风险，这在国际上是一种通行的办法，对于保障业主及监理工程师的切身利益起到很好的作用。需要强调的是，职业责任保险的保险标的没有有形的物质载体，其保险的形式是监理工程师的责任。要开展这种保险，必须首先对监理工程师应当承担的责任进行研究分析，搞清楚他的职业责任和其他责任的区别。监理工程师的责任风险是多方面的，并不是监理工程师的任何责任风险都能够通过保险来解决的。

造成监理工程师责任风险的原因是复杂的、多方面的，有些风险来自于社会环境，有些来自于技术层面，监理工程师必须对监理责任风险有一个全面、清晰的认识，在监理服务中，认真负责、积极进取、谨慎工作，以期有效地消除和防范可能面临的风险。

技能训练营——监理法规案例分析报告

任务背景

某实施监理的工程，在招标与施工阶段发生以下事件。

事件 1：招标代理机构提出，评标委员会由 7 人组成，包括建设单位纪委书记、工会主席、当地招标投标管理办公室主任，以及从评标专家库中随机抽取的 4 位技术、经济专家。

事件 2：建设单位要求招标代理机构在招标文件中明确，投标人应在购买招标文件时提交投标保证金；中标人的投标保证金不予退还；中标人还需提交履约保函，保证金额为合同总额的 22%。

事件 3：施工中因地震导致施工停工两个月；已建工程部分损坏；现场堆放的价值 65 万元的工程材料(施工单位负责采购)损毁；部分施工机械损坏，修复费用 27 万元；现场 9 人受伤，施工单位承担了全部医疗费 33 万元(其中建设单位受伤人员医疗费 6 万元，施工单位受伤人员医疗费 27 万元)；施工单位修复损坏工程支出 17 万元。施工单位按合同约定向项目监理机构提交了费用补偿和工程延期申请。

事件 4：建设单位采购的大型设备运抵施工现场后，进行了清点移交。施工单位在安装过程中该设备一个部件损坏，经鉴定，部件损坏是由于本身存在质量缺陷。

问题提出

1. 指出事件 1 中评标委员会人员组成的不正确之处，并说明理由。

2. 指出事件 2 中建设单位要求的不妥之处，并说明理由。

3. 根据《建设施工合同(示范文本)》，分析事件 3 中建设单位和施工单位各自承担哪些经济损失。项目监理机构应批准的费用补偿和工程延期各是多少？(不考虑工程保险)

4. 就施工合同主体关系而言，事件 4 中设备部件损坏的责任应由谁来承担？请说明理由。

任务提示

1. 报告题目：监理法规案例分析报告。

2. 报告组成内容应包括下面几个部分。

(1) 事件背景。

(2) 以所给事件为例，分析和评价案例中各方有关的建设行为，对照适用法律法规条文，清晰阐明。

(3) 由案例所引申的监理执业活动中面临的诸多问题和提出的对策。

3. 完成任务思路：先搜集整理有关的法律法规，对照条文，注意前后逻辑关系，完成案例分析报告。

本章小结

工程监理制度进一步完善了我国工程建设管理体制，与建设项目法人责任制、招标投标制、合同管理制共同组成了我国工程建设的基本管理体制，适应了我国社会主义市场经济条件下工程建设管理的需要。熟悉建设工程法规体系和建设工程监理法规体系，掌握相关法规中的有关监理内容等是监理人员必备的基本知识，严格执行有关的法律法规是建设工程监理人员重要的工作职责。

自我拓展(基础与进阶测试)

一、基础测试——不定项选择题

1. 对监理工程师责任风险的控制，以下说法错误的是(　　)。
   A. 加强合同管理　　B. 引入新员工
   C. 提高专业技能　　D. 提高管理效率
   E. 加强协调
2. 有关监理承担民事赔偿的责任，必须满足以下条件(　　)。
   A. 主观有过错　　B. 行为具有违法性
   C. 实施侵害未遂　　D. 双方有公开矛盾
   E. 组织协调未见成效　　F. 书面证据
3. 追究行政法律责任一般采用(　　)。
   A. 警告　　B. 双规　　C. 私下批评　　D. 公开责令改正
   E. 罚款　　F. 拘役
4. 工程监理单位在实施监理时发现存在安全事故隐患的，应当要求施工单位(　　)。
   A. 整改　　B. 立即停工
   C. 不得准入其他市场　　D. 不做处理
   E. 停业整顿
5. 有关建设工程质量终身责任制，以下说法错误的是(　　)。
   A. 退休后不用承担任何责任
   B. 出境后不用承担任何责任
   C. 个人转行后不用承担任何责任
   D. 发生严重工程质量事故，将被追溯责任
   E. 个人被法院宣告失踪后，不用承担任何责任

二、进阶测试——论述题

1. 建筑法规有哪些表现形式？它有什么作用？现行的建筑法规由哪些法律规范组成？
2. 我国建设监理法规体系由哪 3 个层次构成？
3. 目前我国制定了哪些建设工程监理的法规文件？
4. 《工程建设标准强制性条文》的主要内容是什么？
5. 《建设工程质量管理条例》的最新版本是什么？其主要内容是什么？
6. 《建设工程安全生产管理条例》的最新版本是什么？其主要内容是什么？

附：本章任务引导案例答案

分析一：本案中，甲是发包人，乙是总承包人，丙和丁是分包人。《建筑法》第二十九条规定：“建筑工程总承包单位可以将承包工程中的部分工程发包给具有相应资质条件

的分包单位，但是，除总承包合同中约定的分包外，必须经建设单位认可。施工总承包的建筑工程主体结构的施工必须由总承包单位自行完成。建筑工程总承包单位按照总承包合同的约定对建设单位负责；分包单位按照分包合同的约定对总承包单位负责。总承包单位和分包单位就分包工程对建设单位承担连带责任。禁止总承包单位将工程分包给不具备相应资质条件的单位。禁止分包单位将其承包的工程再分包。”

分析二：对工程质量问题，乙作为总承包人应承担责任，而丙和丁也应该依法分别向甲承担责任。总承包人以不是自己勘察设计和建筑安装的理由企图不对发包人承担责任，以及分包人以与发包人没有合同关系为由不向发包人承担责任，都是错误的。

分析三：《建筑法》第二十八条规定：“禁止承包单位将其承包的全部建筑工程转包给他人，禁止承包单位将其承包的全部建筑工程肢解以后以分包的名义分别转包给他人。”本案中乙作为总承包人不自行施工，而将工程全部转包，虽经发包人同意，但违反法律禁止性规定，其与丙和丁所签订的两个分包合同均是无效合同。建设行政主管部门应依照《建筑法》和《建设工程质量管理条例》的有关规定对其进行行政处罚。

第 3 章　监理执业人员和企业经营

【学习目标】

能力目标	知识目标	素质目标
(1) 能够根据实际工程项目，明确监理工程师和监理员的工作职责 (2) 能够根据监理工程师执业制度，划分工程实践中监理从业人员的执业范围，明确执业内容和要求 (3) 能够针对工程监理企业的发展与现状，分析问题，编制工程监理企业调研报告	(1) 掌握监理员和监理工程师的权利、义务、职责、罚则和法律责任 (2) 了解监理工程师执业资格考试和注册制度、继续教育的内容 (3) 熟悉工程监理企业资质，了解监理企业经营与发展内容	(1) 培养监理从业人员职业道德，树立客户服务意识 (2) 培养继续教育、自我学习和学业规划意识以及具备终身学习的现代教育理念 (3) 培养企业文化观念和树立职业人可持续发展意识

【任务引导】

1. 背景

以下是一个普通大学生走出校门，入职监理岗位的成长回忆，希望你也有自豪地回顾职业生涯的那一天……

历经三载，李明(化名)在上海 A 监理公司的春色花园小区项目中，终于从一名普通的监理员成长为专业监理工程师，其中的酸甜苦辣也只有“监理人”才懂得。

驻足在建成的小区旁，充满李明心中的是一种自豪、一种满足，一分感恩、一分坚持……

三年前，在家中沉淀了一年的我带着梦想，怀着忐忑的心情，背着沉重的行囊来到这个陌生的城市——上海。耳边萦绕着陈楚生的那首《有没有人告诉你》，“当火车开入这座陌生的城市，那是从来就没有见过的霓虹……”求职的那段时间里，我与千百万来到上海的求职者一样，每日往返于宿舍、招聘现场之间，就这样不知不觉过了一个月。最后，一个偶然的机会，A 公司选择了我。我的人生就在这个选择上开始了变化。

进了 A 公司以后，我被安排到春色花园小区项目工作。在那个工作团队里有和我一起进来的 6 个新同事。2015 年 7 月，我踏上了项目工作地点，我们团队的带头人是张总，一个我很感激的人。当时，项目正处于地基与基础分部无支护土方开挖分项的施工阶段，并穿插强夯地基处理施工。接近 40℃的酷热高温，还有突如其来的雷暴雨，让我措手不及，每天我都是带着两裤腿湿漉漉的泥巴回到宿舍。有时候我就想：有块干净的木板该有多好，我就能倒头睡下。但是任务是高于一切的，我必须得好好完成，工作中的学习也是最重要的，在这样恶劣的环境和努力工作中我慢慢养成了一个习惯，四样工具永不离身：图纸、饮用水、本子、水靴。此后它们为我的成功一路保驾护航。

在工作中我也会遇到困难，每到这个时候，张总就会和我聊聊，像对待兄弟那般教我、指导我，给我指明工作的方向、内容及方法，并且分析我工作中的优点与缺点，让我受益匪浅。渐渐地，我明白了：性格和工作态度是决定成功与否的关键。

项目土方开挖与回填施工完成后，紧接着项目开始基础施工。项目基础形式主要为预应力管桩(住宅楼)基础，部分为天然地基独立基础。这需要监理必须知晓地质勘查报告和基础施工蓝图。基础施工中遇到孤石(注：是残留于风化岩体中，多为中—微风化状，周围岩体多为全风化状，主要是不均匀风化的产物，如花岗岩的球状风化。孤石是独立存在的，一般所处的位置不高；块石主要由坡洪积、崩积、滑坡堆积、倒石锥等形成，粒径大于 20 cm 的颗粒含量超过 50%)是很正常的。但是，遇到孤石后，监理是否第一时间在场，监理如何协调处理孤石，这些都是能体现监理工作是否到位的一个方面。

现在回想起当时的我，其实对监理工作并没形成多大概念，只是一心想把工作做好，跟紧施工现场，发现问题积极与总监、甲方沟通。现在反而能把问题看简单了，施工方是项目建设的具体操作方，把活干了就能体现出工作程度，而监理则不然，他们很多时候扮演的是第三方协调角色，只能通过仅有的会议纪要、监理通知、监理函件等纸质资料才能直观地看到工作进度。

基础施工完成后，总包单位开始进场。甲方的首要任务当然是项目开盘区顺利开放并售房。主要包括总包、精装修单位、铝合金栏杆分包、室外工程园建、消防、绿化、燃气，甚至物业和销售，且诸多材料需定单位备货。在这个阶段，根据所有施工图纸和甲方开盘计划要求整理出一份施工进度计划是很必要的，这就需要我们知悉各专业图纸、工序要点和难点及施工组织情况，安排施工进度。在这个规划过程中，我始终坚持理论联系实践、实践反馈理论，把图纸与施工组织、规范相结合，也得到了甲方的认可。而这时候，我也从进项目时的现场监理员兼资料员岗位调整到监理工程师，主管开盘区销售样板精装修、室外工程园建、绿化、红线外销售道路及其配套，同时代表甲方处理关于项目开盘销售、物业提出的开盘区优化措施。

“项目 4～8 号楼竣工验收完毕”。经过三年的磨炼，我从一名监理员成长为现在的项目总监代表，这中间所经历的事情总是让人唏嘘不已。经过三年的磨炼，我更好地认识了自己，也提高了自己。

有人问过我，在很困苦、很累的时候是否想过放弃？说实话，“没有”。古语有云：“故天将降大任于斯人也，必先苦其心志，劳其筋骨，饿其体肤，空乏其身，行拂乱其所为，所以动心忍性，曾益其所不能。”

三年的磨炼，从监理员到专业监理工程师，我学到了很多。毕业三年多了，三年对我来说就是人生的第一道坎，非常重要。到了这个点，我很了解自己将来的工作方向，所以我要坚持。虽然我很多方面被人认可，但同时我也看到了自己的不足。在 A 公司，在项目里有我很大的施展空间，所以坚持下来是很值得的。

夜深人静的时候，我会想五年后的我能做什么？十年后又能做什么？将来能做什么？会想家，想家里的父母亲……在工地上一待就是几年，回家的时间很匆忙，也很短暂。

编后语： 夜幕降临，大都市上海的夜生活揭开了无穷魅力的面纱，处处楼宇通明、霓虹闪烁，在高楼大厦的后面，让我们感谢那些默默奉献的监理员们。有一种职业叫监理，有一种精神叫奉献，有一种成长叫自强，有一种坚持叫奋斗。“谢谢你们，工程监理人！”

2. 任务布置

阅读了上述短文，你认为从应届毕业生到监理员，直至专业监理工程师，乃至项目部总监理工程师，应该具备哪些知识、技能和综合素质呢？你的监理职业规划又是怎样的呢？请制作个人监理职业成长规划PPT，并分组讨论交流。

【应知应会】

在本章的学习过程中，应熟悉我国建设工程监理规范中有关监理员、监理工程师、总监代表及总监的工作内容、岗位职责和权利义务。重点应掌握监理员、监理工程师的权利、义务、职责、罚则和法律责任；应了解监理工程师的执业注册制度及继续教育，以及工程监理企业的经营与发展。

在本章的学习过程中，应能结合自身的学业规划，适当展开职业规划，特别是多思考从监理员到监理工程师的发展历程；能通过调研监理从业人员和监理企业，针对工程监理企业的发展与现状，编制工程监理企业调研报告，从而提出问题、分析问题、解决问题；进一步培养企业文化观念和树立职业人的发展意识。

3.1 监理员(初级岗位)

监理员(Site Supervisor)，是指从事具体监理工作，具有中专及以上学历并经过监理业务培训的监理人员(《建设工程监理规范》(2013版))。

监理员是监理从业人员的初级岗位，要求具备一定的施工技术与管理的基础理论知识，熟悉工程施工的基本工艺和现场管理的基本要求，具备一定的组织、协调能力。

3.1.1 监理员的职责

(1) 认真学习和贯彻有关建设监理的政策、法规以及国家和省、市有关工程建设的法律、法规、政策、标准和规范。

(2) 熟悉所监理项目的合同条款、规范、设计图纸，在专业监理工程师的领导下，有效开展现场监理工作，及时处理施工过程中出现的问题。

(3) 认真学习设计图纸及设计文件，正确理解设计意图，严格按照监理程序、监理依据，在专业监理工程师的指导、授权下进行检查、验收；掌握工程全面进展的信息，及时报告专业监理工程师(或总监理工程师)。

(4) 检查承包单位投入工程项目的人力、材料、主要设备及其使用、运行状况，并做好检查记录；督促、检查施工单位安全措施的投入。

(5) 复核或从施工现场直接获取工程计量的有关数据并签署原始凭证。

(6) 按设计图及有关标准，对承包单位的工艺过程或施工工序进行检查和记录，对加工制作及工序施工质量检查结果进行记录。

(7) 担任旁站工作，发现问题要及时指出并向专业监理工程师报告。

(8) 记录工程进度、质量检测、施工安全、合同纠纷、施工干扰、监管部门和业主意见、问题处理结果等情况，做好监理日记和有关的监理记录；协助专业监理工程师进行监理资料的收集、汇总及整理，并交内业人员统一归档。

(9) 完成专业监理工程师(或总监理工程师)交办的其他任务。

3.1.2　监理员的任职条件

(1) 中专及以上学历，建筑、土木、工民建类相关专业。

(2) 1 年以上工程监理工作经验，有助理工程师资格者优先。

(3) 精通工程监理、工程管理等相关专业知识，了解建筑法、合同法、招标投标法等相关法律法规，了解工程概预算相关知识。

(4) 有较高的判断决策能力，能及时决断，灵活应变，能处理各种矛盾、纠纷，具备良好的协调能力和控制能力。

(5) 有良好的语言表达、交际沟通能力。

(6) 责任心强、吃苦耐劳，能适应施工现场工作环境及出差要求。

3.1.3　监理员的资格考试

目前，监理员考试、培训与继续教育由各省、自治区及直辖市建筑业政府主管部门(如××省住建厅)制定本辖区内相应的监理员考试、培训、上岗规定或执行办法。

考试内容：一般按专业分为“工业与民用建筑”“给排水及其设备安装工程”“暖通及其设备安装工程”“电气安装工程”“道路与桥梁工程”等 5 个专业。

考试科目：通常为两门，具体如下。

(1) 建设工程相关法律、法规及工程监理基本知识(简称“基本知识”)。

(2) 专业工程基础理论及监理实务操作(简称“监理实务”)。

报考条件：通常要求具备中专以上文化程度(含高中学历)，且从事相关工作两年以上的建筑业从业人员。

3.2　监理工程师(中级岗位)

监理工程师是建设监理单位的主要技术监理人员，是指在监理工作岗位上工作，全国统一考试且考试合格，取得监理工程师执业资格证书，并经注册从事建设工程监理活动的专业人员。

由于建设监理业务是工程管理服务，是涉及多学科、多专业的技术、经济、管理、法律等知识的系统工程，执业资格条件要求较高，因此，监理工作需要一专多能的复合型人才来承担。监理工程师不仅要有理论知识，熟悉设计、施工、管理知识，还要有组织、协调能力，更重要的是应掌握并能应用合同、经济、法律知识，即具有复合型的知识结构。

3.2.1 监理工程师的素质

从事监理工作的监理人员，不仅要有一定的工程技术或工程经济方面的专业知识、较强的专业技术能力，能够对工程建设进行监督管理，提出指导性的意见，而且要有一定的组织协调能力，能够组织、协调工程建设有关各方共同完成工程建设任务。因此，监理工程师应具备以下素质。

1. 较高的专业学历和复合型的知识结构

监理工程师首先应是一名合格的工程师。现代工程建设投资巨大、技术复杂，可能涉及结构、电气、水利、机械、化工等多方面的专业知识。作为一名监理工程师，虽然不可能掌握众多的专业理论知识，但至少应掌握一种专业理论知识。因此，对监理工程师，要求至少应具有工程类大专以上学历，了解或掌握一定的工程建设经济、法律和组织管理等方面的理论知识，熟悉与工程建设相关的现行法律法规、政策规定，并能不断地了解新技术、新设备、新材料和新工艺，持续保持较高的知识水准，成为一专多能的复合型人才，只有具备以上基础条件，才能对工程建设进行有效的监督管理。

2. 丰富的工程建设实践经验

监理工程师的业务内容体现的是工程技术理论与工程管理理论的综合应用，具有很强的实践性特点，因此，实践经验是监理工程师的重要素质之一。据有关资料统计分析，工程建设中出现的失误，少数原因是责任心不强，多数原因是缺乏实践经验。为此，在我国的有关法规中明确规定，参加监理工程师考试，必须具备一定年限以上从事工程设计或工程施工的工作经验。工程建设中的实践经验主要指地质勘测、规划设计、工程设计、工程施工、设计管理、施工管理、构件和设备生产管理、工程经济管理、招标投标、立项评估、建设评价、建设监理等方面的工作实践经验。

3. 良好的品德

监理工程师的良好品德主要体现在以下几个方面。

(1) 热爱本职工作。

(2) 具有科学的工作态度。

(3) 具有廉洁奉公、为人正直、办事公道的高尚情操。

(4) 能够听取不同方面的意见，冷静分析问题。

4. 健康的体魄和充沛的精力

建设工程监理是一种管理技术服务，以脑力劳动为主，因此必须具有健康的身体和充沛的精力，才能胜任繁忙、严谨的监理工作。尤其在建设工程施工阶段，由于露天作业工作条件艰苦，往往工期紧迫，业务繁忙，更需要有健康的身体。我国对年满 65 周岁的监理工程师不再进行注册，主要就是考虑监理从业人员的身体健康状况而设定的条件。

3.2.2 监理工程师的职业道德

工程监理工作的特点之一是要体现公正原则。监理工程师在执业过程中维护建设单位合法权益的同时，不能损害工程建设其他方的合法利益，因此对监理工程师的职业道德和工作纪律都有严格的要求，在有关法规里也作了具体的规定。在监理行业中，监理工程师应严格遵守以下通用职业道德守则。

(1) 维护国家的荣誉和利益，按照 “守法、诚信、公正、科学”的准则执业。

(2) 执行有关工程建设的法律、法规、标准、规范、规程和制度，履行监理合同规定的义务和职责。

(3) 努力学习专业技术和建设监理知识，不断提高业务能力和监理水平。

(4) 不以个人名义承揽监理业务。

(5) 不同时在两个或两个以上监理单位注册和从事监理活动，不在政府部门以及施工、材料设备的生产供应等单位兼职。

(6) 不为所监理项目指定承包商、建筑构配件、设备、材料生产厂家和施工方法。

(7) 不收受被监理单位的任何礼金。

(8) 不泄露所监理工程各方认为需要保密的事项。

(9) 坚持独立自主地开展工作。

3.2.3 监理工程师的职责

监理工程师是一种岗位职务而不是技术职称。它包含 3 层含义：①他是从事建设工程监理工作的人员；②已取得全国确认的《监理工程师资格证书》；③经省、自治区、直辖市建委(建设厅)或由国务院工业、交通等部门的建设主管单位核准、注册，取得《监理工程师岗位证书》。当然，如果监理工程师转入其他工作岗位，则不再称为监理工程师。

工程监理企业在履行委托监理合同时，必须在建设工程现场建立项目监理机构。我国将项目监理机构中工作的监理人员按岗位职责不同分为三类，即总监理工程师、专业监理工程师和监理员，必要时可配备总监理工程师代表。

1. 总监理工程师及其职责

总监理工程师是由监理单位法定代表人书面授权，全面负责委托监理合同的履行、主持项目监理机构工作的监理工程师。在监理服务实现过程中，总监理工程师的基本职责是全面负责监理服务合同的履行，领导并管理工程监理机构的日常工作，主要体现在工程监理项目的计划、组织、协调和控制上。这些职责具体包括以下几个方面。

(1) 确定项目监理机构人员的分工和岗位职责。

(2) 主持编写项目监理规划，审批项目监理实施细则，并负责管理项目监理机构的日常工作。

(3) 审查分包单位的资质，并提出审查意见。

(4) 检查和监督监理人员的工作，根据工程项目的进展情况可进行监理人员调配，对不称职的监理人员应调换其工作。

(5) 主持监理工作会议，签发项目监理机构的文件和指令。

(6) 审定承包单位提交的开工报告、施工组织设计、技术方案、进度计划。

(7) 审核签署承包单位的申请、支付证书和竣工结算。

(8) 审查和处理工程变更。

(9) 主持或参与工程质量事故的调查。

(10) 调解建设单位与承包单位的合同争议，处理索赔，审批工程延期。

(11) 组织编写并签发监理月报、监理工作阶段报告、专题报告和项目监理工作总结。

(12) 审核签认分部工程和单位工程的质量检验评定资料，审查承包单位的竣工申请，组织监理人员对待验收的工程项目进行质量检查，参与工程项目的竣工验收。

(13) 主持整理工程项目的监理资料。

2．总监理工程师代表及其职责

总监理工程师代表是经监理单位法定代表人同意，由总监理工程师书面授权，代表总监理工程师行使其部分职责和权利的项目监理机构中的监理工程师。其主要职责包括以下两个方面。

(1) 负责总监理工程师指定或交办的监理工作。

(2) 按总监理工程师的授权，行使总监理工程师的部分职责和权利。

3．专业监理工程师及其职责

专业监理工程师是指根据项目监理岗位职责分工和总监理工程师的指令，负责实施某一专业或某一方面的监理工作，具有相应监理文件签发权的监理工程师。其主要职责是根据总监理工程师的计划安排，配合组织实施及控制，具体内容如下。

(1) 负责编制本专业的监理实施细则。

(2) 负责本专业监理工作的具体实施。

(3) 组织、指导、检查和监督本专业监理员的工作，当人员需要调整时，向总监理工程师提出建议。

(4) 审查承包单位提交的涉及本专业的计划、方案、申请、变更，并向总监理工程师提出报告。

(5) 负责本专业分项工程验收及隐蔽工程验收。

(6) 定期向总监理工程师提交本专业监理工作的实施情况报告，对重大问题及时向总监理工程师汇报和请示。

(7) 根据本专业监理工作实施情况做好监理日记。

(8) 负责本专业监理资料的收集、汇总及整理，参与编写监理月报。

(9) 核查进场材料、设备、构配件的原始凭证、检测报告等质量证明文件及其质量情况，根据实际情况认为有必要时对进场材料、设备、构配件进行平行检验，合格时予以签认。

(10) 负责本专业的工程计量工作，审核工程计量的数据和原始凭证。

4．监理员及其职责

监理员是经过监理业务培训，具有同类工程相关专业知识，从事具体监理工作的监理人员。监理员应履行以下职责。

(1) 在专业监理工程师的指导下开展现场监理工作。

(2) 检查承包单位投入工程项目的人力、材料、主要设备及其使用、运行状况，并做好检查记录。

(3) 复核或从施工现场直接获取工程计量的有关数据并签署原始凭证。

(4) 按设计图及有关标准，对承包单位的工艺过程或施工工序进行检查和记录，对加工制作及工序施工质量检查结果进行记录。

(5) 担任旁站工作，发现问题及时指出，并向专业监理工程师报告。

(6) 做好监理日记和有关的监理记录。

3.2.4　监理工程师的权利和义务

《建设工程质量管理条例》赋予监理工程师多项签认权，并明确规定了监理工程师的多项职责，从而使监理工程师执业有了明确的法律依据，确立了监理工程师作为专业人士的法律地位。监理工程师所具有的法律地位，决定了监理工程师在执业中一般应享有的权利和应履行的义务。

1．注册监理工程师享有的权利

注册监理工程师享有下列权利。

(1) 使用注册监理工程师称谓。

(2) 在规定范围内从事执业活动。

(3) 依据本人能力从事相应的执业活动。

(4) 保管和使用本人的注册证书和执业印章。

(5) 对本人执业活动进行解释和辩护。

(6) 接受继续教育。

(7) 获得相应的劳动报酬。

(8) 对侵犯本人权利的行为进行申诉。

2．注册监理工程师应当履行的义务

注册监理工程师应当履行以下义务。

(1) 遵守法律、法规和有关管理规定。

(2) 履行管理职责，执行技术标准、规范和规程。

(3) 保证执业活动成果的质量，并承担相应的责任。

(4) 接受继续教育，努力提高执业水准。

(5) 在本人执业活动所形成的工程监理文件上签字、加盖执业印章。

(6) 保守在执业中知悉的国家秘密和他人的商业、技术秘密。

(7) 不得涂改、倒卖、出租、出借或者以其他形式非法转让注册证书或者执业印章。

(8) 不得同时在两个或者两个以上的单位受聘或者执业。

(9) 在规定的执业范围和聘用单位业务范围内从事执业活动。

(10) 协助注册管理机构完成相关工作。

3.3 监理工程师执业资格考试

改革开放以来，我国开始逐步实行专业技术人员执业资格制度，自1997年起，在我国举行监理工程师执业资格考试，并将此项工作纳入全国专业技术人员执业资格制度实施计划。因此，监理工程师实际上是一种执业资格，若要获此称号，则必须参加侧重于工程建设监理实践知识的全国统考，考试合格者才能取得《监理工程师资格证书》；否则，就不具备监理工程师资格。

3.3.1 执业资格考试制度的意义

执业资格考试制度是政府对某些责任较大、社会通用性强、关系公共利益的专业技术工作实行的市场准入制度，执业资格是专业技术人员依法独立开业或独立从事某种专业技术工作所必备的学识、技术和能力标准。监理工程师执业资格是新中国成立以来在工程建设领域设立的第一个执业资格。

实行监理工程师执业资格考试制度的意义如下。

(1) 促进监理人员努力钻研监理业务，提高业务水平。

(2) 统一监理工程师的业务能力标准。

(3) 有利于公正地确定监理人员是否具备监理工程师的资格。

(4) 合理建立工程监理人才库。

(5) 便于同国际接轨，开拓国际工程监理市场。

3.3.2 考试简介

早在1992年6月，原建设部就发布了《监理工程师资格考试和注册试行办法》(建设部令第18号)，我国开始实施监理工程师资格考试。1996年8月，建设部、人事部下发了《建设部、人事部关于全国监理工程师执业资格考试工作的通知》(建监〔1996〕462号)，从1997年起，全国正式举行监理工程师执业资格考试。考试工作由建设部、人事部共同负责，日常工作委托建设部建筑监理协会承担，具体考务工作由人事部人事考试中心负责。

考试每年举行一次，考试时间一般安排在5月中旬。原则上在省会城市设立考点。

1. 考试科目设置

考试设4个科目，具体是“建设工程监理基本理论与相关法规”“建设工程合同管理”“建设工程质量、投资、进度控制”“建设工程监理案例分析”。其中，“建设工程监理案例分析”为主观题，在试卷上作答；其余3科均为客观题，在答题卡上作答。

考试分 4 个半天进行，“建设工程合同管理”“建设工程监理基本理论与相关法规”的考试时间为 2 小时；“建设工程质量、投资、进度控制”的考试时间为 3 小时；“建设工程监理案例分析”的考试时间为 4 小时。

2．考试成绩管理

考试以两年为一个周期，参加全部科目考试的人员须在连续两个考试年度内通过全部科目的考试。免试部分科目的人员须在一个考试年度内通过应试科目。

3．报考条件

凡中华人民共和国公民，具有工程技术或工程经济专业大专(含)以上学历，遵纪守法并符合以下条件之一者，均可报名参加监理工程师执业资格考试。

(1) 具有按照国家有关规定评聘的工程技术或工程经济专业中级专业技术职务，并任职满 3 年。

(2) 具有按照国家有关规定评聘的工程技术或工程经济专业高级专业技术职务。

对从事工程建设监理工作并同时具备下列 4 项条件的报考人员可免试“建设工程合同管理”和“建设工程质量、投资、进度控制”两个科目。

(1) 1970 年(含)以前工程技术或工程经济专业大专(含)以上毕业。

(2) 具有按照国家有关规定评聘的工程技术或工程经济专业高级专业技术职务。

(3) 从事工程设计或工程施工管理工作 15 年(含)以上。

(4) 从事监理工作 1 年(含)以上。

根据《关于同意香港、澳门居民参加内地统一组织的专业技术人员资格考试有关问题的通知》(国人部发〔2005〕9 号)，凡符合注册监理工程师执业资格考试相应规定的香港、澳民居民均可按照文件规定的程序和要求报名参加考试。

4．报名时间及方法

报名时间一般为上一年的 12 月份(以当地人事考试部门公布的时间为准)。由报考者本人提出申请，经所在单位审核同意后，携带有关证明材料到当地人事考试管理机构办理报名手续。党中央、国务院各部门、部队及直属单位的人员，按属地原则报名参加考试。

3.4　监理工程师注册

监理工程师是一种岗位职责，经注册的监理工程师具有相应的责任和权利，仅取得《监理工程师资格证书》而未取得《监理工程师岗位证书》的人员，则不具有这些责任和权利。这意味着，即使取得监理工程师资格，由于不在监理单位工作，或者暂时不能胜任监理工程师的工作，或者为了控制监理工程师队伍的规模和专业结构等原因，均可不给予注册。总之，实行监理工程师注册制度，是为了建立一支适应工程建设监理工作需要的高素质的监理队伍，也是为了维护监理工程师岗位的严肃性。

《注册监理工程师管理规定》于 2005 年 12 月 31 日经建设部第 83 次常务会议讨论通过，2006 年 1 月 26 日颁布，自 2006 年 4 月 1 日起施行。同时废止了 1992 年 6 月 4 日建设部颁布的《监理工程师资格考试和注册试行办法》(建设部令第18号)。

3.4.1 监理工程师的注册管理工作

国务院建设主管部门对全国注册监理工程师的注册、执业活动实施统一监督管理。县级以上地方人民政府建设主管部门对本行政区域内的注册监理工程师的注册、执业活动实施监督管理。

注册监理工程师实行注册执业管理制度。取得资格证书的人员，经过注册方能以注册监理工程师的名义执业。

注册监理工程师依据其所学专业、工作经历、工程业绩，按照《工程监理企业资质管理规定》划分的工程类别，按专业注册。每人最多可以申请两个专业注册。

取得资格证书并受聘于一个建设工程勘察、设计、施工、监理、招标代理、造价咨询等单位的人员，应当通过聘用单位向单位工商注册所在地的省、自治区、直辖市人民政府建设主管部门提出注册申请；省、自治区、直辖市人民政府建设主管部门受理后提出初审意见，并将初审意见和全部申报材料报国务院建设主管部门审批；符合条件的，由国务院建设主管部门核发注册证书和执业印章。

注册证书和执业印章是注册监理工程师的执业凭证，由注册监理工程师本人保管、使用。注册证书和执业印章的有效期为3年。

3.4.2 监理工程师的注册形式

监理工程师的注册形式有初始注册、续期注册和变更注册。

1. 初始注册

初始注册者，可自资格证书签发之日起3年内提出申请。逾期未申请者，须符合继续教育的要求后方可申请初始注册。申请初始注册应当具备以下条件。

(1) 经全国注册监理工程师执业资格统一考试合格，取得资格证书。

(2) 受聘于一个相关单位。

(3) 达到继续教育要求。

初始注册需要提交下列材料。

(1) 申请人的注册申请表。

(2) 申请人的资格证书和身份证复印件。

(3) 申请人与聘用单位签订的聘用劳动合同复印件。

(4) 所学专业、工作经历、工程业绩、工程类中级及中级以上职称证书等有关证明材料。

(5) 逾期初始注册的，应当提供达到继续教育要求的证明材料。

2. 续期注册

监理工程师每一注册有效期为3年，注册有效期满需继续执业的，应当在注册有效期满30日前，按照《注册监理工程师管理规定》第七条规定的程序申请续期注册。续期注册有效期为 3 年。

续期注册需要提交下列材料。

(1) 申请人延续注册申请表。

(2) 申请人与聘用单位签订的聘用劳动合同复印件。

(3) 申请人注册有效期内达到继续教育要求的证明材料。

3. 变更注册

在注册有效期内，注册监理工程师变更执业单位，应当与原聘用单位解除劳动关系，并按《注册监理工程师管理规定》第七条规定的程序办理变更注册手续，变更注册后仍延续原注册有效期。

变更注册需要提交下列材料。

(1) 申请人变更注册申请表。

(2) 申请人与新聘用单位签订的聘用劳动合同复印件。

(3) 申请人的工作调动证明(与原聘用单位解除聘用劳动合同或者聘用劳动合同到期的证明文件、退休人员的退休证明)。

3.5　注册监理工程师的执业

取得资格证书的人员，应当受聘于一个具有建设工程勘察、设计、施工、监理、招标代理、造价咨询等一项或者多项资质的单位，经注册后方可从事相应的执业活动。从事工程监理执业活动的，应当受聘并注册于一个具有工程监理资质的单位。注册监理工程师可以从事工程监理、工程经济与技术咨询、工程招标与采购咨询、工程项目管理服务以及国务院有关部门规定的其他业务。

工程监理活动中形成的监理文件由注册监理工程师按照规定签字盖章后方可生效。修改经注册监理工程师签字盖章的工程监理文件，应当由该注册监理工程师进行；因特殊情况，该注册监理工程师不能进行修改的，应当由其他注册监理工程师修改，并签字、加盖执业印章，对修改部分承担责任。

注册监理工程师从事执业活动，由所在单位接受委托并统一收费。

因工程监理事故及相关业务造成的经济损失，聘用单位应当承担赔偿责任；聘用单位承担赔偿责任后，可依法向负有过错的注册监理工程师追偿。

3.6　注册监理工程师的继续教育

为了贯彻落实《注册监理工程师管理规定》(建设部令第 147 号)，做好注册监理工程师的继续教育工作，根据《注册监理工程师注册管理工作规程》(建市监函〔2006〕28 号)中有关继续教育的规定和建设部办公厅《关于由中国建设监理协会开展注册监理工程师继续教育工作的通知》(建办市函〔2006〕259 号)的要求，建设部建筑市场管理司制定了《注册监理工程师继续教育暂行办法》(建市监函〔2006〕62 号)，于 2006 年 9 月 20 日颁布执行。

3.6.1 继续教育的学时

注册监理工程师在每一注册有效期(3 年)内应接受 96 学时的继续教育，其中必修课和选修课各为 48 学时。

3.6.2 继续教育的内容

继续教育分为必修课和选修课。

1. 必修课

(1) 国家近期颁布的与工程监理有关的法律法规、标准规范和政策。
(2) 工程监理与工程项目管理的新理论、新方法。
(3) 工程监理案例分析。
(4) 注册监理工程师职业道德。

2. 选修课

(1) 地方及行业近期颁布的与工程监理有关的法规、标准规范和政策。
(2) 工程建设新技术、新材料、新设备及新工艺。
(3) 专业工程监理案例分析。
(4) 需要补充的其他与工程监理业务有关的知识。

3.6.3 继续教育的方式

注册监理工程师继续教育采取集中面授和网络教学的方式进行。集中面授由经过中国建设监理协会公布的培训单位实施。注册监理工程师可根据注册专业就近选择培训单位接受继续教育。网络教学由中国建设监理协会会同专业监理协会和地方监理协会共同组织实施。参加网络学习的注册监理工程师，应当登录中国工程监理与咨询服务网，提出学习申请，在网上完成规定的继续教育必修课和相应注册专业选修课的学时(接受变更注册继续教育的要完成规定的选修课学时)后，打印网络学习证明，凭该证明参加由专业监理协会或地方监理协会组织的测试。

注册监理工程师选择上述任何方式接受继续教育达到 96 学时或完成申请变更规定的学时后，其《注册监理工程师继续教育手册》可作为申请逾期初始注册、续期注册、变更注册和重新注册时达到继续教育要求的证明材料。

3.6.4 继续教育培训单位

凡具有办学许可证的建设行业培训机构和有工程管理专业或相关工程专业的高等院

校，有固定的教学场所、专职管理人员且有实践经验的专家(甲级监理公司的总监等)占师资队伍 1/3 以上的，均可申请作为注册监理工程师继续教育培训单位。

注册监理工程师继续教育培训班由培训单位按工程专业举办，继续教育培训单位必须保证培训质量，每期培训班均要有满足教学要求的师资队伍，并配备专职管理人员。

3.6.5　继续教育监督管理

中国建设监理协会在建设部的监督指导下负责组织开展全国注册监理工程师继续教育工作，各专业监理协会负责本专业注册监理工程师继续教育的相关工作，地方监理协会在当地建设行政主管部门的监督指导下，负责本行政区域内注册监理工程师继续教育的相关工作。

工程监理企业应督促本单位注册监理工程师按期接受继续教育，有责任为本单位注册监理工程师接受继续教育提供时间和经费保证。注册监理工程师有义务接受继续教育，提高执业水平，在参加继续教育期间享有国家规定的工资、保险和福利待遇。

3.7　工程监理企业

工程监理企业是指取得工程监理企业资质证书，具有法人资格的监理公司、监理事务所以及承接监理业务的工程设计、科学研究和工程建设咨询单位，它是监理工程师的执业机构。

建设工程监理企业的划分方法有多种，常用以下几种。

1. 按企业组织形式划分

(1) 公司制监理企业，分为有限责任公司和股份有限公司。

(2) 合资工程监理企业，包括国内企业合资组建的工程监理企业和中外企业合资组建的工程监理企业。

(3) 合作工程监理企业，对于工程规模大、技术复杂的建设工程项目监理，一家工程监理企业难以胜任时，往往由两家甚至多家工程监理企业共同合作监理，并组成合作工程监理企业，经工商局注册以独立法人的资格享有民事权利，承担民事责任。如果合作监理而不注册，不构成合作工程监理企业。

2. 按隶属关系划分

(1) 独立法人工程监理企业。

(2) 附属机构工程监理企业，指企业法人中专门从事工程建设监理工作的内设机构，如一些科研单位、设计单位内设的“监理部”。

3. 按工程类别划分

目前，我国把土木工程按照工程性质和技术特点分为 14 个专业工程类别，它们是房屋建筑工程、公路工程、铁路工程、民航机场工程、港口及航道工程、水利水电工程、电力工程、矿山工程、冶炼工程、石油化工工程、市政公用工程、通信与广电工程、机电安装工程和装饰装修工程，每个专业工程类别按照工程规模或技术复杂程度又分为3个等级。

上述工程类别的划分对工程监理企业只是体现在业务范围上，并没有完全用来界定工程监理企业的专业性质。

4. 按资质等级划分

工程监理企业资质分为综合资质、专业资质和事务所资质。其中，专业资质按照工程性质和技术特点划分为若干工程类别。综合资质、事务所资质不分级别。专业资质分为甲级、乙级和丙级。

综合资质、专业甲级资质的，由企业工商注册所在地的省、自治区、直辖市人民政府建设主管部门审批。

专业乙级、丙级资质和事务所资质由企业所在地的省、自治区、直辖市人民政府建设主管部门审批。

工程监理企业可以开展相应类别建设工程的项目管理、技术咨询等业务。

3.8 工程监理企业资质

3.8.1 企业资质构成要素

工程监理企业资质是指工程监理企业的综合实力，包括企业技术能力、业务及管理水平、经营规模和社会信誉等，它主要体现在监理能力和监理效果上。

1. 监理人员素质

建设工程监理企业是技术服务型企业，监理人员的素质尤为重要。工程监理企业的技术负责人和工程项目总监理工程师，必须具备技术、经济、管理、法律等多方面的深厚知识，同时要有较强的组织协调能力。在监理企业内，除配备少量后勤人员外，一般不配备无专业知识的人员。

2. 专业配套能力

监理企业应该按其监理业务范围的要求来配备专业人员，各专业都应拥有素质较高、能力较强的骨干监理人才。专业监理人员配备是否齐全，在很大程度上决定了监理企业监理能力的强弱。

3. 工程监理企业的技术装备

工程监理企业从事的是一种科学性很强的管理工作，必须配备一定的技术装备，作为进行科学管理的辅助手段。这些装备主要有计算机办公自动化设备、工程测量仪器和设备、检测仪器和设备、交通通信设备和照相录像设备等。

一些技术设备一般由工程监理企业自行装备，如计算机、工程测量仪器和其他设备等。一些大型、特殊专业和昂贵的技术装备应该由工程项目业主提供给工程监理企业使用，工程监理企业完成约定的监理业务后把这些设备归还工程项目业主。一些应由业主提供而不能提供的设备，工程监理企业可委托有这些设备的单位进行检测试验，发生的费用应该由工程项目业主负责。

4．工程监理企业的管理水平

工程监理企业的管理水平主要取决于两个因素：一个是领导者的素质和能力；另一个是企业规章制度的建立和实行情况。

5．工程监理企业的经历和成效

1) 工程监理企业的经历

一般来说，工程监理企业的经营时间越长，监理的工程项目越多，规模越大，技术越复杂，监理能力和监理效果就会越好。监理经历是构成工程监理企业资质的重要因素。

2) 监理成效

监理成效主要是指工程监理企业在控制工程建设投资、工期和保证工程质量方面取得的效果。监理成效是一个工程监理企业人员素质、专业配套能力、技术装备水平和管理水平以及监理经历的综合反映。在审定工程监理企业资质时，规定必须有一定数量的经其监理并且已经竣工的工程。

3.8.2　企业资质等级标准

工程监理企业的资质等级标准如下。

1. 综合资质的标准

(1) 具有独立法人资格且注册资本不少于 600 万元。

(2) 企业技术负责人应为注册监理工程师，并具有 15 年以上从事工程建设工作经历或者具有工程类高级职称。

(3) 具有 5 个以上工程类别的专业甲级工程监理资质。

(4) 注册监理工程师不少于 60 人，注册造价工程师不少于 5 人，一级注册建造师、一级注册建筑师、一级注册结构工程师或者其他勘察设计注册工程师合计不少于 15 人次。

(5) 企业具有完善的组织结构和质量管理体系，有健全的技术、档案等管理制度。

(6) 企业具有必要的工程试验检测设备。

(7) 申请工程监理资质之日前一年内没有《工程监理企业资质管理规定》第十六条禁止的行为。

(8) 申请工程监理资质之日前一年内没有因本企业监理责任造成重大质量事故。

(9) 申请工程监理资质之日前一年内没有因本企业监理责任发生三级以上工程建设重大安全事故或者发生两起以上四级工程建设安全事故。

2. 专业资质的标准

1) 专业甲级资质的标准

(1) 具有独立法人资格且注册资本不少于 300 万元。

(2) 企业技术负责人应为注册监理工程师，并具有 15 年以上从事工程建设工作经历或者具有工程类高级职称。

(3) 注册监理工程师、注册造价工程师、一级注册建造师、一级注册建筑师、一级注册结构工程师或者其他勘察设计注册工程师合计不少于 25 人次。其中，相应专业注册监理工程师不少于专业资质注册监理工程师人数配备表(见表 3-1)中要求配备的人数，注册造价工程师不少于 2 人。

(4) 企业近两年内独立监理过 3 个以上相应专业的二级工程项目，但是，具有甲级设计资质或一级及以上施工总承包资质的企业申请本专业工程类别甲级资质的除外。

(5) 企业具有完善的组织结构和质量管理体系，有健全的技术、档案等管理制度。

(6) 企业具有必要的工程试验检测设备。

(7) 申请工程监理资质之日前一年内没有《工程监理企业资质管理规定》第十六条禁止的行为。

(8) 申请工程监理资质之日前一年内没有因本企业监理责任造成重大质量事故。

(9) 申请工程监理资质之日前一年内没有因本企业监理责任发生三级以上工程建设重大安全事故或者发生两起以上四级工程建设安全事故。

2) 专业乙级资质的标准

(1) 具有独立法人资格且注册资本不少于 100 万元。

(2) 企业技术负责人应为注册监理工程师，并具有 10 年以上从事工程建设工作经历。

(3) 注册监理工程师、注册造价工程师、一级注册建造师、一级注册建筑师、一级注册结构工程师或者其他勘察设计注册工程师合计不少于 15 人次。其中，相应专业注册监理工程师不少于专业资质注册监理工程师人数配备表(见表 3-1)中要求配备的人数，注册造价工程师不少于 1 人。

(4) 有较完善的组织结构和质量管理体系，有技术、档案等管理制度。

(5) 有必要的工程试验检测设备。

(6) 申请工程监理资质之日前一年内没有《工程监理企业资质管理规定》第十六条禁止的行为。

(7) 申请工程监理资质之日前一年内没有因本企业监理责任造成重大质量事故。

(8) 申请工程监理资质之日前一年内没有因本企业监理责任发生三级以上工程建设重大安全事故或者发生两起以上四级工程建设安全事故。

3) 专业丙级资质的标准

(1) 具有独立法人资格且注册资本不少于 50 万元。

(2) 企业技术负责人应为注册监理工程师，并具有 8 年以上从事工程建设工作经历。

(3) 相应专业的注册监理工程师不少于专业资质注册监理工程师人数配备表(见表 3-1)中要求配备的人数。

(4) 有必要的质量管理体系和规章制度。

(5) 有必要的工程试验检测设备。

3. 事务所资质的标准

(1) 取得合伙企业营业执照，具有书面合作协议书。

(2) 合伙人中有 3 名以上注册监理工程师，合伙人均有 5 年以上从事建设工程监理的工作经历。

(3) 有固定的工作场所。

(4) 有必要的质量管理体系和规章制度。

(5) 有必要的工程试验检测设备。

表 3-1　专业资质注册监理工程师人数配备表

单位：人

序　号	工程类别	甲　级	乙　级	丙　级
1	房屋建筑工程	15	10	5
2	冶炼工程	15	10	
3	矿山工程	20	12	
4	化工石油工程	15	10	
5	水利水电工程	20	12	5
6	电力工程	15	10	
7	农林工程	15	10	
8	铁路工程	23	14	
9	公路工程	20	12	5
10	港口与航道工程	20	12	
11	航天航空工程	20	12	
12	通信工程	20	12	
13	市政公用工程	15	10	5
14	机电安装工程	15	10	

注：表中各专业资质注册监理工程师人数配备是指企业取得本专业工程类别注册的注册监理工程师人数。

3.8.3　企业承揽业务范围

1. 综合资质

具有综合资质的工程监理企业可以承担所有专业工程类别建设工程项目的工程监理业务。

2. 专业资质

(1) 专业甲级资质。可承担相应专业工程类别建设工程项目的工程监理业务。

(2) 专业乙级资质。可承担相应专业工程类别二级以下(含二级)建设工程项目的工程监理业务。

(3) 专业丙级资质。可承担相应专业工程类别三级建设工程项目的工程监理业务。

3. 事务所资质

具有事务所资质的工程监理企业可承担三级建设工程项目的工程监理业务(但国家规定

必须实行强制监理的工程除外)。

工程监理企业可以开展相应类别建设工程的项目管理、技术咨询等业务。

3.8.4 企业的资质管理

为了加强对工程监理企业的资质管理，保障其依法经营业务，促进建设工程监理事业的健康发展，国家建设行政主管部门对工程监理企业资质管理工作制订了相应的管理规定。

根据我国现阶段管理体制，我国工程监理企业的资质管理确定的原则是“分级管理，统分结合”，按中央和地方两个层次进行管理。

国务院建设行政主管部门负责全国工程监理企业资质的归口管理工作。涉及铁道、交通、水利、信息产业、民航等专业工程监理资质的，由国务院铁道、交通、水利、信息产业、民航等有关部门配合国务院建设行政主管部门实施资质管理工作。

省、自治区、直辖市人民政府建设行政主管部门负责本行政区域内工程监理企业资质的归口管理工作，省、自治区、直辖市人民政府交通、水利、通信等有关部门配合同级建设行政主管部门实施相关资质类别工程监理企业资质的管理工作。

3.9 工程监理企业经营及管理

3.9.1 企业经营活动基本准则

工程监理企业从事建设工程监理活动，应当遵循 “守法、诚信、公正、科学”的准则。

1. 守法

守法，即遵守国家的法律法规。对于工程监理企业来说，守法即要依法经营。主要体现在：工程监理企业只能在核定的业务范围内开展经营活动；认真履行监理委托合同；工程监理企业离开原住所地承接监理业务，要自觉遵守当地人民政府颁发的监理法规和有关规定，主动向监理工程所在地的省、自治区、直辖市建设行政主管部门备案登记，接受其指导和监督管理。

2. 诚信

诚信，即诚实守信用。信用是企业的一种无形资产，加强企业信用管理，提高企业信用水平，是完善我国工程监理制度的重要保证。工程监理企业应当建立健全企业的信用管理制度，及时、主动地与业主进行信息沟通，增强相互间的信任；及时检查和评估企业信用的实施情况。

3. 公正

公正，是指工程监理企业在监理活动中既要维护业主的利益，又不能损害承包商的合法权益，并依据合同公平、合理地处理业主与承包商之间的争议。工程监理企业要做到公正，就应该具有良好的职业道德；坚持实事求是原则；熟悉有关建设工程合同条款；提高专业技术能力；提高综合分析判断问题的能力。

4. 科学

科学，是指工程监理企业要依据科学的方案，运用科学的手段，采取科学的方法开展监理工作。工程监理工作结束后，还要进行科学的总结。

3.9.2　企业管理

强化企业管理，提高科学管理水平，是建立现代企业制度的要求，也是监理企业提高市场竞争能力的重要途径。监理企业管理应抓好成本管理、资金管理和质量管理，增强法治意识，依法进行经营管理。

1. 基本管理措施

监理企业应重点做好以下几方面工作。

1) 市场定位

要加强自身发展战略研究，适应市场，根据本企业实际情况，合理确定企业的市场地位，实施明确的发展战略、技术创新战略，并根据市场变化适时地进行调整。

2) 管理方法现代化

要广泛采用现代管理技术、方法和手段，推广先进企业的管理经验，借鉴国外企业现代管理方法，应当积极推行 ISO 9000 质量管理体系贯标认证工作，严格按照质量手册和程序文件的要求规范企业的各项工作。

3) 建立市场信息系统

要加强现代信息技术的运用，建立敏捷、准确的市场信息系统，掌握市场动态。

4) 严格贯彻实施《建设工程监理规范》

企业应结合实际情况，制定相应的《建设工程监理规范》(GB/T 50319—2013)实施细则，组织全员学习，在签订委托监理合同、实施监理工作、检查考核监理业绩、制定企业规章制度等各个环节，都应当以《建设工程监理规范》(GB/T 50319—2013)为主要依据。

2. 建立健全各项内部管理规章制度

监理企业规章制度一般包括组织管理、人事管理、劳动合同管理、财务管理、经营管理、设备管理、科技管理、档案文书管理以及项目监理机构管理等制度。有条件的监理企业，还要进行风险管理，实行监理责任保险制度，适当转移责任风险。

3. 市场开发

1) 取得监理业务的基本方式

工程监理企业承揽监理业务的方式有两种：一种是通过投标竞争取得监理业务；另一种是由业主直接委托取得监理业务。通过投标取得监理业务，是市场经济体制下比较普遍的形式。《中华人民共和国招标投标法》明确规定，关系公共利益安全、由政府投资和外资等工程实行监理必须招标。在不宜公开招标的机密工程或没有投标竞争对手，或者工程规模比较小、比较单一的监理业务，或者对原工程监理企业的续用等情况下，业主也可以直接委托工程监理企业实行监理。

2) 工程监理企业投标书的核心

工程监理企业向业主提供的是管理服务，因此工程监理企业投标书的核心是反映其所提供的管理服务水平高低的监理大纲，尤其是主要的监理对策。业主在监理招标时应以监理大纲的水平作为评定投标书优劣的重要标准，而不应把监理费的高低作为选择工程监理企业的主要评定标准。作为工程监理企业，不应该以降低监理费作为主要的竞争手段去承揽监理业务。

一般情况下，监理大纲中主要的监理对策是指：根据监理招标文件的要求，针对业主委托监理工程的特点，初步拟订的该工程的监理工作指导思想，主要的管理措施、技术措施，拟投入监理力量以及为搞好该项工程建设而向业主提出的原则性建议等。

4. 工程监理费的计算方法

1) 工程监理费的构成

建设工程监理费是指业主依据委托监理合同支付给监理企业的监理酬金。它是构成工程概(预)算的一部分，在工程概(预)算中单独列支。

2) 监理费的计算方法

工程监理费的计算方法一般由建设单位与工程监理企业协商确定。计算方法主要有以下几种。

(1) 按建设工程投资的百分比计算法。按建设工程投资的百分比计算法就是按委托监理工程概(预)算的百分比计收工程监理费，当工程结算时，再按实际工程投资进行调整。这种方法是国家制定监理取费标准的主要形式，建设单位和工程监理企业也易接受。

(2) 固定价格计算法。固定价格计算法就是建设单位与工程监理企业在协商一致的基础上形成的监理合同固定价格，实践中可进一步分为固定总价和固定单价计算法。其特点是：当实际监理工作量比计划工作量有所增减时，一般也不调整工程监理费的总价或者单价。这种方法适用于监理工作内容明确的中小型工程监理费的计算。

(3) 工资加一定比例的其他费用计算法。工资加一定比例的其他费用计算法就是以项目监理机构监理人员的实际工资乘以一个大于 1 的系数，此系数通过综合考虑应有的其他直接费用、间接成本、税金和利润来确定。由于建设单位与工程监理企业很难对监理人员数量和实际工资额达成一致意见，因此该方法较少采用。

(4) 按时计算法。按时计算法就是按建设单位和工程监理企业双方约定的单位时间监理费，乘以约定的监理服务时间来计算工程监理费总额。单位时间监理费一般以监理人员基本工资为基础，加上适当的管理费和利润而得到。这种方法适用于临时性的、短期的监理业务，或者不宜按其他方法计算监理费的监理业务。

技能训练营——监理企业成长调研报告

任务背景

本案例参见下面所附内容——上海城建工程建设监理有限公司和上海智达工程顾问有限公司简介。

任务提示

1. 报告题目：××监理企业成长调研报告。

2. 报告组成内容应至少包括下面几个部分。

(1) 所调查的监理企业地理位置、行业背景、历史发展与展望。

(2) 分析该监理企业成长关键期和里程碑事件。

(3) 监理企业所面临的诸多问题和提出相应的对策。

3. 完成任务思路。确定调研对象(寻找身边熟悉的监理企业，可以是校企合作企业或自己家乡就业期望值较高的监理企业)和调研方法(当面访问、电话交流或网上调查)，整理撰写报告。

附：

上海城建工程建设监理有限公司

上海城建工程建设监理有限公司成立于1996年8月，是全国知名的上海市城市建设设计研究总院下属的国有控股子公司。自公司成立以来，在上海城建集团、上海市城市建设设计研究总院的直接领导下，通过全体员工的求真务实、奋发图强，公司发展迅速、硕果累累。

1. 公司概况

公司的注册资本金为550万元。

公司具备建设部工程监理甲级资质(包括市政公用工程和房屋建筑工程)、国家设备监理资质(包括电力及牵引专业工程、水资源工程、城市污水处理工程专业甲级以及城市垃圾处理工程专业乙级)、上海市工程设备监理甲级资质(包括环保工业工程设备、道路轨道交通工业工程设备、通用机械设备和智能化系统工程设备)以及上海市人民防空工程建设监理丙级资质。现有经营办公场所700余平方米，设置党政办公室、总工程师办公室、行政人事办公室、经营部、工程技术部、财务部、档案室、图书资料室、会议室、员工活动室及餐厅等。公司现有员工200余人，拥有一大批中高级专门人才，包括工程设计、市政工程、建筑工程、环保工程、轨道交通、设备安装、安全防范等各门类国家和地方注册的工程师、咨询专家。公司拥有一系列较先进和完善的工程监理检测设备。

2. 公司的质量安全管理、经营状况及主要业绩

在企业管理中，公司坚持以质量体系建设服务于监理工作全过程。公司在监理行业率先通过了质量(QMS)、环境(EMS)、职业健康安全(OHSMS)“三合一”的质量体系认证。

在企业经营活动中，公司15年来不停顿地大踏步发展，已参与市政、建设工程监理项目数百项，包括早期的有代表性的上海外环线一期工程、轨道交通明珠线、卢浦大桥等项目。近几年来，公司的经营业绩、各项指标连创历史新高。业务区域范围不仅走出上海发展到江浙两省，还成功开拓了西部新疆市场。2008—2012年，在上海地区，公司先后参与了虹桥枢纽市政配套工程3标、D标，世博垃圾气力输送项目以及轨道交通七、八、九、十一、十三号线等的世博重大工程建设，还参与了亚洲最大的二级污水处理厂——白龙港污水处理升级改造工程、青草沙水源地原水工程等市重点战略项目建设；在江浙地区，公司参与了常州高架一期、二期、三期工程，苏州工业园区市政工程，南通科技产业园区市政工程，舟山小干污水处理厂等工程建设；在新疆乌鲁木齐，公司自2009年6月进疆以来的两年多时间已承接了16个工程建设项目。

公司长年来合同综合情况优良，在行业内的综合履约能力处于很高水平，合同的管理水平、履约状况也处于较高水平。公司是上海市“守合同、重信用”AAA级企业，公司的经营活动以优质、真诚的服务赢得了广大客户和社会机构的好评。15年来，公司及所做项目先后获得各种荣誉共180多项，包括上海市先进监理企业、2010年中国工程监理行业先进企业、国家优质工程金质奖、国家优质工程银质奖、上海市政工程金奖、上海市白玉兰奖等。公司注重荣誉，更注重自身建设。在院党委的领导下，公司不断加强党风廉政建设，加强职工队伍建设，企业的重要规章制度都经职工代表大会通过，包括工资集体协商制度以及创建集团文明单位规划等决议。

公司是2009—2010年度集团文明单位、上海市诚信经营先进单位、上海市用户满意工程先进单位。公司也是中国设备监理协会理事单位和上海市建设工程咨询行业协会理事单位。从发展的眼光看公司，公司可持续发展的基础工作扎实，也具备要做大做强的必备条件，公司在不停顿地一步一个脚印地踏实前进。目前，公司内部正在积极推行“精细化、过程化监控，目标化管理”的监理新思路，并广纳贤才，向监理行业的更高层次迈进。

(资料来源：校企合作企业上海城建监理有限公司向常州工程职业技术学院提供的资料)

上海智达工程顾问有限公司简介

上海智达工程顾问有限公司是在汉智集团旗下的一家具有国家建设部工程监理甲级资质、市政公用工程监理甲级资质、造价咨询甲级资质和招标代理乙级资质的企业。可承接全国范围内的各种建筑工程和市政工程监理、造价咨询、招标代理、项目管理等综合业务。上海汉丰建筑设计有限公司于2002年正式转制成立，于2006年3月经建设部批准的建筑工程综合设计有限公司，也是汉智集团旗下的另一家具有城市规划编制、建筑工程设计甲级、工程勘察(岩土工程)、市政工程测量、建筑工程测量乙级资质的企业。公司的主营业务核心是建筑工程设计、咨询(方案、规划、详细技术设计)。

现两家公司有员工500余名，其中国家注册监理工程师、注册造价工程师、注册咨询工程师、国家一级注册建筑师、全国一级注册结构师、国家注册规划师、国家注册电气工程师、国家注册公用设备师和全国注册岩土工程师等中、高级职称员工200余名。公司成立至今，先后已完成项目900余项，建筑面积达到10000000m^2。公司业务涵盖了住宅建筑、大型公共建筑、学校医院、酒店式公寓、装修装饰、城市规划、工业厂房、市政桥梁、绿化景观等，并通过了ISO 9001体系认证。所监理、设计的项目先后取得了上海市建筑工程优质“金钢奖”、上海市政工程“金杯奖”、上海市白玉兰奖、上海市安全文明工地等称号。

(资料来源：校企合作企业上海智达工程顾问有限公司向常州工程职业技术学院提供的资料)

本章小结

监理方是建设市场的三大主体之一，监理工作需要一专多能的复合型人才，根据监理工程师的执业特点，对监理工程师的综合素质、道德标准、法律责任提出了特殊的要求。

工程监理企业是监理工程师的执业机构，国家对监理企业的设立、资质管理、经营活动均作了有关规定。监理企业转型升级是科学发展的方向，要抓住国家发展和改革委员会、住房和城乡建设部联合印发的《关于推进全过程工程咨询服务发展的指导意见》这一机遇，加强技术创新能力和管理创新能力，提升创新增值服务，延伸核心竞争力。

自我拓展(基础与进阶测试)

一、基础测试——不定项选择题

1. 监理企业在企业内部管理方面应重点做好以下几方面工作，以下说法错误的是(　　)。

A. 加强合同管理　　B. 严格贯标　　C. 定位市场
D. 提高管理效率　　E. 寻求行业协会帮助

2. 有关监理员的入职门槛，以下说法正确的是(　　)。

A. 学历必须大专以上　　B. 学历必须本科以上　　C. 普通社会青年即可
D. 学历最低中专　　E. 要经过业务培训　　F. 从事本行业

3. 监理工程师应严格遵守以下通用职业道德守则(　　)。

A. 不泄密　　B. 加强学习　　C. 与施工方礼尚往来
D. 多家企业兼职　　E. 独立自主地工作

4. 工程监理企业经营活动基本准则有(　　)。

A. 守法　　B. 独立　　C. 诚信　　D. 公开　　E. 科学

5. 有关监理事务所的资质标准，以下说法错误的是(　　)。

A. 有固定的场所　　B. 至少有4人为国家注册监理工程师
C. 取得合伙企业营业执照　　D. 有必要的检测设备
E. 执业人员至少获得市厅级工程奖1项

二、进阶测试——论述题

1. 专业监理工程师有哪些职责?
2. 监理工程师的注册形式有哪几种? 注册监理工程师每一注册有效期为几年?
3. 监理企业资质有哪几种? 分别设立了哪几个等级?
4. 参加监理工程师执业资格考试的报名条件主要包括哪些方面?
5. 工程监理企业资质管理主要包括哪些内容?
6. 要做好工程监理企业的管理工作，主要需做好哪几方面的工作?
7. 注册监理工程师的继续教育有哪些内容?
8. 工程监理企业综合资质，对企业技术负责人有什么具体要求?
9. 取得监理业务的基本方式有哪些?
10. 工程监理费的计算方法有哪些? 请调查你所在地有关监理费的取费规定。

第4章　建设工程项目监理组织与协调

【学习目标】

能力目标	知识目标	素质目标
(1) 能够根据实际工程的承发包模式，正确选择监理模式 (2) 能够根据监理实施原则和程序，进行项目部监理组织机构的设计，撰写组织机构报告，明确岗位职责与分工 (3) 能够针对工程监理所遇到的实际工程实践问题，提出组织协调的思路及方法	(1) 掌握建设工程承发包模式与对应的监理模式 (2) 熟悉建设工程监理的实施原则和实施程序 (3) 掌握建立监理组织机构的步骤及组织设计内容、人员配备和职责分工 (4) 熟悉组织协调的工作内容与方法	(1) 培养监理从业人员的具体岗位责权利意识 (2) 树立工程项目组织协调的意识 (3) 培养爱岗敬业、踏实肯干的职业精神

【任务引导】

1. 背景

某建设单位甲准备投资建设一栋办公楼，该大楼地质条件较好，体型简单，为多层钢筋混凝土框架结构，共5层，总建筑面积为2894.8 m^2。该大楼施工图纸已经全部完成，并通过了有关图纸审查机构盖章确认无误。甲随后委托A监理公司进行该工程施工阶段的监理工作。经过工程招标，建设单位选择了B建筑公司作为总承包方来完成工程施工任务。B建筑公司自行完成该大楼主体结构的施工。获得建设单位许可后，B建筑公司将水电、暖通工程分包给了C安装公司，室内外装饰工程分包给了D装修公司。

2. 任务布置(答案见本章末)

问题1：总监理工程师应如何确定适宜于本工程实际的监理模式？画出图示。

问题2：在施工阶段，项目监理机构与施工单位的协调工作应注意哪些内容？

就以上问题分组讨论交流，最后用PPT汇报说明。

【应知应会】

在本章的学习过程中，应熟悉建设工程监理的实施原则和实施程序。应重点掌握建立监理组织机构的步骤及组织设计内容、人员配备和职责分工；应不断熟悉组织协调的工作内容与方法。

在本章的学习过程中，应能结合具体的工程实例，即针对工程项目的承发包模式，采用对应的监理组织管理模式，从而设置监理项目部组织机构；应能够针对工程监理所遇到的实际工程实践问题，提出组织协调的思路及方法。

4.1　建设工程承发包模式与监理模式

建筑市场的市场体系主要由三方面构成，即：以发包人为主体的发包体系；以设计、施工、供货方为主体的承建体系；以及以工程咨询、评估、监理方为主体的咨询体系。市场主体三方的不同关系会形成不同的工程项目组织系统，构成不同的项目实施组织形式，对工程管理的方式和内容会产生不同的影响。

工程建设项目投资大，建设周期长，参与项目的单位众多，社会性强，因此，工程项目实施模式具有复杂性。工程项目的实施组织方式是通过研究工程项目的承发包模式，确定工程的合同结构，合同结构的确定也就决定了工程项目的管理组织，决定了参与工程项目各方的项目管理的工作内容和任务。

建设工程监理委托模式的选择与建设工程组织管理模式密切相关，监理委托模式对建设工程的规划、控制和协调起着重要作用。

4.1.1　平行承发包模式

1. 平行承发包模式的特点

所谓平行承发包，是指业主将建设工程的设计、施工以及材料设备采购的任务经过分解分别发包给若干个设计单位、施工单位和材料设备供应单位，并分别与各方签订合同。各设计单位之间的关系是平行的，各施工单位之间的关系、各材料设备供应单位之间的关系也是平行的，如图 4-1 所示。

采用这种平行承发包模式首先应合理地进行工程建设任务的分解，然后进行分类综合，确定每个合同的发包内容，以便选择适当的承建单位。

进行任务分解与确定合同数量、内容时应考虑以下因素。

(1) 工程情况。建设工程的性质、规模、结构等是决定合同数量和内容的重要因素。规模大、范围广、专业多的建设工程往往比规模小、范围窄、专业单一的建设工程合同数量要多。建设工程实施时间的长短、计划的安排也对合同数量有影响。例如，对分期建设的两个单项工程，就可以考虑分成两个合同分别发包。

(2) 市场情况。首先，由于各类承建单位的专业性质、规模大小在不同市场的分布状况不同，建设工程的分解发包应力求使其与市场结构相适应；其次，合同任务和内容要对市场具有吸引力。中小合同对中小型承建单位有吸引力，又不妨碍大型承建单位参与竞争。另外，还应按市场习惯做法、市场范围和有关规定来决定合同内容和大小。

(3) 贷款协议要求。对两个以上贷款人的情况，贷款人可能对贷款使用范围、承包人资格等有不同要求，因此，需要在确定合同结构时予以考虑。

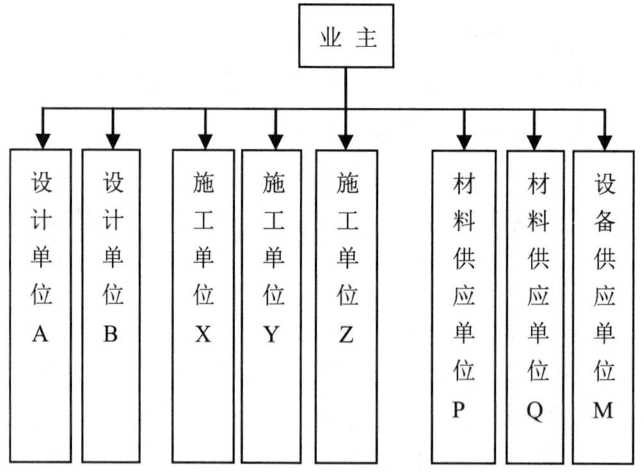

图 4-1 平行承发包模式

2. 平行承发包模式的优、缺点

1) 优点

(1) 有利于缩短工期。由于设计和施工任务经过分解分别发包，设计阶段与施工阶段有可能形成搭接关系，从而缩短整个建设工程的工期。

(2) 有利于质量控制。整个工程经过分解分别发包给各承建单位，合同约束与相互制约使每部分能够较好地实现质量要求。如主体工程与装修工程分别由两个施工单位承包，当主体工程不合格时，装修单位是不会同意在不合格的主体工程上进行装修的，这相当于有了他人控制，比自己控制更有约束力。

(3) 有利于业主选择承建单位。在大多数国家的建筑市场中，专业性强、规模小的承建单位一般占较大的比例。这种模式的合同内容比较单一、合同价值小、风险小，使它们有可能参与竞争。因此，无论大型承建单位还是中小型承建单位都有机会参与竞争。业主可以在很大范围内选择承建单位，这就为提高择优性创造了条件。

2) 缺点

(1) 合同数量多，会造成合同管理困难。合同关系复杂，使建设工程系统内结合部位数量增加，组织协调工作量大。因此，应加强合同管理的力度，加强各承建单位之间的横向协调工作，沟通各种渠道，使工程有条不紊地进行。

(2) 投资控制难度大。这主要表现在：一是总合同价不易确定，影响投资控制实施；二是工程招标任务量大，需控制多项合同价格，增加了投资控制难度；三是在施工过程中设计变更和修改较多，导致投资增加。

3. 平行承发包模式条件下的监理委托模式

与建设工程平行承发包模式相适应的监理委托模式主要有以下两种形式。

1) 业主委托一家监理单位监理

这种监理委托模式是指业主只委托一家监理单位为其提供监理服务，如图 4-2 所示。这种委托模式要求被委托的监理单位应该具有较强的合同管理与组织协调能力，并能做好全面规划工作。监理单位的项目监理机构可以组建多个监理分支机构对各承建单位分别实施监理。在具体的监理过程中，项目总监理工程师应重点做好总体协调工作，加强横向联系，保证建设工程监理工作的有效运行。

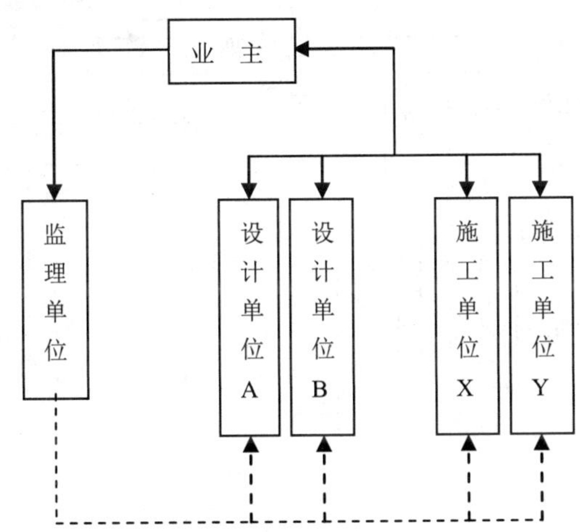

图 4-2　业主委托一家监理单位进行监理的模式

2) 业主委托多家监理单位监理

这种监理委托模式是指业主委托多家监理单位为其提供监理服务，如图 4-3 所示。

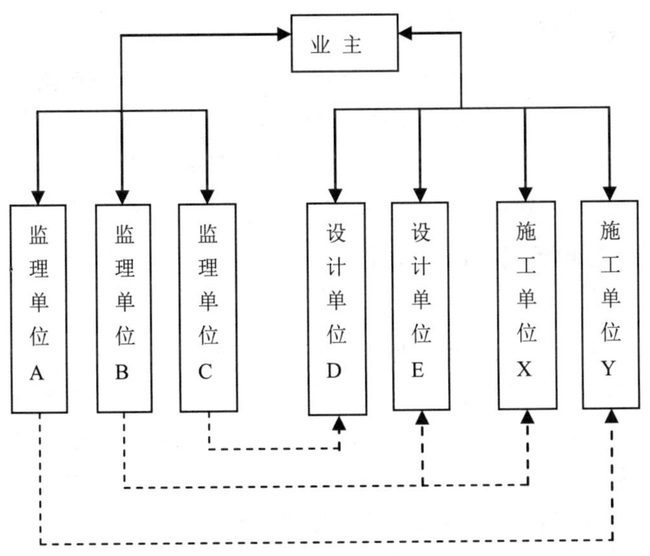

图 4-3　业主委托多家监理单位进行监理的模式

采用这种委托模式，业主分别委托几家监理单位针对不同的承建单位实施监理。由于业主分别与多个监理单位签订委托监理合同，所以各监理单位之间的相互协作与配合需要业主进行协调。采用这种监理委托模式，监理单位的监理对象相对单一，便于管理，但整个工程的建设监理工作被肢解，各监理单位各负其责，缺少一个对建设工程进行总体规划与协调控制的监理单位。

为了克服上述不足，在某些大、中型项目的监理实践中，业主首先委托一个“总监理工程师单位”总体负责建设工程的总规划和协调控制，再由业主和“总监理工程师单位”共同选择几家监理单位分别承担不同合同段的监理任务。在监理工作中，由“总监理工程师单位”协调各监理单位的工作，大大减轻了业主的管理压力，形成图 4-4 所示的监理模式。

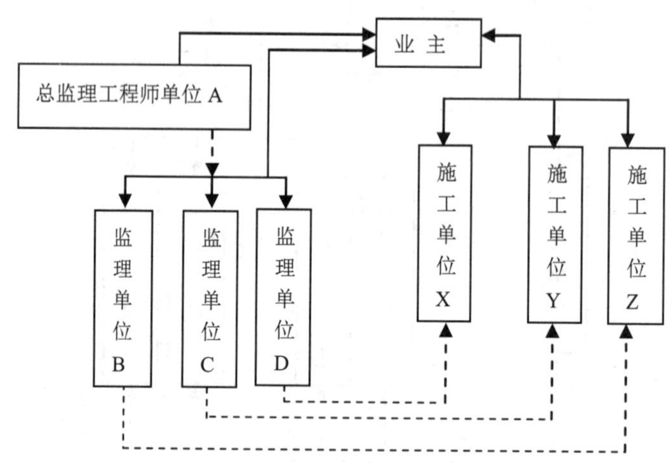

图 4-4　业主委托“总监理工程师单位”进行监理的模式

4.1.2　设计或施工总分包模式

1. 设计或施工总分包模式的特点

所谓设计或施工总分包，是指业主将全部设计或施工任务发包给一个设计单位或一个施工单位作为总包单位，总包单位可以将其部分任务再分包给其他承包单位，形成一个设计总包合同或一个施工总包合同以及若干个分包合同的结构模式。图 4-5 是设计和施工均采用总分包模式的合同结构框图。

2. 设计或施工总分包模式的优、缺点

1) 优点

(1) 有利于建设工程的组织管理。由于业主只与一个设计总包单位或一个施工总包单位签订合同，工程合同数量比平行承发包模式要少很多，有利于业主的合同管理，也使业主协调工作量减少，可发挥监理工程师与总包单位多层次协调的积极性。

(2) 有利于投资控制。总包合同价格可以较早确定，并且监理单位也易于控制。

(3) 有利于质量控制。在质量方面，既有分包单位的自控，又有总包单位的监督，还有工程监理单位的检查认可，有利于质量控制。

(4) 有利于工期控制。总包单位具有控制的积极性，分包单位之间也有相互制约的作用，有利于总体进度的协调控制，也有利于监理工程师控制进度。

2) 缺点

(1) 建设周期较长。在设计和施工均采用总分包模式时，由于设计图纸全部完成后才能

进行施工总包的招标，这不仅不能将设计阶段与施工阶段搭接，而且施工招标需要的时间也较长。

(2) 总包报价可能较高。对于规模较大的建设工程来说，通常只有大型承建单位才具有总包的资格和能力，竞争相对不甚激烈。另外，对于分包出去的工程内容，总包单位都要在分包报价的基础上加收管理费向业主报价。

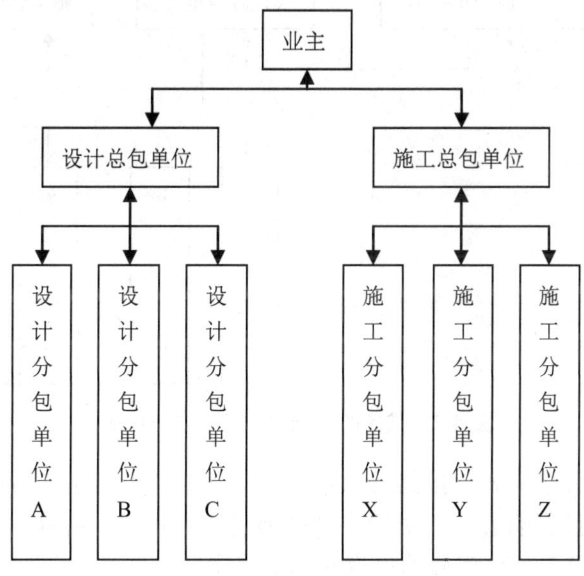

图 4-5　设计和施工总分包模式

3. 设计或施工总分包模式条件下的监理委托模式

(1) 业主委托一家监理单位提供实施阶段全过程的监理服务，如图 4-6 所示，这样监理单位可以对设计阶段和施工阶段的工程投资、进度、质量控制统筹考虑，合理进行总体规划协调，更可使监理工程师掌握设计思路与设计意图，有利于施工阶段的监理工作。

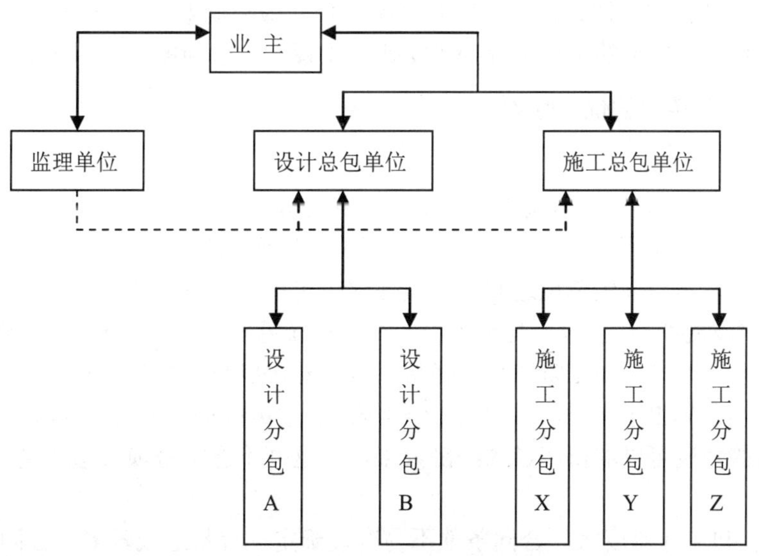

图 4-6　业主委托一家监理单位的模式

(2) 按照设计阶段和施工阶段分别委托监理单位，如图 4-7 所示。

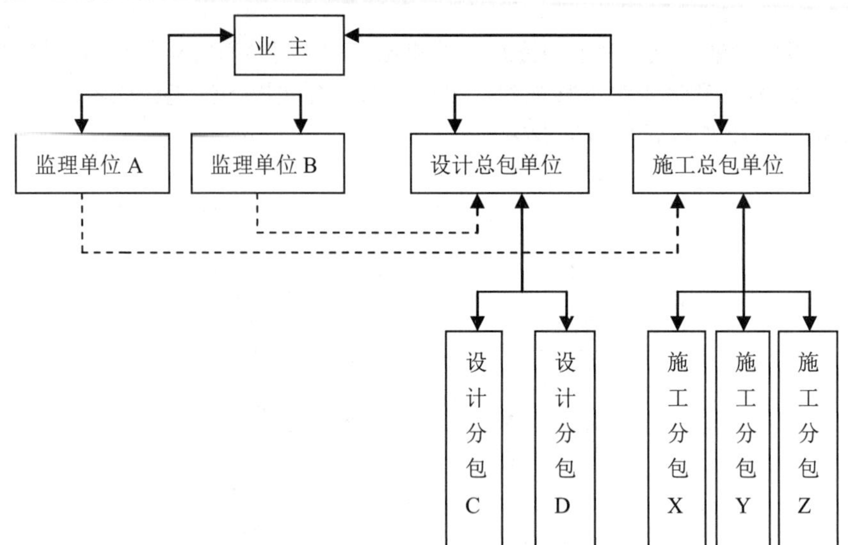

图 4-7 按照阶段划分的监理委托模式

对设计或施工总分包模式，虽然总承包单位对承包合同承担乙方的最终责任，但分包单位的资质、能力直接影响着工程质量、进度等目标的实现，所以在这种模式条件下，监理工程师必须做好对分包单位资质的审查和确认工作。

4.1.3 项目总承包模式

1. 项目总承包模式的特点

项目总承包模式是指业主将工程设计、施工、材料和设备采购等工作全部发包给一家承包公司，由其进行实质性设计、施工和采购工作，最后向业主交出一个已达到使用条件的工程。按这种模式发包的工程也称为“交钥匙工程”。这种模式如图 4-8 所示。

2. 项目总承包模式的优、缺点

1) 优点

(1) 合同关系简单，组织协调工作量小。业主只与项目总承包单位签订一个合同，合同关系大大简化。监理工程师主要与项目总承包单位进行协调。许多协调工作量转移到项目总承包单位内部及其与分包单位之间，这就使建设工程监理单位的协调量大为减少。

(2) 缩短建设周期。由于设计与施工由一个单位统筹安排，使两个阶段能够有机地融合，一般都能做到设计阶段与施工阶段相互搭接，因此对进度目标控制有利。

(3) 有利于投资控制。通过设计与施工的统筹考虑可以提高项目的经济性，从价值工程或全寿命费用的角度可以取得明显的经济效果，但这并不意味着项目总承包的价格低。

2) 缺点

(1) 招标发包工作难度大。合同条款不易准确确定，容易造成较多的合同争议。因此，虽然合同量最少，但是合同管理的难度一般较大。

(2) 业主择优选择承包方范围小。由于承包范围大、介入项目时间早、工程信息未知数多，因此承包方要承担较大的风险，而有此能力的承包单位数量相对较少，这往往导致竞争性降低，合同价格较高。

(3) 质量控制难度大。其原因有两个：一个是质量标准和功能要求不易做到全面、具体、准确，质量控制标准制约性受到影响；二是“他人控制”机制薄弱。

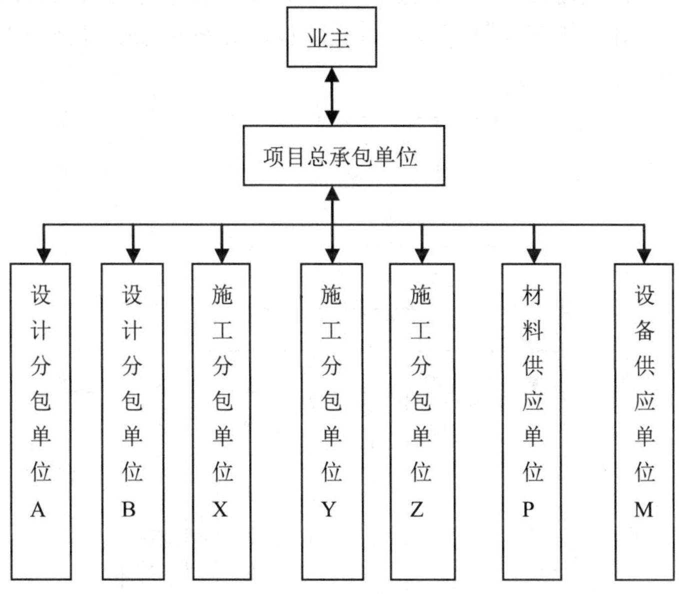

图 4-8　项目总承包模式

3. 项目总承包模式条件下的监理委托模式

在项目总承包模式下，业主和总承包单位签订的是总承包合同，业主应委托一家监理单位提供监理服务，如图 4-9 所示。在这种模式条件下，监理工作时间跨度大，监理工程师应具备较全面的知识，重点做好合同管理工作。

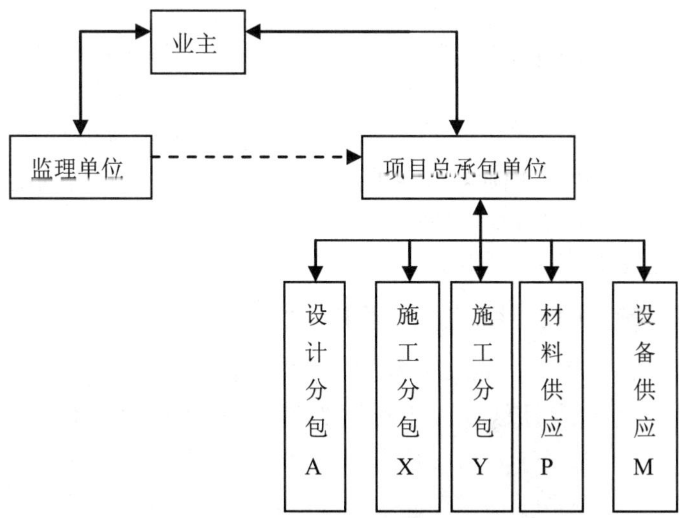

图 4-9　项目总承包模式条件下的监理委托模式

4.1.4 项目总承包管理模式

1. 项目总承包管理模式的特点

项目总承包管理模式是指业主将工程建设任务发包给专门从事项目组织管理的单位，再由它分包给若干设计、施工和材料设备供应单位，并在实施中进行管理。项目总承包管理模式如图4-10所示。

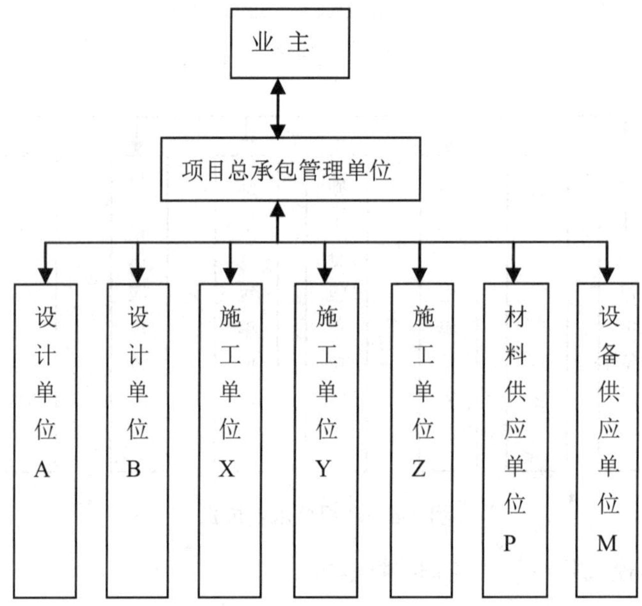

图4-10 项目总承包管理模式

2. 项目总承包管理模式的优、缺点

1) 优点

项目总承包管理模式的优点是合同关系简单，对组织协调比较有利。

2) 缺点

(1) 由于项目总承包管理单位与设计、施工单位是总包与分包关系，而后者才是项目实施的基本力量。所以，监理工程师对分包的确认工作就成了十分关键的问题。

(2) 项目总承包管理单位自身经济实力一般比较弱，而承担的风险相对较大，因此建设工程采用这种承发包模式应持慎重态度。

3. 项目总承包管理模式条件下的监理委托模式

在项目总承包管理模式下，业主应委托一家监理单位提供监理服务，这样可明确管理责任，便于监理工程师对项目总承包管理合同和项目总承包管理单位进行分包等活动的监理。

4.2　建设工程监理的实施原则

监理单位受业主委托对建设工程实施监理时，应遵守以下基本原则。

1．公正、独立、自主的原则

监理工程师在建设工程监理中必须尊重科学、尊重事实，组织各方协同配合，维护有关各方的合法权益。为此，必须坚持公正、独立、自主的原则。业主与承建单位虽然都是独立运行的经济主体，但它们追求的经济目标有差异，监理工程师应在按合同约定的权、责、利关系的基础上，协调双方的一致性。只有按合同的约定建成工程，业主才能实现投资的目的，承建单位也才能实现自己生产的产品价值，取得工程款和实现盈利。

2．权责一致的原则

监理工程师承担的职责应与业主授予的权限相一致。监理工程师的监理职权依赖于业主的授权。这种权利的授予，除体现在业主与监理单位之间签订的委托监理合同之中外，还应作为业主与承建单位之间建设工程合同的合同条件。因此，监理工程师在明确业主提出的监理目标和监理工作内容要求后，应与业主协商，明确相应的授权，达成共识后明确反映在委托监理合同中及建设工程合同中。据此，监理工程师才能开展监理活动。

总监理工程师代表监理单位全面履行建设工程委托监理合同，承担合同中确定的监理方向业主方所承担的义务和责任。因此，在委托监理合同实施中，监理单位应给总监理工程师充分授权，体现权责一致的原则。

3．总监理工程师负责制的原则

总监理工程师是工程监理全部工作的负责人。要建立和健全总监理工程师负责制，就要明确权、责、利关系，健全项目监理机构，具有科学的运行制度、现代化的管理手段，形成以总监理工程师为首的高效能的决策指挥体系。

总监理工程师负责制的内涵如下。

(1) 总监理工程师是工程监理的责任主体。责任是总监理工程师负责制的核心，它构成了对总监理工程师的工作压力与动力，也是确定总监理工程师权利和利益的依据。所以，总监理工程师应是向业主和监理单位负责任的承担者。

(2) 总监理工程师是工程监理的权利主体。根据总监理工程师承担责任的要求，总监理工程师全面领导建设工程的监理工作，包括组建项目监理机构、主持编制建设工程监理规划、组织实施监理活动以及对监理工作进行总结、监督和评价。

4．严格监理、热情服务的原则

严格监理，就是各级监理人员严格按照国家政策、法规、规范、标准和合同控制建设工程的目标，依照既定的程序和制度，认真履行职责，对承建单位进行严格监理。

监理工程师还应为业主提供热情的服务，“应运用合理的技能，谨慎而勤奋地工作”。由于业主一般不熟悉建设工程管理与技术业务，监理工程师应按照委托监理合同的要求多方位、多层次地为业主提供良好的服务，维护业主的正当权益。但是，不能因此而一味地向各承建单位转嫁风险，从而损害承建单位的正当经济利益。

5．综合效益的原则

建设工程监理活动既要考虑业主的经济效益，也必须考虑与社会效益和环境效益的有机统一。建设工程监理活动虽经业主的委托和授权才得以进行，但监理工程师应首先严格遵守国家的建设管理法律、法规、标准等，以高度负责的态度和责任感，既对业主负责，谋求最大的经济效益，又要对国家和社会负责，取得最佳的综合效益。只有在符合宏观经济效益、社会效益和环境效益的条件下，业主投资项目的微观经济效益才能得以实现。

4.3 建设工程监理的实施程序

1．确定项目总监理工程师、成立项目监理机构

监理单位应根据建设工程的规模、性质、业主对监理的要求，委派称职的人员担任项目总监理工程师，代表监理单位全面负责该工程的监理工作。

一般情况下，监理单位在承接工程监理任务时，在参与工程监理的投标、拟定监理方案(大纲)以及与业主商签委托监理合同时，就应选派称职的人员主持该项工作。在监理任务确定并签订委托监理合同后，该主持人即可作为项目总监理工程师。这样，项目的总监理工程师在承接任务阶段即早已介入，从而更能了解业主的建设意图和对监理工作的要求，并与后续工作更好地衔接。总监理工程师是一个建设工程监理工作的总负责人，他对内向监理单位负责，对外向业主负责。

监理机构的人员构成是监理投标书中的重要内容，是业主在评标过程中认可的，总监理工程师在组建项目监理机构时，应根据监理大纲内容和签订的委托监理合同内容组建，并在监理规划和具体实施计划执行中进行及时调整。

2．编制建设工程监理规划

建设工程监理规划是开展工程监理活动的纲领性文件，其内容将在第 6 章介绍。

3．制定各专业监理实施细则

在监理规划的指导下，为具体指导投资控制、质量控制、进度控制的进行，还需结合建设工程实际情况，制定相应的实施细则，有关内容将在第 6 章介绍 。

4．规范化地开展监理工作

监理工作的规范化体现在以下几个方面。

(1) 工作的时序性。这是指监理的各项工作都应按一定的逻辑顺序先后展开，从而使监理工作能有效地达到目标，而不致造成工作状态的无序和混乱。

(2) 职责分工的严密性。建设工程监理工作是由不同专业、不同层次的专家群体共同完成的，他们之间严密的职责分工是协调进行监理工作的前提和实现监理目标的重要保证。

(3) 工作目标的确定性。在职责分工的基础上，每项监理工作的具体目标都应是确定的，

完成的时间也应有时限规定，从而能通过报表资料对监理工作及其效果进行检查和考核。

5. 参与验收、签署建设工程监理意见

建设工程施工完成以后，监理单位应在正式验收前组织竣工预验收，对于在预验收中发现的问题，应及时与施工单位沟通，并提出整改要求。监理单位应参加业主组织的工程竣工验收，签署监理单位意见。

6. 向业主提交建设工程监理档案资料

建设工程监理工作完成后，监理单位向业主提交的监理档案资料应在委托监理合同文件中约定。不管在合同中是否作出明确规定，监理单位提交的资料都应符合有关规范规定的要求。一般应包括：设计变更、工程变更资料，监理指令性文件，各种签证资料等档案资料。

7. 监理工作总结

监理工作完成后，项目监理机构应及时从两个方面进行监理工作总结。

(1) 向业主提交监理工作总结，其主要内容包括：委托监理合同履行情况概述，监理组织机构、监理人员和投入的监理设施，监理任务或监理目标完成情况的评价，工程实施过程中存在的问题和处理情况，由业主提供的供监理活动使用的办公用房、车辆、试验设施等的清单，必要的工程图片，表明监理工作终结的说明等。

(2) 向监理单位提交监理工作总结，其主要内容包括：①监理工作的经验，可以是采用某种监理技术、方法的经验，也可以是采用某种经济措施、组织措施的经验，以及委托监理合同执行方面的经验或如何处理好与业主、承包单位关系的经验等；②监理工作中存在的问题及改进的建议。

4.4　建立监理组织机构的步骤及项目监理机构的组织设计

4.4.1　建立项目监理机构

根据组织设计的方法，建立项目监理机构的步骤如下。

1. 确定项目监理机构的目标

建设工程监理目标是项目监理机构建立的前提，项目监理机构的建立应根据委托监理合同中确定的监理目标，制定总目标并明确划分监理机构的分解目标。

2. 确定监理工作的内容

根据监理目标和委托监理合同中规定的监理任务，明确列出监理工作内容，并进行分类归并及组合。监理工作的归并及组合应便于监理目标的控制，并综合考虑监理工程的组织管理模式、工程结构特点、合同工期要求、工程复杂程度、工程管理及技术特点；还应考虑监理单位自身组织管理水平、监理人员的数量和技术业务特点等。

3. 项目监理机构的组织结构设计

1) 选择组织结构形式

由于建设工程规模、性质、建设阶段等的不同，应设计适宜的组织结构形式，以适应监理工作的需要。组织结构形式选择的基本原则是：有利于工程合同管理，有利于监理目标控制，有利于决策指挥，有利于信息沟通。

2) 合理确定管理层次和管理跨度

(1) 管理层次。

管理层次就是在职权等级链上所设置的管理职位的级数。当组织规模有限时，一个管理者可以直接管理每位作业人员的活动，这时组织就只存在一个管理层次。而当规模的扩大导致管理工作量超出了一个人所能承担的范围时，为了保证组织的正常运转，管理者就必须委托他人来分担自己的一部分管理工作，这就使管理增加到两个层次。随着组织规模的进一步扩大，受托者又不得不进而委托其他人来分担自己的工作，依此类推，从而形成了组织的等级制或层次性管理结构。

从一定意义上来讲，管理层次是一种不得已的产物，其存在本身带有一定的副作用。首先，层次多意味着费用也多。层次的增加势必要配备更多的管理者，管理者又需要一定的设施和设备的支持，而管理人员的增加又加大了协调和控制的工作量，所有这些都意味着费用的不断增加。其次，随着管理层次的增加，沟通的难度和复杂性也将加大。一道命令在经由层次自上而下传达时，不可避免地会产生曲解、遗漏和失真；而由下往上的信息流动同样也困难，也存在扭曲和速度慢等问题。此外，众多的部门和层次也使得计划和控制活动更为复杂。一个在高层显得清晰完整的计划方案会因为逐层分解而变得模糊不清失去可协调性。随着层次和管理者人数的增多，控制活动会更加困难，但也更为重要。

在组织的纵向结构中，通过组织层次的划分，组织目标也随之作阶梯状的分化。因此，客观上要求每个管理层次都应有明确的分工。一个组织中管理层次的多少，应具体地根据组织规模的大小、活动的点以及管理跨度而定。

如前所述，一般来说，大部分组织的管理层次往往分为 3 层，即上层、中层和基层。对于上层来讲，其主要任务是从组织整体利益出发，对整个组织实行统一管理层次指挥和综合管理，并制定组织目标及实现目标的一些大政方针。中层的主要任务是负责分目标的制定、拟定和选择计划的实施方案、步骤和程序，按部门分配资源，协调下级的活动，以及评价组织活动成果和制定纠正偏离目标的措施等。基层的主要任务就是按照制订的计划和程序，协调基层员工的各项工作，完成各项计划和任务。美国斯隆管理学院提出一种叫作“安东尼结构”(Anthony Structure)的经营管理层次结构。该结构把经营管理分成 3 个层次，即战略规划层、战术计划层和运行管理层。这相当于上面所说的上层、中层和基层的划分方法。

例如，某企业共有职工 900 人，有 3 个基本管理层次。中高层的管理幅度为 5～8 人；基层是 10～15 人。据此推算管理层次的过程如表 4-1 所示。

表 4-1　某企业管理层次分析表

管理层次	能够有效管理的人数	
	最　少	最　多
第一层	5	8
第二层	5×5=25	8×8=64
第三层	25×5=125	64×15=960
第四层	125×10=1250	—

由表 4-1 可以看出，当推算到第三层时，如果按照较大的幅度计算，能够有效管理的人数已达 960 人，该企业现有职工 900 人，正处在这个范围内，故设 3 个层次即可。但若按较小的幅度计算，则需 4 个管理层次。

(2) 管理跨度。

管理跨度又称为管理幅度与管理宽度，是指一个上级直接指挥的下级数目。在组织结构的每个层次上，根据任务的特点、性质以及授权情况，决定相应的管理跨度。它与管理层次具有以下关系：在最低层操作人员一定的情况下，管理的跨度越大，管理层次越少；反之，管理跨度越小，管理层次越多。管理幅度在很大程度上决定着组织要设置多少层次，配备多少管理人员。在其他条件相同时，管理跨度越宽，组织效率越高。一个组织的各级管理者究竟选择多大的管理跨度，应视实际情况而定。影响管理跨度的因素如下。

① 管理者的能力。

② 下属的成熟程度。

③ 工作的标准化程度。

④ 工作条件。

⑤ 工作环境。

3) 划分项目监理机构部门

项目监理机构中合理划分各职能部门，应依据监理机构目标、监理机构可利用的人力和物力资源以及合同结构情况，将投资控制、进度控制、质量控制、合同管理、组织协调等监理工作内容按不同的职能活动或按子项分解形成相应的职能管理部门或子项目管理部门。

4) 制定岗位职责和考核标准

岗位职务及职责的确定要有明确的目的性，不可因人设事。根据责权一致的原则，应进行适当的授权，以承担相应的职责；并应确定考核标准，对监理人员的工作进行定期考核，包括考核内容、考核标准及考核时间。表 4-2 和表 4-3 分别为项目总监理工程师和专业监理工程师岗位职责考核标准。

5) 安排监理人员

根据监理工作的任务，确定监理人员的合理分工，包括专业监理工程师和监理员，必要时可配备总监理工程师代表。监理人员的安排除应考虑个人素质外，还应考虑人员总体构成的合理性与协调性。

表 4-2　项目总监理工程师的岗位职责和考核标准

<table>
<tr><th rowspan="2">项目</th><th rowspan="2">职责内容</th><th colspan="2">考核要求</th></tr>
<tr><th>标　准</th><th>时　间</th></tr>
<tr><td rowspan="3">工作目标</td><td>(1) 投资控制</td><td>符合投资控制计划目标</td><td>每月(季)末</td></tr>
<tr><td>(2) 进度控制</td><td>符合合同工期及总进度控制计划目标</td><td>每月(季)末</td></tr>
<tr><td>(3) 质量控制</td><td>符合质量控制计划目标</td><td>工程各阶段末</td></tr>
<tr><td rowspan="6">基本职责</td><td>(1) 根据监理合同，建立和有效管理项目监理机构</td><td>(1) 监理组织机构科学合理
(2) 监理机构有效运行</td><td>每月(季)末</td></tr>
<tr><td>(2) 主持编写与组织实施监理规划；审批监理实施细则</td><td>(1) 对工程监理工作系统策划
(2) 监理实施细则符合监理规划要求，具有可操作性</td><td>编写和审核完成后</td></tr>
<tr><td>(3) 审查分包单位资质</td><td>符合合同要求</td><td>规定时限内</td></tr>
<tr><td>(4) 监督和指导专业监理工程师对投资、进度、质量进行监理；审核、签发有关文件资料；处理有关事项</td><td>(1) 监理工作处于正常工作状态
(2) 工程处于受控状态</td><td>每月(季)末</td></tr>
<tr><td>(5) 做好监理过程中有关各方的协调工作</td><td>工程处于受控状态</td><td>每月(季)末</td></tr>
<tr><td>(6) 主持整理建设工程的监理资料</td><td>及时、准确、完整</td><td>按合同约定</td></tr>
</table>

表 4-3　专业监理工程师的岗位职责和考核标准

<table>
<tr><th rowspan="2">项目</th><th rowspan="2">职责内容</th><th colspan="2">考核要求</th></tr>
<tr><th>标　准</th><th>时　间</th></tr>
<tr><td rowspan="3">工作目标</td><td>(1) 投资控制</td><td>符合投资控制分解目标</td><td>每周(月)末</td></tr>
<tr><td>(2) 进度控制</td><td>符合合同工期及总进度控制分解目标</td><td>每周(月)末</td></tr>
<tr><td>(3) 质量控制</td><td>符合质量控制分解目标</td><td>工程各阶段末</td></tr>
<tr><td rowspan="6">基本职责</td><td>(1) 熟悉工程情况，制订本专业监理工作计划和监理实施细则</td><td>反映专业特点，具有可操作性</td><td>实施前 1 个月</td></tr>
<tr><td>(2) 具体负责本专业的监理工作</td><td>(1) 监理工作处于正常工作状态
(2) 工程处于受控状态</td><td>每周(月)末</td></tr>
<tr><td>(3) 做好监理机构内各部门之间监理任务的衔接和配合工作</td><td>监理工作各负其责，相互配合</td><td>每周(月)末</td></tr>
<tr><td>(4) 处理与本专业有关的问题；对投资、进度、质量有重大影响的监理问题应及时报告总监</td><td>(1) 工程处于受控状态
(2) 及时、真实</td><td>每周(月)末</td></tr>
<tr><td>(5) 负责与本专业有关的签证、通知、备忘录，及时向总监理工程师提交报告、报表资料等</td><td>及时、真实、准确</td><td>每周(月)末</td></tr>
<tr><td>(6) 管理本专业建设工程的监理资料</td><td>及时、准确、完整</td><td>每周(月)末</td></tr>
</table>

4. 制定工作流程和信息流程

为使监理工作科学、有序地进行，应按监理工作的客观规律制定工作流程和信息流程，规范化地开展监理工作。

4.4.2　建立工程项目监理组织形式

项目监理机构的组织形式是指项目监理机构具体采用的管理组织结构，常用的项目监理机构组织形式有直线制、职能制、直线职能制和矩阵制。

1. 直线制监理组织形式

这种组织形式的特点是项目监理机构中任何一个下级只接受唯一上级的命令。各级部门主管人员对所属部门的问题负责，项目监理机构中不再另设投资控制、进度控制、质量控制及合同管理等职能部门。

这种组织形式的主要优点是组织机构简单，权力集中，命令统一，职责分明，决策迅速，隶属关系明确；缺点是实行没有职能机构的“个人管理”，要求总监理工程师通晓各种业务并具备多种知识技能，成为“全能”式人才。

在实际运用中，直线制监理组织形式具体有以下 3 种。

(1) 按子项目分解的直线制监理组织形式，如图 4-11 所示。

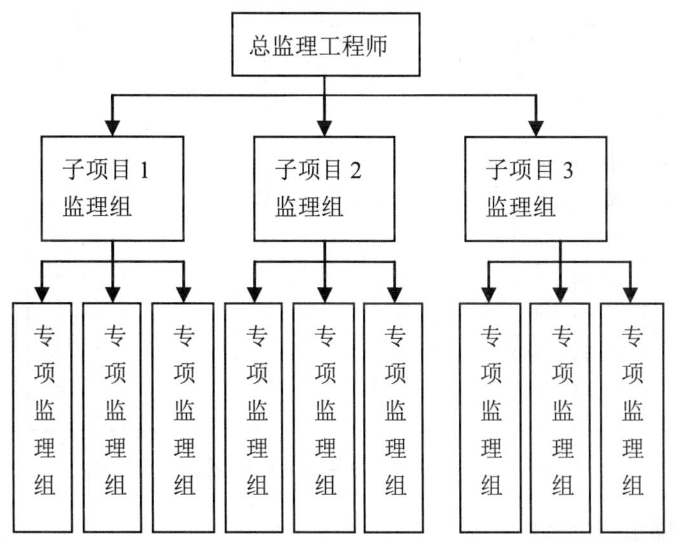

图 4-11　按子项目分解的直线制监理组织形式

按子项目分解的直线制监理组织形式适用于能划分为若干相对独立的子项目的大、中型建设工程。

(2) 按建设阶段分解的直线制监理组织形式，如图 4-12 所示。建设单位委托工程监理企业对建设工程实施全过程监理，项目监理机构可采用此种组织形式。

(3) 按专业内容分解的直线制监理组织形式，如图 4-13 所示，该组织形式适用于小型建设工程。

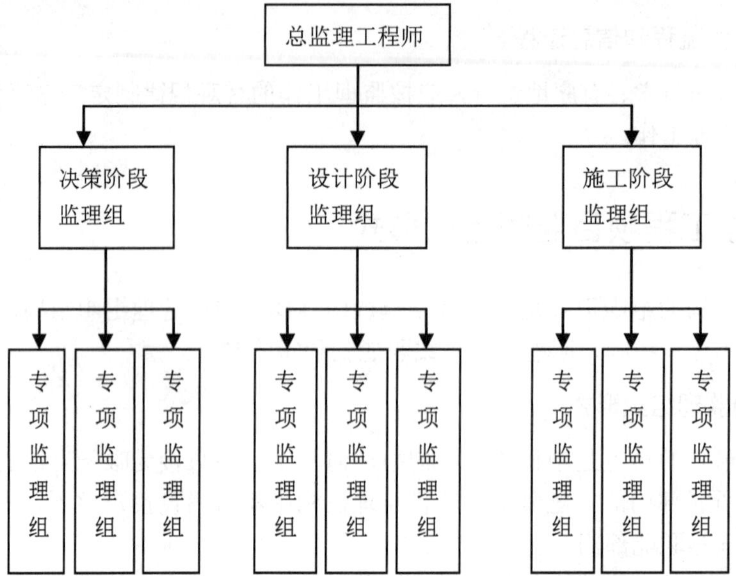

图 4-12　按建设阶段分解的直线制监理组织形式

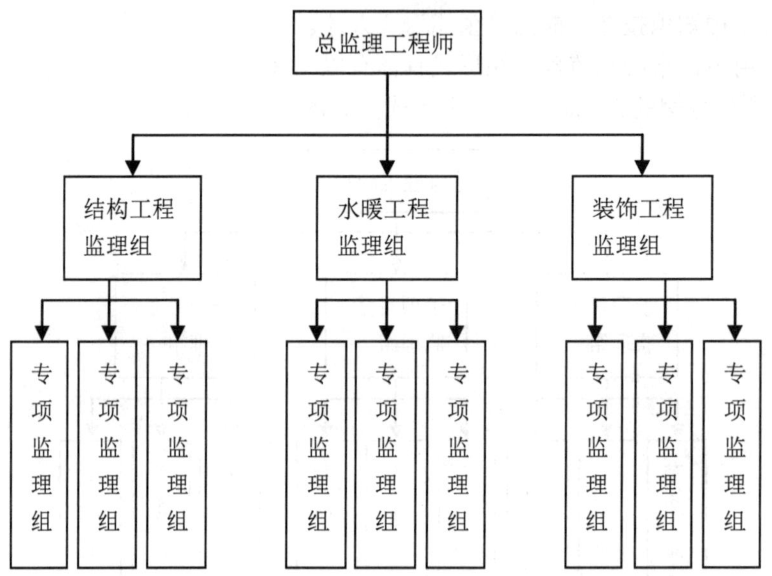

图 4-13　按专业内容分解的直线制监理组织形式

2. 职能制监理组织形式

职能制监理组织形式是把管理部门和人员分为两类：一类是以子项目监理为对象的直线指挥部门和人员；另一类是以投资控制、进度控制、质量控制及合同管理为对象的职能部门和人员。监理机构内的职能部门按总监理工程师授予的权利和监理职责有权对指挥部门发布指令。职能制监理组织形式如图 4-14 所示。此种组织形式一般适用于大、中型建设工程。其主要优点是加强了项目监理目标控制的职能化分工，能够发挥职能机构的专业管理作用，提高管理效率，减轻总监理工程师的负担。但由于直线指挥部门人员受职能部门多头指令，如果这些指令相互矛盾，将会使直线指挥部门人员在监理工作中无所适从。

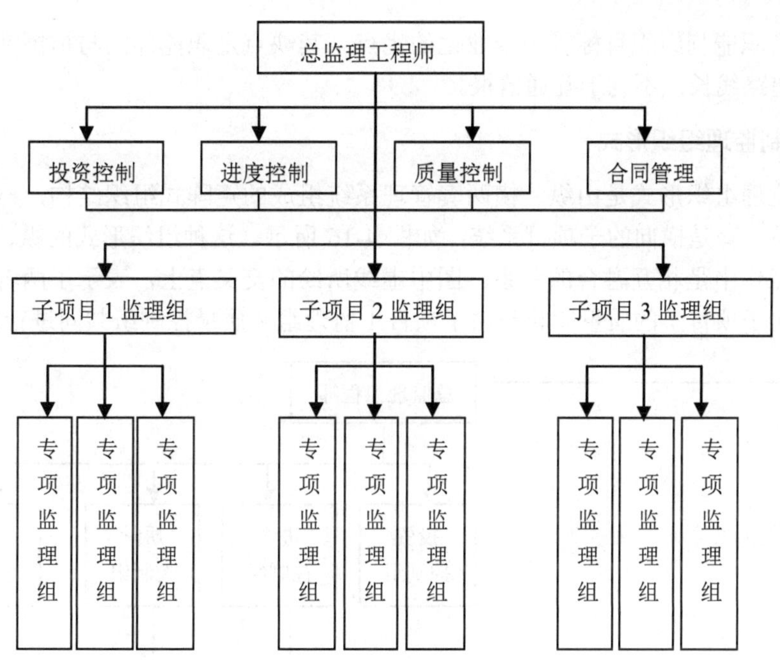

图 4-14　职能制监理组织形式

3. 直线职能制监理组织形式

直线职能制监理组织形式是吸收了直线制监理组织形式和职能制监理组织形式的优点而形成的一种组织形式。直线指挥部门拥有对下级实行指挥和发布命令的权力，并对该部门的工作全面负责；职能部门是直线指挥人员的参谋，其只能对指挥部门进行业务指导，而不能对指挥部门直接进行指挥和发布命令。直线职能制监理组织形式如图 4-15 所示。

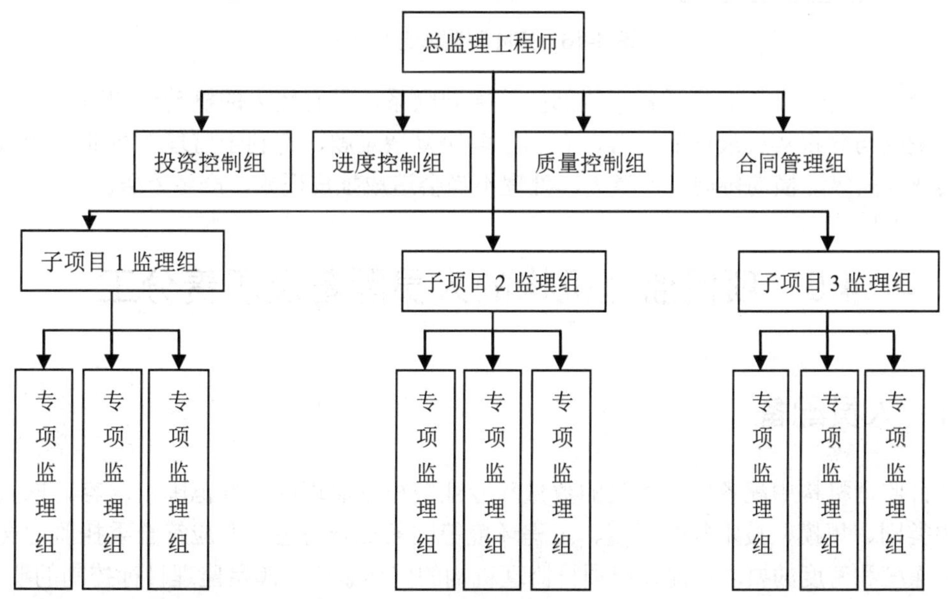

图 4-15　直线职能制监理组织形式

这种形式一方面保持了直线制组织实行直线领导、统一指挥、职责清楚的优点；另一方面又保持了职能制组织目标管理专业化的优点。其缺点是职能部门与指挥部门易产生矛盾，信息传递路线长，不利于互通情报。

4. 矩阵制监理组织形式

矩阵制监理组织形式是由纵、横两套管理系统组成的矩阵式组织结构，一套是纵向的职能系统，另一套是横向的子项目系统，如图 4-16 所示。这种组织形式的纵、横两套管理系统在监理工作中是相互融合的关系。图中虚线所绘的交叉点上，表示了两者协同以共同解决问题，如子项目 1 的质量验收是由子项目 1 监理组和质量控制组共同进行的。

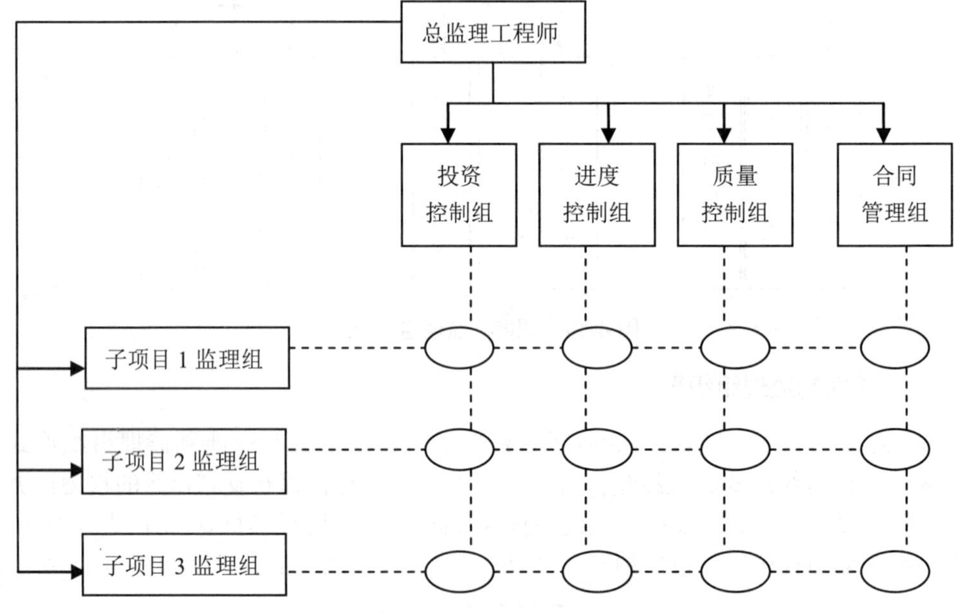

图 4-16　矩阵制监理组织形式

这种形式的优点是加强了各职能部门的横向联系，具有较大的机动性和适应性，把上下左右集权与分权实行最优的结合，有利于解决复杂难题，有利于监理人员业务能力的培养。其缺点是纵、横向协调工作量大，处理不当会造成扯皮现象，产生矛盾。

4.5　项目监理机构的人员配备及职责分工

4.5.1　人员配备

项目监理机构中配备监理人员的数量和专业应根据监理的任务范围、内容、期限以及工程的类别、规模、技术复杂程度、工程环境等因素综合考虑，并应符合委托监理合同中对监理深度和密度的要求，能体现项目监理机构的整体素质，满足监理目标控制的要求。

1. 项目监理机构的人员结构

项目监理机构应具有合理的人员结构，包括以下两方面的内容。

(1) 合理的专业结构。即项目监理机构应由与监理工程的性质(是民用项目或是专业性强的生产项目)及业主对工程监理的要求(是全过程监理或是某一阶段如设计或施工阶段的监理，是投资、质量、进度的多目标控制或是某一目标的控制)相适应的各专业人员组成，也就是各专业人员要配套。

(2) 合理的技术职务、职称结构。为了提高管理效率和经济性，项目监理机构的监理人员应根据建设工程的特点和建设工程监理工作的需要确定其技术职称、职务结构。合理的技术职称结构表现在高级职称、中级职称和初级职称有与监理工作要求相称的比例。一般来说，决策阶段、设计阶段的监理，具有高级职称及中级职称的人员在整个监理人员构成中应占绝大多数。施工阶段的监理，可有较多的初级职称人员从事实际操作，如旁站、填记日志、现场检查和计量等。

2. 项目监理机构监理人员数量的确定

影响项目监理机构监理人员数量的主要因素有以下几个。

(1) 工程建设强度。工程建设强度是指单位时间内投入的工程建设资金的数量，即

$$工程建设强度=投资/工期$$

其中，投资和工期均指由项目监理机构所承担的那部分工程的建设投资和工期。一般投资费用可按工程估算、概算或合同价计算；而工期来自进度总目标及其分目标。

显然，工程建设强度越大，投入的监理人员就越多。工程建设强度是确定人数的重要因素。

(2) 工程复杂程度。每项工程都有不同的复杂情况。根据一般工程的情况，可将工程复杂程度按以下各项考虑，即设计活动多少、工程地点位置、气候条件、地形条件、工程地质、施工方法、工程性质、工期要求、材料供应、工程分散程度等。

根据工程复杂程度的不同，可将各种情况的工程分为若干级别，不同级别的工程需要配备的人员数量有所不同。例如，将工程复杂程度按五级划分，即简单、一般、一般复杂、复杂、很复杂。显然，简单级别的工程需要的监理人员较少，而复杂的项目就要多配置监理人员。

工程复杂程度可用采样定量方法：将构成工程复杂程度的每一因素划分为各种不同情况，根据工程实际情况予以评分，累计平均后看分值大小，以确定它的复杂程度等级。如按 10 分制计评，则平均分值 1～3 分者为简单工程，平均分值 3～5 分、5～7 分、7～9 分者依次为一般工程、一般复杂工程、复杂工程，9 分以上者为很复杂工程。

(3) 监理单位的业务水平。每个监理单位的业务水平和对某类工程的熟悉程度不完全相同，在监理人员素质、管理水平和监理的设备手段等方面也存在差异，这都会直接影响到监理效率的高低。高水平的监理单位完成一个建设工程的监理工作可以投入较少的监理人力，而一个经验不多或管理水平不高的监理单位则需投入较多的监理人力。因此，各监理单位应当根据自己的实际情况确定监理人员的需要量。

(4) 项目监理机构的组织结构和任务职能分工。项目监理机构的组织结构情况关系到具体的监理人员配备，务必使项目监理机构任务职能分工的要求得到满足。必要时，还需根据项目监理机构的职能分工对监理人员的配备作进一步调整。

表 4-4 所示为不同工程复杂程度每年完成 100 万美元工程所需监理人数的定额标准，根

据工程年度投资额和工程复杂程度即可计算出当年应配备的各类监理人员数及监理人员总数。

表 4-4 监理人员需要量定额

单位：年/百万美元

工程复杂程度	监理工程师	监理员	行政、文秘人员
简单工程	0.20	0.75	0.10
一般工程	0.25	1.00	0.10
一般复杂工程	0.35	1.10	0.25
复杂工程	0.50	1.50	0.35
很复杂工程	＞0.50	＞1.50	＞0.35

例如，某工程合同总价为 5000 万美元，工期为 40 个月，经专家对构成工程复杂程度的因素进行评估，工程为一般复杂程度等级，则：

工程建设强度=5000 万美元÷40×12/年=15(百万美元/年)

由表 4-4 可知，相应监理机构所需监理人员(百万美元/年)如下。

监理工程师：0.35；监理员：1.10；行政、文秘人员：0.25。

则各类监理人员数量如下。

监理工程师：$0.35\times15=5.25$ (人)，取 5 人。

监理员：$1.10\times15=16.5$ (人)，取 17 人。

行政、文秘人员：$0.25\times15=3.75$ (人)，取 4 人。

以上人员数量为估算，实际工作中，可以以此为基础，根据监理机构设置和工程项目的具体情况加以调整。

4.5.2 职责分工

监理人员的各类职责应按照工程建设阶段和建设工程的情况确定。施工阶段，按照《建设工程监理规范》(GB/T 50319—2013)的规定，项目总监理工程师、总监理工程师代表、专业监理工程师和监理员应分别履行其相应的职责。

1. 项目总监理工程师的职责

一名总监理工程师，只宜担任一项委托监理合同的项目总监理工程师工作。当需要同时担任多项委托监理合同的项目总监理工程师工作时，须经建设单位同意，且最多不得超过 3 项。

项目总监理工程师的职责具体如下。

(1) 确定项目监理机构人员的分工和岗位职责。

(2) 主持编写项目监理规划，审批项目监理实施细则，并负责管理项目监理机构的日常工作。

(3) 审查分包单位的资质，并提出审查意见。

(4) 检查和监督监理人员的工作，根据工程项目的进展情况可进行监理人员调配，对不称职的监理人员应调换其工作。

(5) 主持监理工作会议，签发项目监理机构的文件和指令。

(6) 审定承包单位提交的开工报告、施工组织设计、技术方案、进度计划。

(7) 审核签署承包单位的申请、支付证书和竣工结算。

(8) 审查和处理工程变更。

(9) 主持或参与工程质量事故的调查。

(10) 调解建设单位与承包单位的合同争议，处理索赔，审批工程延期。

(11) 组织编写并签发监理月报、监理工作阶段报告、专题报告和项目监理工作总结。

(12) 审核签认分部工程和单位工程的质量检验评定资料，审查承包单位的竣工申请，组织监理人员对待验收的工程项目进行质量检查，参与工程项目的竣工验收。

(13) 主持整理工程项目的监理资料。

2. 总监理工程师代表的职责

总监理工程师代表应履行以下职责。

(1) 负责总监理工程师指定或交办的监理工作。

(2) 按总监理工程师的授权，行使总监理工程师的部分职责和权利。

(3) 总监理工程师不得将下列工作委托总监理工程师代表。

① 主持编写项目监理规划，审批项目监理实施细则。

② 签发工程开工/复工报审表、工程暂停令、工程款支付证书、工程竣工报验单。

③ 审核签认竣工结算。

④ 调解建设单位与承包单位的合同争议，处理索赔，审批工程延期。

⑤ 根据工程项目的进展进行监理人员的调配，调换不称职的监理人员。

3. 专业监理工程师的职责

专业监理工程师应履行以下职责。

(1) 负责编制本专业的监理实施细则。

(2) 负责本专业监理工作的具体实施。

(3) 组织、指导、检查和监督本专业监理员的工作，当人员需要调整时，向总监理工程师提出建议。

(4) 审查承包单位提交的涉及本专业的计划、方案、申请、变更，并向总监理工程师提出报告。

(5) 负责本专业分项工程验收及隐蔽工程验收。

(6) 定期向总监理工程师提交本专业监理工作实施情况报告，对重大问题及时向总监理工程师汇报和请示。

(7) 根据本专业监理工作实施情况做好监理日记。

(8) 负责本专业监理资料的收集、汇总及整理，参与编写监理月报。

(9) 核查进场材料、设备、构配件的原始凭证、检测报告等质量证明文件及其质量情况，根据实际情况认为有必要时对进场材料、设备、构配件进行平行检验，合格时予以签认。

(10) 负责本专业的工程计量工作，审核工程计量的数据和原始凭证。

4. 监理员的职责

监理员应履行以下职责。

(1) 在专业监理工程师的指导下开展现场监理工作。

(2) 检查承包单位投入工程项目的人力、材料、主要设备及其使用、运行状况，并做好检查记录。

(3) 复核或从施工现场直接获取工程计量的有关数据并签署原始凭证。

(4) 按设计图及有关标准，对承包单位的工艺过程或施工工序进行检查和记录，对加工制作及工序施工质量检查结果进行记录。

(5) 担任旁站工作，发现问题及时指出并向专业监理工程师报告。

(6) 做好监理日记和有关的监理记录。

4.6 建设工程监理的组织协调

4.6.1 概述

1. 组织协调的概念

协调就是连接、联合、调和所有的活动及力量，使各方配合得当，其目的是促使各方协同一致，以实现预定目标。协调工作应贯穿于整个建设工程的实施及其管理过程中。

建设工程系统就是一个由人员、物质、信息等构成的人为组织系统。用系统方法分析，建设工程的协调一般有三大类：一是“人员-人员界面”；二是“系统-系统界面”；三是“系统-环境界面”。

(1) 人员-人员界面。建设工程组织是由各类人员组成的工作班子，由于每个人的性格、习惯、能力、岗位、任务、作用的不同，即使只有两个人在一起工作，也有潜在的人员矛盾或危机。这种人和人之间的间隔，就是“人员-人员界面”。

(2) 系统-系统界面。建设工程系统是由若干个子项目组成的完整体系，子项目即子系统。由于子系统的功能、目标不同，容易产生各自为政的趋势和相互推诿的现象。这种子系统和子系统之间的间隔，就是“系统-系统界面”。

(3) 系统-环境界面。建设工程系统是一个典型的开放系统，它具有环境适应性，能主动从外部世界取得必要的能量、物质和信息。在取得的过程中，不可能没有障碍和阻力。这种系统与环境之间的间隔，就是“系统-环境界面”。

项目监理机构的协调管理就是在“人员-人员界面”“系统-系统界面”“系统-环境界面”之间，对所有的活动及力量进行连接、联合、调和的工作。

2. 组织协调的范围和层次

从系统方法的角度来看，项目监理机构协调的范围分为系统内部协调和系统外部协调，而系统外部协调又分为近外层协调和远外层协调。近外层和远外层的主要区别是：建设工程与近外层关联单位一般有合同关系，如与业主、设计单位、总包单位、分包单位等的关系；与远外层关联单位一般没有合同关系，但受法律、法规和社会公德等的约束，如与政府、项目周边社区组织、环保、交通、绿化、文物、消防、公安等单位的关系。

4.6.2 项目监理机构组织协调的工作内容

1. 项目监理机构内部的协调

1) 人际关系的协调

项目监理机构是由人组成的工作体系，工作效率在很大程度上取决于人际关系的协调程度，总监理工程师应首先抓好人际关系的协调，激励项目监理机构成员。

(1) 人员安排要量才录用。

(2) 工作分工要职责分明。

(3) 工作成绩评价要实事求是。

(4) 矛盾调解要恰到好处。

2) 组织关系的协调

(1) 在目标分解的基础上设置组织机构。

(2) 明确规定每个部门的目标、职责和权限，形成制度。

(3) 事先约定各个部门在工作中的相互关系。

(4) 建立信息沟通制度，如采用工作例会、业务碰头会、发会议纪要、工作流程图或信息传递卡等方式来沟通信息。

(5) 及时消除工作中的矛盾或冲突。

3) 需求关系的协调

(1) 对监理设备、材料的平衡。

(2) 对监理人员的平衡。

2. 与业主的协调

建设工程监理实践证明，监理目标的顺利实现和与业主协调的好坏有很大关系。

(1) 监理工程师首先要理解建设工程总目标，理解业主的意图。对于未能参加项目决策过程的监理工程师，必须了解项目构思的基础、起因、出发点；否则可能对监理目标及完成任务有不完整的理解，会给他的工作造成很大的困难。

(2) 利用工作之便做好监理宣传工作，增进业主对监理工作的理解，特别是对建设工程管理各方职责及监理程序的理解；主动帮助业主处理建设工程中的事务性工作，以自己规范化、标准化、制度化的工作去影响和促进双方工作的协调一致。

(3) 尊重业主，让业主一起投入建设工程全过程。尽管有预定的目标，但建设工程实施必须执行业主的指令，使业主满意。对业主提出的某些不适当的要求，只要不属于原则问题，都可先执行，然后利用适当时机，采取适当方式加以说明或解释；对于原则性问题，可采取书面报告等方式说明原委，尽量避免发生误解，以使建设工程顺利实施。

3. 与承包商的协调

监理工程师依据委托监理合同对工程项目实施建设监理，对承包单位的工程行为进行监督管理。在监督管理过程中，为了保证工程的顺利进行，协调工作是必不可少的。

施工阶段的协调工作，包括解决进度、质量、中间计量与支付的签证、合同纠纷等一系列问题。

(1) 与承包商项目经理关系的协调。从承包商项目经理及其工地工程师的角度来说，他们最希望监理工程师是公正、通情达理并容易理解别人的；希望从监理工程师处得到明确而不是含糊的指示，并且能够对他们所询问的问题给予及时答复；希望监理工程师的指示能够在他们工作之前发出。作为监理工程师来说，应该非常清楚：一个既懂得坚持原则，又善于理解承包商项目经理的意见，工作方法灵活，随时可能提出或愿意接受变通办法的监理工程师肯定是受欢迎的。

(2) 进度问题的协调。由于影响进度的因素错综复杂，因而进度问题的协调工作也十分复杂。实践证明，有两项协调工作很有效：一是业主和承包商双方共同商定一级网络计划，并由双方主要负责人签字，作为工程施工合同的附件；二是建立严格、公正的奖惩制度，如果施工单位工期提前，应给予一定的奖励，如果因施工单位原因造成工期拖延，则应给予一定的惩罚。

(3) 质量问题的协调。在质量控制方面应实行监理工程师质量签字认可制度。对没有出厂证明、不符合使用要求的原材料、设备和构件，不准使用；对工序交接实行报验签证；对不合格的工程部位不予验收签字，也不予计算工程量，不予支付工程款。在建设工程实施过程中，设计变更或工程内容的增减是经常出现的，有些是合同签订时无法预料和明确规定的。对于这种变更，监理工程师要认真研究，合理计算价格，与有关方面充分协商，达成一致意见，并实行监理工程师签证制度。

(4) 对承包商违约行为的处理。在施工过程中，监理工程师对承包商的某些违约行为进行处理是一件很慎重而又难以避免的事情。当发现承包商采用一种不适当的方法进行施工，或是用了不符合合同规定的材料时，监理工程师除了立即制止外，可能还要采取相应的处理措施。遇到这种情况，监理工程师应该考虑的是自己的处理意见是否是监理权限以内的，根据合同要求，自己应该怎样做等。在发现质量缺陷并需要采取措施时，监理工程师必须立即通知承包商。监理工程师要有时间期限的概念；否则承包商有权认为监理工程师对已完成的工程内容是满意或认可的。

(5) 合同争议的协调。对于工程中的合同争议，监理工程师应首先采用协商解决的方式，协商不成时才由当事人向合同管理机关申请调解。只有当对方严重违约而使自己的利益受到重大损失且不能得到补偿时才采用仲裁或诉讼手段。

(6) 对分包单位的管理。这主要是对分包单位明确合同管理范围，分层次管理。将总包合同作为一个独立的合同单元进行投资、进度控制、质量控制和合同管理，不直接和分包合同发生关系。对分包合同中的工程质量、进度进行直接跟踪监控，通过总包商进行调控和纠偏。分包商在施工中发生的问题，由总包商负责协调处理，必要时，监理工程师帮助协调。当分包合同条款与总包合同发生抵触时，以总包合同条款为准。此外，分包合同不能解除总包商对总包合同所承担的任何责任和义务。分包合同发生的索赔问题，一般由总包商负责解决，涉及总包合同中业主的义务和责任时，由总包商通过监理工程师向业主提出索赔，由监理工程师进行协调。

(7) 处理好人际关系。在监理过程中，监理工程师处于一种十分特殊的位置。业主希望

得到独立、专业的高质量服务，而承包商则希望监理单位能对合同条件有一个公正的解释。因此，监理工程师必须善于处理各种人际关系，既要严格遵守职业道德，礼貌而坚决地拒收任何礼物，以保证行为的公正性，也要利用各种机会增进与各方面人员的友谊与合作，以利于工程的进展；否则，便有可能引起业主或承包商对其可信赖程度的怀疑。

4. 与设计单位的协调

监理单位必须协调与设计单位的工作，以加快工程进度，确保质量，降低消耗。

(1) 尊重设计单位的意见，在设计单位向承包商介绍工程概况、设计意图、 技术要求、施工难点等时，应注意标准过高、设计遗漏、图纸差错等问题，并将其在施工之前解决；施工阶段，严格按图施工；结构工程验收、专业工程验收、竣工验收等工作，邀请设计代表参加；若发生质量事故，认真听取设计单位的处理意见等。

(2) 施工中发现设计问题，应及时按工作程序向设计单位提出，以免造成更大的直接损失；若监理单位掌握比原设计更先进的新技术、新工艺、新材料、新结构、新设备时，可主动与设计单位沟通。为使设计单位有修改设计的余地而不影响施工进度，应协调各方达成协议，约定一个期限，争取设计单位、承包商的理解和配合。

(3) 注意信息传递的及时性和程序性。监理工作联系单、工程变更单的传递，要按规定的程序进行。

(4) 要加强沟通。在施工监理的条件下，监理单位与设计单位都是受业主委托进行工作的，两者之间并没有合同关系，所以监理单位主要是和设计单位做好交流工作，协调要靠业主的支持。设计单位应就其设计质量对建设单位负责，因此《建筑法》指出，工程监理人员发现工程设计不符合建筑工程质量标准或者合同约定的质量要求的，应当报告建设单位要求设计单位改正。

5. 与政府部门及其他单位的协调

一个建设工程的开展还存在政府部门及其他单位的影响，如政府部门、金融组织、社会团体、新闻媒介等，它们对建设工程起着一定的控制、监督、支持和帮助的作用，这些关系若协调不好，建设工程实施也可能严重受阻。

1) 与政府部门的协调

(1) 工程质量监督站是由政府授权的工程质量监督的实施机构，对委托监理的工程，质量监督站主要是核查勘察设计单位、施工单位和监理单位的资质，监督这些单位的质量行为和工程质量。监理单位在进行工程质量控制和质量问题处理时，要做好与工程质量监督站的交流和协调。

(2) 对于重大质量、安全事故，在承包商采取急救、补救措施的同时，应敦促承包商立即向政府有关部门报告情况，接受检查和处理。

(3) 建设工程合同应送公证机关公证，并报政府建设管理部门备案；协助业主的征地、拆迁、移民等工作，要争取政府有关部门的支持和协作；现场消防设施的配置，宜请消防部门检查认可；要敦促承包商在施工中注意防止环境污染，坚持做到文明施工。

2) 与当地社会团体的协调

一些大中型建设工程建成后，不仅会给业主带来效益，还会给该地区的经济发展带来好处，同时给当地人民生活带来方便，因此必然会引起社会各界的关注。业主和监理单位应把握机会，争取社会各界对建设工程的关心和支持。这是一种争取良好社会环境的协调。

4.6.3 建设工程监理组织协调的方法

组织协调工作涉及面广，受主观和客观因素影响较大。为保证监理工作顺利进行，要求监理工程师知识面宽、有较强的工作能力、能够灵活处理问题。监理工程师组织协调方法可采用会议协调法、交谈协调法、书面协调法、访问协调法和情况介绍法。

1. 会议协调法

会议协调法是建设工程监理中最常用的一种协调方法，实践中常用的会议协调法包括第一次工地会议、监理例会和专业性监理会议等。

1) 第一次工地会议

第一次工地会议是建设工程尚未全面展开前，履约各方相互认识、确定联络方式的会议，也是检查开工前各项准备工作是否就绪并明确监理程序的会议。第一次工地会议应在项目总监理工程师下达开工令前举行，会议由建设单位主持召开，监理单位、总承包单位的授权代表参加，也可邀请分包单位参加，必要时邀请有关设计单位人员参加。

2) 监理例会

(1) 监理例会是由总监理工程师主持，按一定程序召开的，研究施工中出现的计划、进度、质量及工程款支付等问题的工地会议。

(2) 监理例会应当定期召开，宜每周召开两次。

(3) 参加人员包括项目总监理工程师(也可为总监理工程师代表)、其他有关监理人员、承包商项目经理、承包单位其他有关人员。需要时，还可邀请其他有关单位代表参加。

(4) 会议的主要议题：①对上次会议存在问题的解决和对纪要的执行情况进行检查；②工程进展情况；③对下月(或下周)的进度预测及其落实措施；④施工质量、加工订货、材料的质量与供应情况；⑤质量改进措施；⑥有关技术问题；⑦索赔及工程款支付情况；⑧需要协调的有关事宜。

(5) 会议纪要由项目监理机构起草，经与会各方代表会签，然后分发给有关单位。会议纪要的内容：①会议地点及时间；②出席者姓名、职务及其代表的单位；③会议中发言者的姓名及其所发表的主要内容；④决定事项；⑤诸事项分别由何人何时执行。

3) 专业性监理会议

除定期召开工地监理例会以外，还应根据需要组织召开一些专业性协调会议，如加工订货会、业主直接分包的工程内容承包单位与总包单位之间的协调会、专业性较强的分包单位进场协调会等，均由监理工程师主持。

2. 交谈协调法

在实践中，并不是所有的问题都需要通过开会来解决，有时可采用“交谈”这一方法。

交谈包括面对面的交谈和电话交谈两种形式。无论是内部协调还是外部协调，使用这种方法的频率都是相当高的。其作用在于以下几个方面。

(1) 保持信息畅通。由于交谈本身没有合同效力且具有方便性和及时性特征，所以建设工程参与各方之间及监理机构内部都愿意采用这一方法。

(2) 寻求协作和帮助。在寻求别人帮助和协作时，往往要及时了解对方的反应和意见，以便采取相应的对策。另外，相对于书面寻求协作，人们更难以拒绝面对面的请求。因此，采用交谈方式请求协作和帮助比采用书面方法实现的可能性要大。

(3) 及时发布工程指令。在实践中，监理工程师一般都采用交谈方式先发布口头指令，这样，一方面可以使对方及时地执行指令，另一方面可以和对方进行交流，以了解对方是否正确理解了指令。随后，再以书面形式加以确认。

3. 书面协调法

当会议或者交谈不方便或不需要时，或者需要精确地表达自己的意见时，就会用到书面协调的方法。书面协调方法的特点是具有合同效力，一般常用于以下几方面。

(1) 不需双方直接交流的书面报告、报表、指令和通知等。

(2) 需要以书面形式向各方提供详细信息和情况通报的报告、信函和备忘录等。

(3) 事后对会议记录、交谈内容或口头指令的书面确认。

4. 访问协调法

访问协调法主要用于外部协调中，有走访和邀访两种形式。走访是指监理工程师在建设工程施工前或施工过程中，对与工程施工有关的各政府部门、公共事业机构、新闻媒介或工程毗邻单位等进行访问，向他们解释工程的情况，了解他们的意见。邀访是指监理工程师邀请上述各单位(包括业主)代表到施工现场对工程进行指导性巡视，了解现场工作。因为在多数情况下，这些有关方面并不了解工程，不清楚现场的实际情况，如果进行一些不恰当的干预，会对工程产生不利影响。这时，采用访问法可能是一个相当有效的协调方法。

5. 情况介绍法

情况介绍法通常是与其他协调方法紧密结合在一起的，它可能是在一次会议前，或是一次交谈前，或是一次走访或邀访前向对方进行的情况介绍。形式上主要是口头的，有时也伴有书面的。介绍往往作为其他协调的引导，目的是使别人首先了解情况。因此，监理工程师应重视任何场合下的每一次介绍，要使别人能够理解所介绍的内容、问题和困难，以及想得到的协助等。

总之，组织协调是一种管理艺术和技巧，监理工程师尤其是总监理工程师需要掌握领导科学、心理学、行为科学方面的知识和技能，如激励、交际、表扬和批评的艺术，开会的艺术，谈话的艺术，谈判的技巧等。只有这样，监理工程师才能进行有效的协调。

技能训练营——施工现场的监理项目部调查报告

任务背景

现场走访你所在学校区域附近的施工工地，通过现场实际调研相关的施工方项目部和监理方项目部，来完成此项目调查报告。

任务提示

1. 报告题目：施工现场的监理项目部调查报告——×××监理项目部。

2. 报告组成内容应至少包括下面几个部分。

(1) 所调查的工程项目背景和建设概况。

(2) 施工项目部和监理项目部的组成、现场图片和文件资料。

(3) 分析监理项目部的组成，提出问题或建议。

3. 完成任务思路：确定调研对象(寻找可以深入现场访问的工程项目部)、调研方法(当面访问、电话交流或网上调查)，然后整理并撰写报告。

本 章 小 结

本章主要介绍了工程建设监理的实施原则与实施程序、常见的几种监理组织形式，以及建立项目监理组织机构的步骤和项目监理机构的组织设计、有关组织机构的人员配备及职责分工，以及根据工程建设承发包模式选择的监理模式；再者介绍了工程建设监理组织协调的概念、分类，工程建设监理组织协调的工作内容及常用的方法。

附：本章任务引导案例答案

问题1答案：总监理工程师组建了项目监理机构，采用了直线制监理组织形式，设立了总监办公室，任命了总监理工程师代表，如图4-17所示。

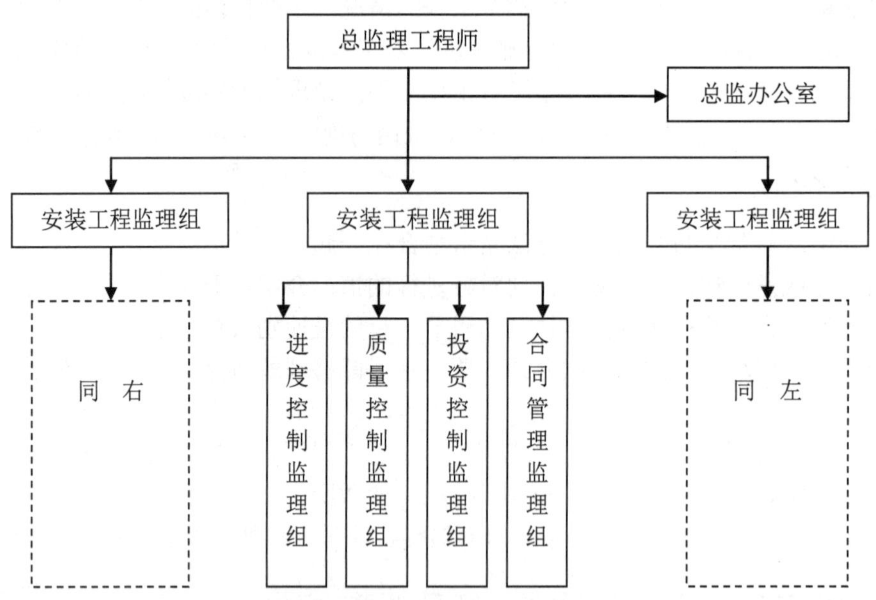

图4-17　按照专业内容分解的直线制监理组织形式

问题2答案：协调工作的主要内容有：与施工单位项目经理关系的协调；进度问题的协调；质量问题的协调；对施工单位违约行为的处理；合同争议的协调；对分包单位的协调；处理好与项目相关的外部各种人际关系(如规划局、电力局、建设局、附近居委会等)。

自我拓展(基础与进阶测试)

一、基础测试——不定项选择题

1. 监理工程师组织协调方法可采用(　　)。
   A. 会议协调法　　B. 交谈协调法　　C. 书面协调法
   D. 访问协调法　　E. 民事协调法
2. 监理员应履行的职责，以下说法正确的是(　　)。
   A. 独立展开现场工作　　B. 做好监理日记和有关的监理记录
   C. 主持编写监理细则　　D. 发现问题及时指出并向业主报告
   E. 对工序施工质量检查结果进行记录
3. 第一次工地会议应在项目总监下达开工令前举行，会议由(　　)主持召开。
   A. 建设单位　　B. 监理单位　　C. 项目部总监
   D. 政府部门负责人　　E. 施工方
4. 矩阵制监理组织形式的特点有(　　)。
   A. 较大的机动性　　B. 较好的适应性　　C. 高度集权
   D. 形式简单　　E. 解决复杂问题
5. 有关职能制监理组织形式，以下说法错误的是(　　)。
   A. 能够减轻总监负担　　B. 不存在指令矛盾
   C. 职能分工不明确　　D. 有利于提高管理效率　E. 能够发挥管理作用

二、进阶测试——论述题

1. 建设工程监理实施的程序是什么?
2. 建设工程监理实施的基本原则有哪些?
3. 简述建立项目监理机构的步骤。
4. 项目监理机构中的人员如何配备?
5. 项目监理机构中各类人员的基本职责是什么?
6. 建设工程监理组织协调的常用方法有哪些?
7. 建设工程承发包模式有哪些? 对应的监理模式如何?
8. 什么是工程建设强度?
9. 试比较项目总承包模式和项目总承包管理模式的异同点。
10. 在会议协调中，第一次工地会议的内容和背景是怎样的?

第 5 章　建设工程监理的目标控制

【学习目标】

能力目标	知识目标	素质目标
(1) 能够根据实际工程的特点，确定施工阶段的具体监理目标 (2) 能够根据拟定的监理目标，协调投资、质量和进度，分析三者的关系，促进其最优化发展 (3) 能够针对工程监理所遇到的实际工程实践问题，提出各子目标控制的思路、方法及措施	(1) 掌握建设工程施工阶段三大目标控制的具体内容、基本方法和措施 (2) 了解目标控制的含义 (3) 熟悉三大目标控制之间的关系、施工阶段的特点和目标控制任务	(1) 培养监理从业人员强烈的项目目标意识和岗位责任感 (2) 培养顾全大局、统筹考虑的项目运行全局观 (3) 培养目标-计划-执行-检查-反馈-改进的工作习惯

【任务引导】

1. 背景

工程名称：A 住宅小区地下车库人防工程

现场环境：

A 住宅小区的地下车库人防工程位于某高新技术开发区，在数栋 11～28 层钢筋框架结构住宅楼之间。该工程现场施工场地较为狭窄，目前尚有临时设施，三通一平已经完成。

该住宅小区地下车库人防工程，另有部分行政用房，地下室两层，地下一层为停车库，层高为 3.8m；地下二层为平战结合人防地下室，平时为设备用房及库房，层高为 5.2m；地上一层层高 4.7m，第二层至第十九层层高为 3.8m；第二十层层高为 4.9m。本工程设计建筑面积为 38696m^2，建筑占地面积为 2605m^2。消防按一级耐火设计，最大防火分区面积：地上部分为 1862m^2，地下部分为 1300m^2 (车库 950m^2) 。最大防烟分区面积为 600m^2。

2. 任务布置

面对背景中的施工环境和地下人防工程的特点，施工阶段监理项目部的具体目标是什么？怎样才能保障各项目标之间的协调一致呢？(提示：请注意施工协调和人防工程的特点

以及防火要求，从三大目标着手)

就以上问题，请分组讨论交流。

【应知应会】

在本章的学习过程中，应深刻理解建设工程监理目标控制的“系统观念”，即三大目标(投资、质量和进度)之间的“对立统一”(矛盾)关系，并结合施工阶段的特点以及工程项目本身的实际情况，重点掌握施工阶段的质量控制与进度控制。

在本章的学习过程中，应会确立具体工程项目施工阶段的监理控制总目标及合理分解目标；应能针对工程项目实际，提出质量、进度以及投资控制的具体措施，来完成监理任务。

5.1　建设工程目标系统

任何建设工程都有投资、进度、质量三大目标，这三大目标构成了建设工程的目标系统。为了有效地进行目标控制，必须正确认识和处理投资、进度、质量三大目标之间的关系，并且合理确定和分解这三大目标。

5.1.1　建设工程三大目标之间的关系

建设工程投资、进度(或工期)、质量三大目标两两之间存在既对立又统一的关系。对此，首先要弄清在什么情况下表现为对立的关系，在什么情况下表现为统一的关系。从建设工程业主的角度出发，往往希望该工程的投资少、工期短(或进度快)、质量好。如果采取某种措施可以同时实现其中两个要求 (如投资少工期又短)，则这两个目标之间就是统一的关系；反之，如果只能实现其中一个要求(如工期短)，而另一个要求不能实现(如质量好)，则这两个目标(即工期和质量)之间就是对立的关系。

1. 建设工程三大目标之间的对立关系

建设工程三大目标之间的对立关系比较直观，易于理解。一般来说，如果对建设工程的功能和质量要求较高，就需要采用较好的工程设备和建筑材料，需要投入较多的资金；同时，还需要精工细作，严格管理，不仅增加人力的投入(人工费相应增加)，而且需要较长的建设时间。如果要加快进度，缩短工期，则需要加班加点或适当增加施工机械和人力，这将直接导致施工效率下降、单位产品的费用上升，从而使整个工程的总投资增加；另外，加快进度往往会打乱原有的计划，使建设工程实施的各个环节之间产生脱节现象，增加控制和协调的难度，不仅有时可能“欲速则不达”，而且会对工程质量带来不利影响或留下工程质量隐患。如果要减少投资，就需要考虑降低功能和质量要求，采用较差或普通的工程设备和建筑材料；同时，只能按费用最低的原则安排进度计划，整个工程需要的建设时间就较长。应当说明的是，在这种情况下的工期其实是合理工期，只是相对于加快进度情况下的工期而言显得较长。以上分析表明，建设工程三大目标之间存在对立的关系。因此，不能奢望投资、进度、质量三大目标同时达到“最优”，即既要投资少，又要工期短，还要质量好。在确定建设工程目标时，也不能将投资、进度、质量三大目标割裂开来，分别孤立地分析和论证，更不能片面强调某一目标而忽略其对其他两个目标的不利影响，而必须将投资、进度、质量三大目标作为一个系统统筹考虑，反复协调和平衡，力求实现整个目标系统最优。

2. 建设工程三大目标之间的统一关系

对于建设工程三大目标之间的统一关系，需要从不同的角度分析和理解。例如，加快进度、缩短工期虽然需要增加一定的投资，但是可以使整个建设工程提前投入使用，从而提早发挥投资效益，还能在一定程度上减少利息支出，如果提早发挥的投资效益超过因加快进度所增加的投资额度，则加快进度从经济角度来说就是可行的。如果提高功能和质量要求，虽然需要增加一次性投资，但是可能降低工程投入使用后的运行费用和维修费用，从全寿命费用分析的角度来看则是节约投资的。另外，在不少情况下，功能好、质量优的工程 (如宾馆、商用办公楼)投入使用后的收益往往较高；此外，从质量控制的角度，如果在实施过程中进行严格的质量控制，保证实现工程预定的功能和质量要求(相对于由于质量控制不严而出现质量问题可认为是“质量好”)，则不仅可减少实施过程中的返工费用，而且可以大大减少投入使用后的维修费用。同时，严格控制质量还能起到保证进度的作用。如果在工程实施过程中发现质量问题及时进行返工处理，虽然需要耗费时间，但可能只影响局部工作的进度，不影响整个工程的进度；或虽然影响整个工程的进度，但是比不及时返工而酿成重大工程质量事故对整个工程进度的影响要小，也比留下工程质量隐患到使用阶段才发现而不得不停止使用进行修理所造成的时间损失要小。

在确定建设工程目标时，应当对投资、进度、质量三大目标之间的统一关系进行客观的且尽可能定量的分析。在分析时要注意以下几方面的问题。

(1) 掌握客观规律，充分考虑制约因素。例如，一般来说，加快进度、缩短工期所提前发挥的投资效益都超过加快进度所需要增加的投资，但不能由此而导出工期越短越好的错误结论，因为加快进度、缩短工期会受到技术、环境、场地等因素的制约(当然还要考虑对投资和质量的影响)，不可能无限制地缩短工期。

(2) 对未来的、可能的收益不宜过于乐观。通常，当前的投入是现实的，其数额也是较为确定的，而未来的收益却是预期的、不很确定的。例如，提高功能和质量要求所需要增加的投资可以很准确地计算出来，但今后的收益却受到市场供求关系的影响，如果届时同类工程(如五星级宾馆、智能化办公楼)供大于求，则预期收益就难以实现。

(3) 将目标规划和计划结合起来。如前所述，建设工程所确定的目标要通过计划的实施才能实现。如果建设工程进度计划制订得既可行又优化，使工程进度具有连续性、均衡性，则不但可以缩短工期，而且有可能获得较好的质量且耗费较低的费用。从这个意义上讲，优化的计划是投资、进度、质量三大目标统一的计划。

在对建设工程三大目标对立统一关系进行分析时，同样需要将投资、进度、质量三大目标作为一个系统统筹考虑，同样需要反复协调和平衡，力求实现整个目标系统最优也就是实现投资、进度、质量三大目标的统一。

5.1.2　建设工程目标的确定

1．建设工程目标确定的依据

如前所述，目标规划是一项动态性工作，在建设工程的不同阶段都要进行，因而建设工程的目标并不是一经确定就不再改变的。由于建设工程不同阶段所具备的条件不同，目标确定的依据自然也就不同。一般来说，在施工图设计完成之后，目标规划的依据比较充分，目标规划的结果也比较准确和可靠。但是，对于施工图设计完成以前的各个阶段来说，建设工程数据库具有十分重要的作用，应予以足够的重视。

建设工程的目标规划总是由某个单位编制的，如设计院、监理公司或其他咨询公司。这些单位都应当把自己承担过的建设工程的主要数据存入数据库。若某一地区或城市能建立本地区或本市的建设工程数据库，则可以在大范围内共享数据，增加同类建设工程的数量，从而大大提高目标确定的准确性和合理性。创建建设工程数据库，至少要做好以下几方面的工作。

(1) 按照一定的标准对建设工程进行分类。通常按使用功能分类较为直观，也易于为人接受和记忆。例如，将建设工程分为道路、桥梁、房屋建筑等，房屋建筑还可进一步分为住宅、学校、医院、宾馆、办公楼和商场等。为了便于计算机辅助管理，当然还需要建立适当的编码体系。

(2) 对各类建设工程可能采用的结构体系进行统一分类。例如，根据结构理论和我国目前常用的结构形式，可将房屋建筑的结构体系分为砖混结构、框架结构、框剪结构和筒体结构等；可将桥梁建筑分为钢箱梁吊桥、钢箱梁斜拉桥、钢筋混凝土斜拉桥、拱桥、中承式桁架桥和下承式桁架桥等。

(3) 数据既要有一定的综合性，又要能充分反映建设工程的基本情况和特征。例如，除了工程名称、投资总额、总工期、建成年份等共性数据外，房屋建筑的数据还应有建筑面积、层数、柱距、基础形式、主要装修标准和材料等，桥梁建筑的数据还应有长度、跨度、宽度和高度(净高)等。工程内容最好能分解到分部工程，有些内容可能分解到单位工程已能满足需要。投资总额和总工期也应分解到单位工程或分部工程。

建设工程数据库对建设工程目标确定的作用，在很大程度上取决于数据库中与拟建工程相似的同类工程的数量。因此，建立和完善建设工程数据库需要经历较长的时间，在确定数据库的结构之后，数据的积累、分析就成为主要任务，也可能在应用过程中对已确定的数据库结构和内容还要作适当的调整、修正和补充。

2．建设工程数据库的应用

要确定某一拟建工程的目标，首先必须大致明确该工程的基本技术要求，如工程类型、结构体系、基础形式、建筑高度、主要设备、主要装饰要求等。然后，在建设工程数据库中检索并选择尽可能相近的建设工程(可能有多个)，将其作为确定该拟建工程目标的参考对象。由于建设工程具有多样性和单件生产的特点，有时很难找到与拟建工程基本相同或相似的同类工程，因此，在应用建设工程数据库时，往往要对其中的数据进行适当的综合处理，必要时可将不同类型工程的不同分部工程加以组合。例如，若拟建造一座多功能综合办公楼，根据其基本的技术要求，可能在建设工程数据库中选择某银行的基础工程、某宾馆的主体结构工程、某办公楼的装饰工程和内部设施作为确定其目标的依据。

同时，要认真分析拟建工程的特点，找出拟建工程与已建类似工程之间的差异，并定量分析这些差异对拟建工程目标的影响，从而确定拟建工程的各项目标。例如，上海市地铁二号线与地铁一号线(将地铁一号线作为建设工程数据库中的已建类似工程，地铁二号线作为拟建工程)总体上非常相似，但通过深入分析发现，地铁二号线的人民广场站是与地铁一号线的交会点，建在地铁一号线人民广场站的下方，显然在技术上有其特殊要求。另外，地铁二号线需要穿越黄浦江，这一段的区间隧道就与地铁一号线所有的区间隧道都不同，有必要参考其他的越江隧道工程，如延安路隧道工程。而地铁二号线的其他车站和区间隧道工程则可参照地铁一号线的车站和区间隧道工程确定其目标，必要时可能还需要根据车站工程的规模大小和区间隧道工程的长度确定对应关系。在此基础上确定的地铁二号线的总目标就比较合理和可靠。

另外，建设工程数据库中的数据都是历史数据，由于拟建工程与已建工程之间存在“时间差”，因而对建设工程数据库中的有些数据不能直接应用，而必须考虑时间因素和外部条件的变化，采取适当的方式加以调整。例如，对于投资目标，可以采用线性回归分析法或加权移动平均法进行预测分析，还可能需要考虑技术规范的发展对投资的影响；对于工期目标，需要考虑施工技术和方法以及施工机械的发展，还需要考虑法规变化对施工时间的限制，如不允许夜间施工等；对于质量目标，要考虑强制性标准的提高，如城市规划、环保、消防等方面的新规定。

由以上分析可知，建设工程数据库中的数据表面上是静止的，实际上是动态的(不断得到充实)；表面上是孤立的，实际上内部有着非常密切的联系。因此，建设工程数据库的应用并不是一项简单的复制工作。要用好、用活建设工程数据库，关键在于客观分析拟建工程的特点和具体条件，并采用适当的方式加以调整，这样才能充分发挥建设工程数据库对合理确定拟建工程目标的作用。

5.1.3 建设工程目标的分解

为了在建设工程实施过程中有效地进行目标控制，仅有总目标是不够的，还需要将总目标进行适当分解。

1. 目标分解的原则

建设工程目标分解应遵循以下几个原则。

(1) 能分能合。这要求建设工程的总目标能够自上而下逐层分解，也能够根据需要自下而上逐层综合。这一原则实际上要求目标分解要有明确的依据，并采用适当的方式，避免目标分解的随意性。

(2) 按工程部位分解，而不按工种分解。这是因为建设工程的建造过程也是工程实体的形成过程，这样分解比较直观，而且可以将投资、进度、质量 3 个目标联系起来，也便于对偏差原因进行分析。

(3) 区别对待，有粗有细。根据建设工程目标的具体内容、作用和所具备的数据，目标分解的粗细程度应当有所区别。例如，在建设工程的总投资构成中，有些费用数额大，占总投资的比例大，而有些费用则相反。从投资控制工作的要求来看，重点在于前一类费用。因此，对前一类费用应当尽可能分解得细些、深些；而对后一类费用则分解得粗些、浅些。另外，有些工程内容的组成非常明确、具体(如建筑工程、设备等)，所需要的投资和时间也较为明确，可以分解得很细；而有些工程的内容比较笼统，难以详细分解。因此，对不同工程内容目标分解的层次或深度，不必强求一律，要根据目标控制的实际需要和可能来确定。

(4) 有可靠的数据来源。目标分解本身不是目的而是手段，是为目标控制服务的。目标分解的结果是形成不同层次的分目标，这些分目标就成为各级目标控制组织机构和人员进行目标控制的依据。如果数据来源不可靠，分目标就不可靠，就不能作为目标控制的依据。因此，目标分解所达到的深度应当以能够取得可靠的数据为原则，并非越深越好。

(5) 目标分解结构与组织分解结构相对应。如前所述，目标控制必须有组织加以保障，要落实到具体的机构和人员，因而就存在一定的目标控制组织分解结构。只有使目标分解结构与组织分解结构相对应，才能进行有效的目标控制。当然，一般而言，目标分解结构较细、层次较多，而组织分解结构较粗、层次较少，目标分解结构在较粗的层次上应当与组织分解结构一致。

2. 目标分解的方式

建设工程的总目标可以按照不同的方式进行分解。对于建设工程投资、进度、质量 3 个目标来说，目标分解的方式并不完全相同，其中，进度目标和质量目标的分解方式较为单一，而投资目标的分解方式较多。

按工程内容分解是建设工程目标分解最基本的方式，适用于投资、进度、质量 3 个目标的分解，但是，3 个目标分解的深度不一定完全一致。一般来说，将投资、进度、质量 3 个目标分解到单项工程和单位工程是比较容易办到的，其结果也是比较合理和可靠的。在施工图设计完成之前，目标分解至少都应当达到这个层次。至于是否分解到分部工程和分项工程，一方面取决于工程进度所处的阶段、资料的详细程度、设计所达到的深度等；另一方面还取决于目标控制工作的需要。

建设工程的投资目标还可以按总投资构成内容和资金使用时间(即进度)分解，详细内容见 5.5 节。

5.2　建设工程监理 3 个目标控制的含义

建设工程投资、进度、质量控制的含义既有区别，又有内在联系和共性。本节将从目标、系统控制、全过程控制和全方位控制 4 个方面来分别阐述建设工程目标控制含义的具体内容。

5.2.1 建设工程投资控制的含义

1. 建设工程投资控制的目标

建设工程投资控制的目标，就是通过有效的投资控制工作和具体的投资控制措施，在满足进度和质量要求的前提下，力求使工程实际投资不超过计划投资。这一目标可用图 5-1 来表示。

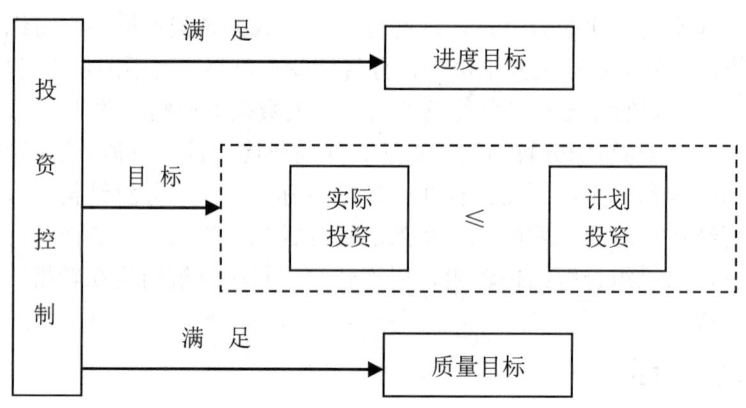

图 5-1 投资控制的含义

“实际投资不超过计划投资”可能表现为以下几种情况。

(1) 在投资目标分解的各个层次上，实际投资均不超过计划投资。这是最理想的情况，是投资控制追求的最高目标。

(2) 在投资目标分解的较低层次上，实际投资在有些情况下超过计划投资，在大多数情况下不超过计划投资，因而在投资目标分解的较高层次上，实际投资不超过计划投资。

(3) 实际总投资未超过计划总投资，在投资目标分解的各个层次上，都出现了实际投资超过计划投资的情况，但在大多数情况下，实际投资未超过计划投资。

后两种情况虽然存在局部的超投资现象，但建设工程的实际总投资未超过计划总投资，因而仍然是令人满意的结果。何况，出现这种现象，除了投资控制工作和措施存在一定的问题，有待改进和完善之外，还可能是由于投资目标分解不尽合理所造成的，而投资目标分解绝对合理又是很难做到的。

2. 系统控制

从上述建设工程投资控制的目标可知，投资控制是与进度控制和质量控制同时进行的，它是针对整个建设工程目标系统所实施的控制活动的一个组成部分，在实施投资控制的同时需要满足预定的进度目标和质量目标。因此，在投资控制过程中，要协调好与进度控制和质量控制的关系，做到三大目标控制的有机配合和相互平衡，而不能片面强调投资控制。如前所述，在目标规划时对投资、进度、质量三大目标进行了反复协调和平衡，力求实现整个目标系统最优。如果在投资控制的过程中破坏了这种平衡，也就破坏了整个目标系统，即使投资控制的效果看起来较好或很好，但其结果肯定不是目标系统最优。

从这个基本思想出发，当采取某项投资控制措施时，如果某项措施会对进度目标和质量目标产生不利的影响，就要考虑是否还有其他更好的措施，要慎重决策。例如，采用限额设计进行投资控制时，一方面要力争使整个工程总的投资估算额控制在投资限额之内，同时又要保证工程预定的功能、使用要求和质量标准。又如，当发现实际投资已经超过计划投资之后，为了控制投资，不能简单地删减工程内容或降低设计标准，即使不得已而这样做，也要慎重选择被删减或降低设计标准的具体工程内容，力求使减少投资对工程质量的影响降到最低程度。这种协调工作在投资控制过程中是绝对不可缺少的。

简而言之，系统控制的思想就是要实现目标规划与目标控制之间的统一，实现 3 个目标控制的统一。

3．全过程控制

全过程主要是指建设工程实施的全过程，也可以是工程建设全过程。建设工程的实施阶段包括设计阶段(含设计准备)、招标阶段、施工阶段以及竣工验收和保修阶段。在这几个阶段中都要进行投资控制，但从投资控制的任务来看，主要集中在前 3 个阶段。

建设工程的实施过程，一方面表现为实物形成过程，即其生产能力和使用功能的形成过程，这是看得见的；另一方面则表现为价值形成过程，即其投资的不断累加过程，这是算得出的。这两种过程对建设工程的实施来说都是很重要的，而从投资控制的角度来看，较为关心的则是后一种过程。

需要特别指出的是，在建设工程实施过程中，累计投资在设计阶段和招标阶段缓慢增加，进入施工阶段后则迅速增加，到施工后期，累计投资的增加又趋于平缓。另外，节约投资的可能性(或影响投资的程度)从设计阶段到施工开始前迅速降低，其后的变化就相当平缓了。累计投资和节约投资可能性的上述特征可用图 5-2 来表示。

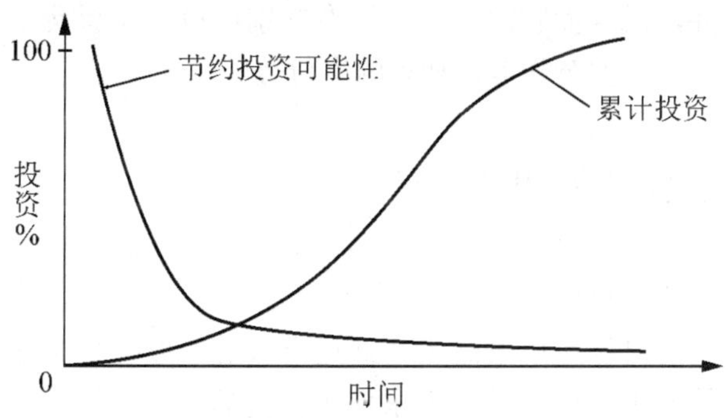

图 5-2　累计投资和节约投资可能性曲线

图 5-2 表明，虽然建设工程的实际投资主要发生在施工阶段，但节约投资的可能性却主要在施工以前的阶段，尤其是在设计阶段。当然，所谓节约投资的可能性，是以进行有效的投资控制为前提的，如果投资控制的措施不得力，则变为浪费投资的可能性了。

因此，全过程控制要求从设计阶段就开始进行投资控制，并将投资控制工作贯穿于建设工程实施的全过程，直至整个工程建成且延续到保修期结束。在明确全过程控制的前提下，还要特别强调早期控制的重要性，越早进行控制，投资控制的效果就越好，节约投资的可能性也就越大。如果能实现工程建设全过程的投资控制，效果应当更好。

4. 全方位控制

对投资目标进行全方位控制，包括两层含义：一是对按工程内容分解的各项投资进行控制，即对单项工程、单位工程，乃至分部分项工程的投资进行控制；二是对按总投资构成内容分解的各项费用进行控制，即对建筑安装工程费用、设备和工器具购置费用以及工程建设其他费用等都要进行控制。通常，投资目标的全方位控制主要是指上述第二层含义，因为单项工程和单位工程的投资同时也要按总投资构成内容分解。在对建设工程投资进行全方位控制时，应注意以下几个问题。

(1) 要认真分析建设工程及其投资构成的特点，了解各项费用的变化趋势和影响因素。例如，根据我国的统计资料，工程建设其他费用一般不超过总投资的 10%。但这是综合资料，对于确定建设工程来说，可能远远超过这个比例。如上海南浦大桥的拆迁费用高达 4 亿元，约占总投资的一半。又如，一些高档宾馆、智能化办公楼的装饰工程费用或设备购置费用已超过结构工程费用等。这些变化非常值得引起投资控制人员重视，而且这些费用相对于结构工程费用而言，有较大的节约投资的“空间”。只要思想重视且方法适当，往往能取得较为满意的投资控制效果。

(2) 要抓主要矛盾、有所侧重。不同建设工程的各项费用占总投资的比例不同，例如，普通民用建筑工程的建设费用占总投资的大部分，工艺复杂的工业项目以设备购置费用为主，智能化大厦的装饰工程费用和设备购置费用占主导地位，都应分别作为该类建设工程投资控制的重点。

(3) 要根据各项费用的特点选择适当的控制方式。例如，建筑工程费用可以按照工程内容分解得很细，其计划值一般较为准确，而其实际投资是连续发生的，因而需要经常定期地进行实际投资与计划投资的比较；安装工程费用有时并不独立，或与建筑工程费用合并，或与设备购置费用合并，或兼而有之，需要注意鉴别；设备购置费用有时需要较长的订货周期和一定数额的定金，必须充分考虑利息的支付等。

5.2.2 建设工程进度控制的含义

1. 建设工程进度控制的目标

建设工程进度控制的目标可以表达为：通过有效的进度控制工作和具体的进度控制措施，在满足投资和质量要求的前提下，力求使工程实际工期不超过计划工期。但是，进度控制往往更强调对整个建设工程计划总工期的控制，因而上述“工程实际工期不超过计划工期”相应地就表达为“整个建设工程按计划的时间动用”，对于工业项目来说，就是要按计划时间达到负荷联动试车成功，而对于民用项目来说，就是要按计划时间交付使用。

由于进度计划的特点，“实际工期不超过计划工期”的表现不能简单照搬投资控制目标中的表述。进度控制的目标能否实现，主要取决于处在关键线路上的工程内容能否按预定的时间完成。当然，同时要不发生非关键线路上的工作延误而成为关键线路的情况。

在大型、复杂建设工程的实施过程中，总会不同程度地发生局部工期延误的情况。这些延误对进度目标的影响应当通过网络计划定量计算。局部工期延误的严重程度与其对进度目标的影响程度之间并无直接的联系，更不存在某种等值或等比例的关系，这是进度控制与投资控制的重要区别，也是在进度控制工作中要加以充分利用的特点。

2．系统控制

进度控制的系统控制思想与投资控制基本相同，但其具体内容和表现有所不同。在采取进度控制措施时，要尽可能采取可对投资目标和质量目标产生有利影响的进度控制措施，如完善的施工组织设计、优化的进度计划等。相对于投资控制和质量控制而言，进度控制措施可能对其他两个目标产生直接的有利作用，这一点显得尤为突出，应当予以足够的重视并加以充分利用，以提高目标控制的总体效果。

当然，采取进度控制措施也可能对投资目标和质量目标产生不利影响。一般来说，局部关键工作发生工期延误但延误程度尚不严重时，通过调整进度计划来保证进度目标是比较容易做到的。例如，可以采取加班加点的方式，或适当增加施工机械和人力的投入。这时，就会对投资目标产生不利影响，而且由于夜间施工或施工速度过快，也可能对质量目标产生不利影响。因此，当采取进度控制措施时，不能仅仅保证进度目标的实现却不顾投资目标和质量目标，而应当综合考虑 3 个目标。根据工程进展的实际情况和要求以及进度控制措施选择的可能性，有以下 3 种处理方式。

(1) 在保证进度目标的前提下，将对投资目标和质量目标的影响降到最低程度。

(2) 适当调整进度目标 (延长计划总工期)，使其不影响或基本不影响投资目标和质量目标。

(3) 介于上述两者之间。

3．全过程控制

关于进度控制的全过程控制，要注意以下三方面的问题。

(1) 在工程建设的早期就应当编制进度计划。为此，首先要澄清将进度计划狭隘地理解为施工进度计划的模糊认识；其次要纠正工程建设早期由于资料详细程度不够且可变因素很多而无法编制进度计划的错误观念。

业主方整个建设工程的总进度计划包括的内容很多，除了施工外，还包括前期工作(如征地、拆迁、施工场地准备等)、勘察、设计、材料和设备采购、动用前准备等。由此可见，业主方的总进度计划对整个建设工程进度控制的作用是何等重要。工程建设早期所编制的业主方总进度计划不可能也没有必要达到承包商施工进度计划的详细程度，但也应达到一定的深度和细度，而且应当掌握“远粗近细”的原则。即对于远期工作，如工程施工、设备采购等，在进度计划中显得比较粗略，可能只反映到分部工程，甚至只反映到单位工程或单项工程；而对于近期工作，如征地、拆迁、勘察设计等，在进度计划中就显得比较具体。而所谓的“远”和“近”是相对概念，随着工程的进展，最初的远期工作就变成了近期工作，进度计划也应当相应地深化和细化。

在工程建设早期编制进度计划，是早期控制思想在进度控制中的反映。越早进行控制，进度控制的效果越好。

(2) 在编制进度计划时要充分考虑各阶段工作之间的合理搭接。建设工程实施各阶段的工作是相对独立的，但不是截然分开的，在内容上有一定的联系，在时间上有一定的搭接。例如，设计工作与征地、拆迁工作搭接，设备采购和工程施工与设计搭接，装饰工程和安装工程施工与结构工程施工搭接等。搭接时间越长，建设工程的总工期就越短。但是，搭接时间与各阶段工作之间的逻辑关系有关，都有其合理的限度。因此，合理确定具体的搭接工作内容和搭接时间，也是进度计划优化的重要内容。

(3) 抓好关键线路的进度控制。进度控制的重点对象是关键线路上的各项工作，包括关键线路变化后的各项关键工作，这样可取得事半功倍的效果。由此也可看出工程建设早期编制进度计划的重要性。如果没有进度计划，就不知道哪些工作是关键工作，进度控制工作就没有重点，精力分散，甚至可能对关键工作控制不力，而对非关键工作却全力以赴，结果是事倍功半。当然，对于非关键线路的各项工作，要确保其不要延误后而变为关键工作。

4. 全方位控制

对进度目标进行全方位控制要从以下几个方面考虑。

(1) 对整个建设工程所有工程内容的进度都要进行控制，除了单项工程、单位工程外，还包括区内道路、绿化、配套工程等的进度。这些工程内容都有相应的进度目标，应尽可能将它们的实际进度控制在进度目标之内。

(2) 对整个建设工程所有工作内容的进度都要进行控制。建设工程的各项工作，诸如征地、拆迁、勘察、设计、施工招标、材料和设备采购、施工、动工前准备等，都有进度控制的任务。这里，要注意与全过程控制的有关内容相区别。在全过程控制的分析中，对这些工作内容侧重从各阶段工作关系和总进度计划编制的角度进行阐述。而在全方位控制的分析中，则是侧重从这些工作本身的进度控制进行阐述，可以说这是同一问题的两个方面。实际的进度控制，往往既表现为对工程内容进度的控制，又表现为对工作内容进度的控制。

(3) 对影响进度的各种因素都要进行控制。建设工程的实际进度受到很多因素的影响，例如，施工机械数量不足或出现故障；技术人员和工人的素质和能力低下；建设资金缺乏，不能按时到位；材料和设备不能按时、按质、按量供应；施工现场组织管理混乱，多个承包商之间施工进度不够协调；出现异常的工程地质、水文、气候条件；还可能出现政治、社会等风险。要实现有效的进度控制，必须对上述影响进度的各种因素都进行控制，采取措施减少或避免这些因素对进度的影响。

(4) 注意各方面工作进度对施工进度的影响。任何建设工程最终都是通过施工将其建造起来。从这个意义上讲，施工进度作为一个整体，肯定是在总进度计划中的关键线路上，任何导致施工进度拖延的情况都将导致总进度的拖延。而施工进度的拖延往往是其他方面工作进度的拖延引起的，因此，要考虑围绕施工进度的需要来安排其他方面的工作进度。例如，根据工程开工时间和进度要求安排拆迁和设计进度计划，必要时可分阶段提供施工场地和施工图纸；又如，根据结构工程和装饰工程施工进度的需要安排材料采购进度计划，根据安装工程进度的需要安排设备采购进度计划等。这样说，并不是否认其他工作进度计划的重要性，而恰恰相反，这正说明全方位进度控制的重要性，说明业主方总进度计划的重要性。

5. 进度控制的特殊问题

组织协调与控制是密切相关的，都是为实现建设工程目标服务的。在建设工程三大目标控制中，组织协调对进度控制的作用最为突出且最为直接，有时甚至能取得常规控制措施难以达到的效果。因此，为了有效地进行进度控制，必须做好与有关单位的协调工作。有关组织协调的具体内容见4.6节。

5.2.3　建设工程质量控制的含义

1. 建设工程质量控制的目标

建设工程质量控制的目标，就是通过有效的质量控制工作和具体的质量控制措施，在满足投资和进度要求的前提下，实现工程预定的质量目标。

这里有必要明确建设工程质量目标的含义。建设工程的质量首先必须符合国家现行的关于工程质量的法律、法规、技术标准和规范等的有关规定，尤其是强制性标准的规定。这实际上也就明确了对设计、施工质量的基本要求。从这个角度讲，同类建设工程的质量目标具有共性，不因其业主、建造地点以及其他建设条件的不同而不同。

建设工程的质量目标又是通过合同加以约定的，其范围更广、内容更具体。任何建设工程都有其特定的功能和使用价值。由于建设工程都是根据业主的要求而兴建，不同的业主有不同的功能和使用价值要求，即使是同类建设工程，具体的要求也不同。因此，建设工程的功能与使用价值的质量目标是相对于业主的需要而言的，并无固定和统一的标准。从这个角度来讲，建设工程的质量目标都具有个性。

因此，建设工程质量控制的目标就是要实现以上两方面的工程质量目标。由于工程共性质量目标一般都有严格、明确的规定，因而质量控制工作的对象和内容都比较明确，也可比较准确、客观地评价质量控制的效果。而工程个性质量目标具有一定的主观性，有时没有明确、统一的标准，因而质量控制工作的对象和内容较难把握，对质量控制效果的评价与评价方法和标准密切相关。因此，在建设工程的质量控制工作中，要注意对工程个性质量目标的控制，最好能预先明确控制效果定量评价的方法和标准。另外，对于合同约定的质量目标，必须保证其不得低于国家强制性质量标准的要求。

2. 系统控制

建设工程质量控制的系统控制应从以下几方面考虑。

(1) 避免不断提高质量目标的倾向。建设工程的建设周期较长，随着技术、经济水平的发展，会不断出现新设备、新工艺、新材料、新理念等，在工程建设早期(如可行性研究阶段)所确定的质量目标，到设计阶段和施工阶段有时就显得相对滞后。不少业主往往要求相应地提高质量标准，这样势必要增加投资，而且由于要修改设计、重新制订材料和设备采购计划，甚至将已经施工完毕的部分工程拆毁重建，也会影响进度目标的实现。因此，要避免这种倾向，首先，在工程建设早期确定质量目标时要有一定的前瞻性；其次，对质量目标要有一个理性的认识，不要盲目追求“最新”“最高”“最好”等目标；再次，要定量分析提高质量目标后对投资目标和进度目标的影响。在这一前提下，即使确有必要适当提高质量标准，也要把对投资目标和进度目标的不利影响降到最低程度。

(2) 确保基本质量目标的实现。建设工程的质量目标关系到生命安全、环境保护等社会问题，国家有相应的强制性标准。因此，不论发生什么情况，也不论在投资和进度方面要付出多大的代价，都必须保证建设工程安全可靠、质量合格的目标予以实现。

当然，如果投资代价太大而无法承受，可以放弃不建。另外，建设工程都有预定的功能，若无特殊原因，也应确保实现。严格地说，改变功能或删减功能后建成的建设工程与原定功能的建设工程是两个不同的工程，不宜直接比较，有时也难以评价其目标控制的效果。还需要说明的是，有些建设工程质量标准的改变可能直接导致其功能的改变。例如，原定的一条一级公路，由于质量控制不力，只达到二级公路的标准，就不仅是质量标准的降低，而本质是功能的改变。这不仅大大降低了其通车能力，而且也大大降低了其社会效益。

(3) 尽可能发挥质量控制对投资目标和进度目标的积极作用。这一点已在 5.1 节关于 3 个目标之间统一关系的内容中说明。

3. 全过程控制

建设工程总体质量目标的实现与工程质量的形成过程息息相关，因而必须对工程质量实行全过程控制。

建设工程的每个阶段都对工程质量的形成起着重要的作用，但各阶段关于质量问题的侧重点不同：在设计阶段，主要是解决“做什么”和“如何做”的问题，使建设工程总体质量目标具体化；在施工招标阶段，主要是解决“谁来做”的问题，使工程质量目标的实现落实到承包商；在施工阶段，通过施工组织设计等文件，进一步解决“如何做”的问题，通过具体的施工解决“做出来”的问题，使建设工程形成实体，将工程质量目标物化地体现出来；在竣工验收阶段，主要是解决工程实际质量是否符合预定质量的问题；而在保修阶段，则主要是解决已发现的质量缺陷问题。因此，应当根据建设工程各阶段质量控制的特点和重点，确定各阶段质量控制的目标和任务，以便实现全过程的质量控制。

在建设工程的各个阶段中，设计阶段和施工阶段的持续时间较长，这两个阶段工作的“过程性”也尤为突出。例如，设计工作分为方案设计、初步设计、技术设计、施工图设计，设计过程就表现为设计内容不断深化和细化的过程。如果等施工图设计完成后才进行审查，一旦发现问题，造成的损失就很严重。因此，必须对设计质量进行全过程控制，也就是将对设计质量的控制落实到设计工作的过程中。又如，房屋建筑的施工阶段一般又分为基础工程、上部结构工程、安装工程和装饰工程等几个阶段，各阶段的工程内容和质量要求有明显区别，相应地对质量控制工作的具体要求也有所不同。因此，对施工质量也必须进行全过程控制，要把对施工质量的控制落实到施工各阶段的过程中。

还要说明的是，建设工程建成后，不可能像某些工业产品那样，可以拆卸或解体来检查内在的质量。这表明，建设工程竣工检验时难以发现工程内在的、隐蔽的质量缺陷，因而必须加强施工过程中的质量检验。而且，在建设工程施工过程中，由于工序交接多、中间产品多、隐蔽工程多，若不及时检查，就可能将已经出现的质量问题被下道工序掩盖，将不合格产品误认为合格产品，从而留下质量隐患。这些都说明对建设工程质量进行全过程控制的必要性和重要性。

4. 全方位控制

对建设工程质量进行全方位控制应从以下几方面着手。

(1) 对建设工程所有工程内容的质量进行控制。建设工程是一个整体，其总体质量是各个组成部分质量的综合体现，也取决于具体工程内容的质量。如果某项工程内容的质量不合格，即使其余工程内容的质量都很好，也可能导致整个建设工程的质量不合格。因此，对建设工程质量的控制必须落实到其每项工程内容，只有确实实现了各项工程内容的质量目标，才能保证实现整个建设工程的质量目标。

(2) 对建设工程质量目标的所有内容进行控制。建设工程的质量目标包括许多具体的内容。例如，从外在质量、工程实体质量、功能和使用价值质量等方面可分为美观性、与环境协调性、安全性、可靠性、适用性、灵活性、可维修性等目标，还可以分为更具体的目标。这些具体质量目标之间有时也存在对立统一的关系，在质量控制工作中要注意加以妥善处理。这些具体质量目标是否实现或实现的程度如何，又涉及评价方法和标准。此外，对功能和使用价值质量目标要予以足够的重视，因为该质量目标的确很重要，而且其控制对象和方法与对工程实体质量的控制不同。为此，要特别注意对设计质量的控制，要尽可能作多方案的比较。

(3) 对影响建设工程质量目标的所有因素进行控制。影响建设工程质量目标的因素很多，可以从不同的角度加以归纳和分类。例如，可以将这些影响因素分为人、机械、材料、方法和环境 5 个方面。质量控制的全方位控制就是要对这 5 个方面因素都进行控制。

5．质量控制的特殊问题

质量控制还有两个特殊问题要加以说明。

(1) 对建设工程质量实行三重控制。

由于建设工程质量的特殊性，需要对其从 3 个方面加以控制。①实施者自身的质量控制，这是从产品生产者角度进行的质量控制；②政府对工程质量的监督，这是从社会公众角度进行的质量控制；③监理单位的质量控制，这是从业主角度或者说是从产品需求者角度进行的质量控制。对于建设工程质量，加强政府的质量监督和监理单位的质量控制是非常必要的，但绝不能因此而淡化或弱化实施者自身的质量控制。

(2) 工程质量事故的处理。

工程质量事故在建设工程实施过程中具有多发性特点，如基础不均匀沉降、混凝土强度不足、屋面渗漏、建筑物倒塌，乃至一个建设工程整体报废等都有可能发生。如果说，拖延的工期、超额的投资还可能在以后的实施过程中挽回的话，那么工程质量一旦不合格，就成了既定事实。不合格的工程，绝不会随着时间的推移而自然变成合格工程。因此，对于不合格工程必须及时返工或返修，达到合格后才能进入下一个工序、才能交付使用；否则，拖延的时间越长，所造成的损失越严重。

由于工程质量事故具有多发性特点，因此，应当对工程质量事故予以高度重视，从设计、施工以及材料和设备供应等多方面入手，进行全过程、全方位的质量控制，特别要尽可能做到主动控制和事前控制。在实施建设监理的工程上，减少一般性工程质量事故，杜绝工程质量重大事故，应当说是最基本的要求。为此，不仅监理单位要加强对工程质量事故的预控和处理，而且要加强工程实施者自身的质量控制，把减少和杜绝工程质量事故的具体措施落实到工程实施过程之中，落实到每个工序之中。

5.3　建设工程项目施工阶段的特点及目标控制任务

5.3.1　施工阶段的特点

1. 施工阶段是以执行计划为主的阶段

进入施工阶段，建设工程目标规划和计划的制订工作就基本完成，余下的主要工作是伴随着控制而进行的计划调整和完善。因此，施工阶段是以执行计划为主的阶段。就具体的施工工作来说，基本要求是“按图施工”，这也可以理解为执行计划的一种表现，因为施工图纸是设计阶段完成的，是用于指导施工的主要技术文件。这表明，在施工阶段，创造性劳动较少。但是对于大型、复杂的建设工程来说，其施工组织设计(包括施工方案)对创造性劳动的要求相当高，某些特殊的工程构造也需要创造性的施工劳动才能完成。

2. 施工阶段是实现建设工程价值和使用价值的主要阶段

设计过程也创造价值，但在建设工程总价值中所占的比例很小，建设工程的价值主要是在施工过程中形成的。在施工过程中，各种建筑材料、构配件的价值及固定资产的折旧价值随着其自身的消耗而不断转移到建设工程中去，构成其总价值中的转移价值。另外，劳动者通过活劳动为自己和社会创造出新的价值，构成建设工程总价值中的活劳动价值或新增价值。

施工是形成建设工程实体、实现建设工程使用价值的过程。设计所完成的建设工程只是阶段产品，而且只是“纸上产品”，而不是实物产品，只是为施工提供了施工图纸并确定了施工的具体对象。施工就是根据设计图纸和有关设计文件的规定，将施工对象由设想变为现实，由“纸上产品”变为实际的、可供使用的建设工程的物质生产活动。虽然建设工程的使用价值从根本上说是由设计决定的，但是如果没有正确的施工，就不能完全按设计要求实现其使用价值。对于某些特殊的建设工程来说，能否解决施工中的特殊技术问题、能否科学地组织施工，往往成为其设计所预期的使用价值能否实现的关键。

3. 施工阶段是资金投入量最大的阶段

显然，建设工程价值的形成过程，也是其资金不断投入的过程。既然施工阶段是实现建设工程价值的主要阶段，自然也是资金投入量最大的阶段。

由于建设工程的投资主要是在施工阶段“花”出去的，因而要合理确定资金筹措的方式、渠道、数额、时间等问题，在满足工程资金需要的前提下，尽可能减少资金占用的数量和时间，从而降低资金成本。另外，在施工阶段，业主经常面对大量资金的支出，往往特别关心，甚至直接参与投资控制工作，对投资控制的效果也有直接、深切的感受。因此，在实践中往往把施工阶段作为投资控制的重要阶段。

需要指出的是，虽然施工阶段影响投资的程度只有10%左右，但其绝对数额还是相当可观的。而且，这时对投资的影响基本上是从投资数额上理解，而较少考虑价值工程和全寿命费用，因而是非常现实和直接的。应当看到，在施工阶段，在保证施工质量、保证实现设计所规定的功能和使用价值的前提下，仍然存在通过优化的施工方案来降低物化劳动和活劳动消耗，从而降低建设工程投资的可能性。何况，10%这一比例是平均数，对具体的建设工程来说，在施工阶段降低投资的幅度有可能大大超过这一比例。

4. 施工阶段需要协调的内容多

在施工阶段，既涉及直接参与工程建设的单位，又涉及不直接参与工程建设的单位，因此需要协调的内容很多。例如，设计与施工的协调，材料和设备供应与施工的协调，结构施工与安装和装修施工的协调，总包商与分包商的协调等；还可能需要协调与政府有关管理部门、工程毗邻单位之间的关系。实践中常常由于这些单位和工作之间的关系不协调一致而使建设工程的施工不能顺利进行，不仅直接影响施工进度，而且影响投资目标和质量目标的实现。因此，在施工阶段与这些不同单位之间的协调就显得尤为重要。

5. 施工质量对建设工程总体质量起保证作用

虽然设计质量对建设工程的总体质量有决定性影响，但是，建设工程毕竟是通过施工将其“做出来”的。毫无疑问，设计质量能否真正实现，或其实现程度如何，取决于施工质量的好坏。而且，设计质量在许多方面是内在的、较为抽象的，其中的设计思想和理念需要用户去细心品味；而施工质量大多是外在的(包括隐蔽工程在被隐蔽之前)、具体的，给用户以最直接的感受。施工质量低劣，不仅不能真正实现设计所规定的功能，有些应有的具体功能可能完全没有实现，而且可能增加使用阶段的维修难度和费用，缩短建设工程的使用寿命，直接影响建设工程的投资效益和社会效益。由此可见，施工质量不仅对设计质量的实现起到保证作用，也对整个建设工程的总体质量起到保证作用。

此外，施工阶段还有一些其他特点，主要表现在以下两个方面。

(1) 持续时间长、风险因素多。施工阶段是建设工程实施各阶段中持续时间最长的阶段，在此期间出现的风险因素也最多。

(2) 合同关系复杂、合同争议多。施工阶段涉及的合同种类多、数量大，从业主的角度来看，合同关系相当复杂，极易导致合同争议。其中，施工合同与其他合同联系最为密切，其履行时间最长，本身涉及的问题最多，最易产生合同争议和索赔。

5.3.2　建设工程目标控制的任务

1. 投资控制的任务

施工阶段建设工程投资控制的主要任务是通过工程付款控制、工程变更费用控制、预防并处理好费用索赔、挖掘节约投资潜力来努力实现实际发生的费用不超过计划投资。

为完成施工阶段投资控制的任务，监理工程师应做好以下工作：制订本阶段资金使用计划，并严格进行付款控制，做到不多付、不少付、不重复付；严格控制工程变更，力求减少变更费用；研究确定预防费用索赔的措施，以避免、减少对方的索赔数额；及时处理费用索赔，并协助业主进行反索赔；根据有关合同的要求，协助做好应由业主方完成的，与工程进展密切相关的各项工作。例如，按期提交合格施工现场，按质、按量、按期提供材料和设备等工作；做好工程计量工作；审核施工单位提交的工程结算书等。

2. 进度控制的任务

施工阶段建设工程进度控制的主要任务是通过完善建设工程控制性进度计划、审查施工单位施工进度计划、做好各项动态控制工作、协调各单位关系、预防并处理好工期索赔，以求实际施工进度达到计划施工进度的要求。

为完成施工阶段进度控制任务，监理工程师应当做好以下工作：根据施工招标和施工准备阶段的工程信息，进一步完善建设工程控制性进度计划，并据此进行施工阶段进度控制；审查施工单位施工进度计划，确认其可行性并满足建设工程控制性进度计划要求；制订业主方材料和设备供应进度计划并进行控制，使其满足施工要求；审查施工单位进度控制报告，督促施工单位做好施工进度控制；对施工进度进行跟踪，掌握施工动态；研究制定预防工期索赔的措施，做好处理工期索赔工作；在施工过程中，做好对人力、材料、机具、设备等的投入控制工作以及转换控制工作、信息反馈工作、对比和纠正工作，使进度控制定期连续进行；开好进度协调会议，及时协调有关各方的关系，使工程施工顺利进行。

3. 质量控制的任务

施工阶段建设工程质量控制的主要任务是通过对施工投入、施工和安装过程、产出品进行全过程控制，以及对参加施工的单位和人员的资质、材料和设备、施工机械和机具、施工方案和方法、施工环境实施全面控制，以期按标准达到预定的施工质量目标。

为完成施工阶段质量控制任务，监理工程师应当做好以下工作：协助业主做好施工现场的准备工作，为施工单位提交质量合格的施工现场；确认施工单位资质；审查确认施工分包单位；做好材料和设备检查工作，确认其质量；检查施工机械和机具，保证施工质量；审查施工组织设计；检查并协助搞好各项生产环境、劳动环境、管理环境工作；进行施工工艺过程质量控制工作；检查工序质量，严格工序交接检查制度；做好各项隐蔽工程的检查工作；做好工程变更方案的比选，保证工程质量；进行质量监督，行使质量监督权；认真做好质量鉴证工作；行使质量否决权，协助做好付款控制；组织质量协调会；做好中间质量验收准备工作；做好竣工验收工作；审核竣工图等。

5.3.3 建设工程目标控制的措施

为了取得目标控制的理想效果，应当从多方面采取措施实施控制，通常可以将这些措施归纳为组织措施、技术措施、经济措施和合同措施四方面。这四方面措施在建设工程实施的各个阶段的具体运用不完全相同。以下分别对这四方面措施作一概要性的阐述。

1. 组织措施

组织措施是从目标控制的组织管理方面采取的措施。例如，落实目标控制的组织机构和人员，明确各级目标控制人员的任务和职能分工、权力和责任，改善目标控制的工作流程等。组织措施是其他各类措施的前提和保障，而且一般不需要增加费用，运用得当可以收到良好的效果，尤其是对由于业主原因所导致的目标偏差，这类措施可能成为首选措施，故应予以重视。

2. 技术措施

技术措施不仅对解决建设工程实施过程中的技术问题是不可缺少的，而且对纠正目标偏差也有相当重要的作用。任何一个技术方案都有基本确定的经济效果，不同的技术方案就有着不同的经济效果。因此，运用技术措施纠偏的关键，一是要能提出多个不同的技术方案，二是要对不同的技术方案进行技术经济分析。在实践中，要避免仅从技术角度选定技术方案而忽视对其经济效果的分析论证。

3. 经济措施

经济措施是最易为人接受和采用的措施。需要注意的是，经济措施绝不仅仅是审核工程量及相应的付款和结算报告，还需要从一些全局性、总体性的问题上加以考虑，这样才能取得事半功倍的效果。另外，不要仅仅局限在已发生的费用上。通过偏差原因分析和未完工程投资预测，可发现一些现有和潜在的问题将引起未完工程的投资增加，对这些问题应以主动控制为出发点，及时采取预防措施。由此可见，经济措施的运用绝不仅仅是财务人员的事情。

由于投资控制、进度控制和质量控制均要以合同为依据，因此合同措施就显得尤为重要。

4. 合同措施

从广义上理解，除了拟订合同条款、参加合同谈判、处理合同执行过程中的问题、防止和处理索赔等措施外，还要协助业主确定对目标控制有利的建设工程组织管理模式和合同结构，分析不同合同之间的相互联系和影响，对每个合同作总体和具体分析等。这些合同措施对目标控制更具有全局性的影响，其作用也就更大。另外，在采取合同措施时要特别注意合同中所规定的业主和监理工程师的义务和责任。

5.4　建设工程施工阶段的质量控制

目前，我国的监理工作主要是施工阶段的监理，而且施工阶段的质量控制也是工程项目质量控制的重点。监理工程师对工程施工的质量控制，就是按合同赋予的权利，围绕影响工程质量的各种因素，对工程项目的施工进行有效的监督和管理。

5.4.1　施工质量控制的系统过程

施工阶段是使工程设计意图最终实现并形成工程实体的阶段，所以施工阶段的质量控制是一个由对投入的资源和条件的质量控制，进而对生产过程及各环节质量进行控制，直到完成对工程产出品的质量检验与控制为止的全过程的系统控制过程。这个系统过程可以按施工阶段工程实体质量形成过程的时间阶段划分，也可以根据施工层次划分。

1. 按工程实体质量形成过程的时间阶段划分

按工程实体质量形成过程的时间阶段划分，施工阶段的质量控制可以分为以下 3 个时间阶段，即施工准备控制、施工过程控制和竣工验收控制。上述 3 个阶段的质量控制系统过程及其主要内容如图 5-3 所示。

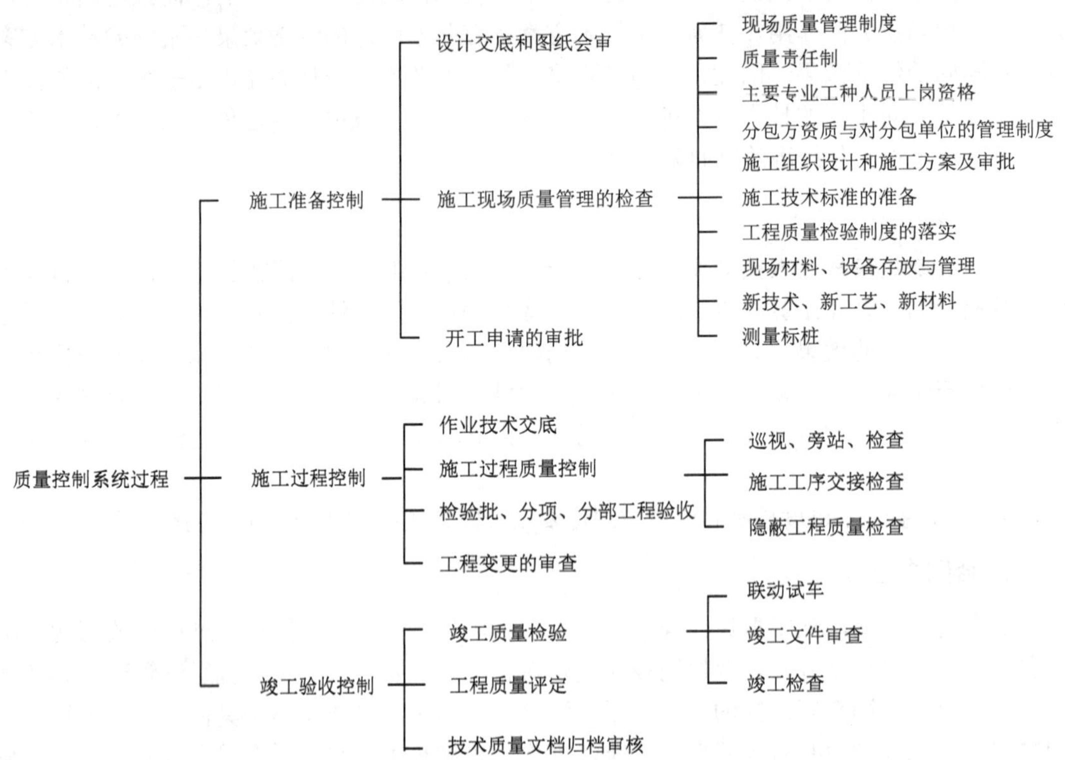

图 5-3　按工程实体形成过程的时间阶段划分的质量控制系统过程

2. 按工程项目施工层次划分

任何一个大、中型工程建设项目可以划分为若干层次。例如，对于建筑工程项目按照国家标准可以划分为单位工程、分部工程、分项工程、检验批等层次，各组成部分之间的关系具有一定的施工先后顺序的逻辑关系。显然，施工工序的质量控制是最基本的质量控制，它决定了有关检验批的质量，而检验批的质量又决定了分项工程的质量。各层次间的质量控制系统过程如图 5-4 所示。

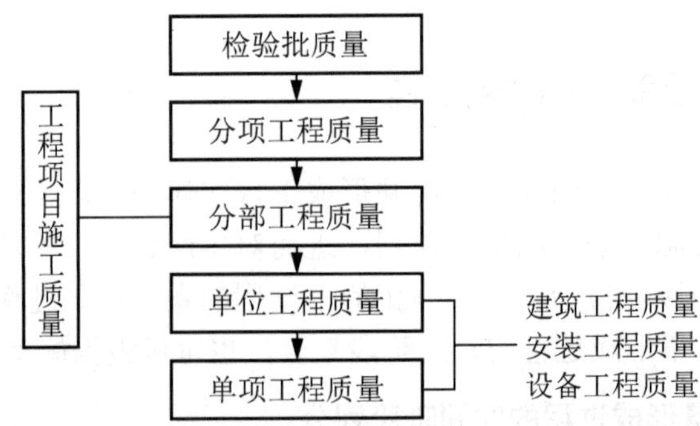

图 5-4　按工程项目施工层次划分的质量控制系统过程

5.4.2　施工质量控制的依据

施工阶段监理工程师进行质量控制的依据一般有以下四类。

(1) 工程承包合同文件。工程施工承包合同文件和委托监理合同中分别规定了工程项目参建各方在质量控制方面的权利和义务，有关各方必须履行在合同中的承诺。监理单位既要履行监理合同的条款，又要监督建设单位、施工单位、设计单位和材料供应单位履行有关的质量控制条款。因此，监理工程师要熟悉这些条款，据以进行质量监督和控制。当发生质量纠纷时，及时采取措施予以解决。

(2) 设计文件。经过批准的设计图纸和技术说明书等设计文件是质量控制的重要依据。监理单位应组织设计单位及施工单位进行设计交底及图纸会审工作，以便使相关各方了解设计意图和质量要求。

(3) 国家及政府有关部门颁布的有关质量管理方面的法律、法规性文件。它包括国家的法律、部门的规章、地方的法规与规定。

(4) 有关质量检验与控制的专门技术标准。这类文件依据一般是针对不同行业、不同的质量控制对象而制定的技术法规性的文件，包括各种有关的技术标准、技术规范、规程或质量方面的规定。如质量检验及评定标准，材料、半成品或构配件的技术检验和验收标准，控制施工作业活动质量的技术规程等。

5.4.3　施工准备阶段的质量控制

施工准备阶段的质量控制属事前控制，充分的事前质量控制工作，将为整个工程项目质量的形成创造有利条件。

1. 组织监理人员熟悉设计文件、参加设计交底

监理人员熟悉设计文件是对项目质量要求的学习和理解，只有对设计图纸及质量要求非常熟悉，才能在施工过程中把握住质量目标。在熟悉图纸时，还有可能发现图纸中存在的问题或提出更好的建议，也可以通过业主向设计单位提出。

设计交底一般由建设单位主持，参加单位有设计单位、承包单位和监理单位的主要项目负责人及有关人员。设计交底形成会议纪要，会后由承包单位负责整理，总监理工程师签认。

2. 审查承包单位的现场项目质量管理体系、技术管理体系和质量保证体系

审查承包单位的现场项目质量管理体系、技术管理体系和质量保证体系，审查由总监理工程师组织进行，主要审核以下内容。

(1) 质量管理、技术管理和质量保证的组织机构。

(2) 质量管理、技术管理制度。

(3) 专职人员和特种作业人员的资格证、上岗证。

3. 审定施工组织设计

工程项目开工之前，总监理工程师应组织专业监理工程师审查承包单位编制的《施工组织设计》，提出审查意见，并经总监理工程师审核、签认后报建设单位。

1) 施工组织设计的审查程序

(1) 在工程项目开工前约定的时间内，承包单位必须完成施工组织设计的编制及内部自审批准工作，填写施工组织设计(方案)报审表报送项目监理机构。

(2) 总监理工程师在约定的时间内，组织专业监理工程师审查，提出意见后，由总监理工程师审核签认。需要承包单位修改时，由总监理工程师签发书面意见，退回承包单位修改后再报总监理工程师重新审查。

(3) 已审定的施工组织设计由项目监理机构报送建设单位。

(4) 承包单位应按审定的施工组织设计文件组织施工。如需对其内容作较大的变更，应在实施前将变更内容书面报送项目监理机构审核。

(5) 规模大、结构复杂或属新结构、特种结构的工程，项目监理机构对施工组织设计审查后，还应报送监理单位技术负责人审查，提出审查意见后由总监理工程师签发，必要时与建设单位协商，组织有关专家会审。

(6) 规模大、工艺复杂的工程，群体工程或分期出图的工程，经建设单位批准可分阶段报审施工组织设计；技术复杂或采用新技术的分项工程、分部工程，承包单位还应编制该分项、分部工程的施工方案，报项目监理机构审查。

2) 审核施工组织设计的主要内容

(1) 承包单位的审批手续是否齐全。

(2) 施工平面布置图是否合理。

(3) 施工方法是否可行，质量保证措施是否可靠并具有针对性。

(4) 工期安排是否满足建设工程施工合同的要求。

(5) 进度计划是否保证施工的连续性和均衡性，所需的人力、材料、设备的配置与进度计划是否协调。

(6) 质量管理和技术管理体系、质量保证措施是否健全且切实可行；承包单位是否了解并掌握了本工程的特点及难点，施工条件是否分析充分。

(7) 安全、环保、消防和文明施工措施是否符合有关规定。

(8) 季节施工方案和专项施工方案的可行性、合理性和先进性。

4. 现场施工准备的质量控制

1) 查验承包单位的测量放线

专业监理工程师对承包单位报送的测量放线成果及保护措施进行检查，主要复核控制桩的校核成果、控制桩的保护措施以及平面控制网、高程控制网和临时水准点的测量成果。符合要求时，专业监理工程师对承包单位报送的施工测量成果报验申请予以签认。

2) 严格控制原材料、半成品、构配件质量

工程材料、半成品、构配件报验的控制工程中需要的原材料、半成品、构配件等都将构成工程的组成部分，其质量优劣直接影响到建筑产品的质量，因此事先对其质量进行严格控制很有必要。

(1) 承包单位应按有关规定对主要原材料进行复试，报项目监理部签认，同时应附数量清单、出厂质量证明文件和自检结果作为附件。

(2) 对新材料、新产品要核查鉴定证明和确认文件。

(3) 对进场材料应进行见证抽样复试，必要时可会同建设单位到材料厂家进行实地考察。

(4) 要求承包单位在订货前向监理工程师审报，建立合格供货商名录。对于重要的材料、半成品或构配件，还应提交样品，供试验或鉴定之用。经监理工程师审查同意后方可进行订货。进场后应提供构配件和设备厂家的资质证明及产品合格证明，以及进口材料和设备商检证明，并按规定进行复试。

(5) 监理工程师应参与加工订货厂家的考察、评审工作，根据合同的约定参与订货合同的拟定和签约工作。

(6) 进场的构配件和设备承包单位应进行检验、测试，判断合格后，填写报验单报项目监理部。

(7) 监理工程师进行现场检验，签认审查结论。

3) 检查进场的主要施工设备

(1) 检查施工现场主要设备的规格、型号是否符合施工组织设计的要求。

(2) 审查施工机械设备的数量是否足够。

(3) 对需要定期检定的设备应检查承包单位提供的检定证明，如测量仪器、检测仪器、磅秤等应按规定进行检定。

4) 对分包单位资质的审核及签认

分包工程开工前，承包单位应将分包单位资格报审表和分包单位有关资质资料，报专业监理工程师审查，审核的内容如下。

(1) 分包单位营业执照、企业资质证书、特殊专业施工许可证等。

(2) 分包单位的业绩。

(3) 拟分包工程的内容和范围。

(4) 专职管理人员和特种作业人员的资格证、上岗证。

审核符合规定后，由总监理工程师签认。

5) 审查现场开工条件、签发开工报告

监理工程师应审查承包单位报送的工程开工报审表及相关资料，具备开工条件时，由总监理工程师签发，并报建设单位。

5.4.4　施工过程的质量控制

施工阶段的监理是建筑工程产品生产全过程的监控，监理工程师要做到全过程监理、全方位控制，重点部位及重点工序应重点控制，尤其应重点控制各工序之间的交接。过程控制中应坚持上道工序被确认质量合格后，才能准许进行下道工序施工的原则，如此循环，每道合格的工序均被确认。

1. 施工活动前的质量控制

(1) 质量控制点的概念。质量控制点是指为了保证施工质量而确定的重点控制对象，包括重要工序、关键部位和薄弱环节。质量控制人员在分析项目的特点之后，把影响工序施工质量的主要因素、对工程质量危害大的环节等事先列出来，并提出相应的措施，以便确定进行预控的关键点。

在国际上，质量控制点根据其重要程度分为见证点、停止点和旁站点。

见证点(Witness Point，或截留点)监督也称为 W 点监督。凡是列为见证点的质量控制对象，在规定的关键工序(控制点)施工前，施工单位应提前通知监理人员在约定的时间内到现场进行见证和对其施工实施监督。

停止点(Hold Point)也称为“待检点”或 H 点监督，其重要性高于见证点的质量控制，是指那些施工过程或工序施工质量不易或不能通过其后的检验和试验而充分得到验证的“特殊工序”。凡列为停止点的控制对象，要求必须在规定的控制点到来之前通知监理人员对控制点实施监控，如果监理人员未在约定的时间到现场监督、检查，施工单位应停止进入该 H 点相应的工序，并按合同规定等待监理人员，未经认可不能越过该点继续活动。所有的隐蔽工程验收点都是停止点。

旁站点(Stand Point，或 S 点)，是指监理人员在房屋建筑工程施工阶段监理中，对关键部位、关键工序的施工质量实施全过程现场跟班的监督活动，如混凝土灌注、回填土等工序。

(2) 控制点选择的一般原则。可作为质量控制点的对象涉及面广，可能是技术要求高、施工难度大的结构部位，也可能是影响质量的关键工序，也可以是施工质量难以保证的薄弱环节，还可能是新技术、新工艺、新材料的部位。具体包括以下内容。

① 施工过程中的关键工序或环节以及隐蔽工程，如预应力张拉工序、钢筋混凝土结构中的钢筋绑扎工序。

② 施工中的薄弱环节或质量不稳定的工序、部位或对象，如地下防水工程、屋面与卫生间防水工程。

③ 对后续工程施工或安全施工有重大影响的工序，如原配料质量、模板的支撑与固定等。

④ 采用新技术、新工艺、新材料的部位或环节。

⑤ 施工条件困难或技术难度大的工序，如复杂曲线模板的放样等。

一般工程质量控制点的设置位置见表 5-1。

表 5-1 质量控制点的设置位置

分项工程	质量控制点
测量定位	标准轴线桩、水平桩、龙门板、定位轴线
地基、基础	基坑(槽)尺寸、标高、土质、地基承载力、基础垫层标高，基础位置、尺寸、标高、预留洞孔、预埋件的位置、规模、数量，基础墙皮数杆及标高、杯底弹线
砌体	砌体轴线，皮数杆，砂浆配合比，预留洞孔、预埋件位置，数量，砌块排列
模板	位置、尺寸、标高，预埋件位置，预留洞孔尺寸、位置，模板强度及稳定性，模板内部清理及润湿情况
钢筋混凝土	水泥品种、强度等级，砂石质量，混凝土配合比，外加剂比例，混凝土振捣，钢筋品种、规格、尺寸、接头、预留洞(孔)及预埋件规格数量和尺寸等，预制构件的吊装等
吊装	吊装设备、吊具、索具、地锚
钢结构	翻样图、放大样、胎模与胎架、连接形式的要点(焊接及残余变形)
装修	材料品质、色彩、工艺

(3) 作为质量控制点重点控制的对象。影响工程施工质量的因素有许多种，对质量控制点的控制重点包括以下几方面：人的行为；物的状态；关键的操作；技术参数；施工顺序；技术间歇；新工艺、新技术、新材料的应用；易发生质量通病的工序；对工程质量影响重大的施工方法；特殊地基或特种结构。

2. 施工活动过程中的质量控制

1) 抓好承包单位的自检与专检

承包单位是施工质量的直接实施者和责任者，有责任保证施工质量合格。监理工程师的质量检查与验收，是对承包单位作业活动质量的复核与确认，但绝不能代替承包单位的自检，而且监理工程师的检查必须是在承包单位自检并确认合格的基础上进行的。

2) 抓好质量跟踪监控

在施工活动过程中，监理工程师应对施工现场有目的地进行巡视检查和旁站，必要时进行平行检查。在巡视过程中发现并及时纠正施工中所发生的质量问题。应对施工过程中的关键工序、特殊工序、重点部位和关键控制点进行旁站，对所发现的问题应先口头通知承包单位改正，然后应由监理工程师签发《监理通知》，承包单位应将整改结果书面回复，监理工程师进行复查。

3) 技术复核

对于涉及施工作业技术活动基准和依据的技术工作，都应该严格进行专人负责的复核性检查，以避免基准失误给整个工程质量带来难以补救的或全局性的危害。如工程的定位、轴线、标高、预留孔洞的位置和尺寸、预埋件、管线的坡度、混凝土配合比等。技术复核是承包单位应履行的工作职责，其复核结果应报送监理工程师复验确认后，才能进行后续项目的施工。

4) 见证取样

为确保工程质量，建设部规定，在市政工程及房屋建筑工程项目中，对工程材料、承重结构的混凝土试块、承重墙体的砂浆试块、结构工程的受力钢筋(包括接头)实行见证取样。

5) 工程变更控制

施工过程中，由于勘察设计的原因或外界自然条件的变化，或施工工艺方面的限制，或建设单位要求的改变，都会引起工程变更。工程变更的要求可能来自建设单位、设计单位或施工承包单位。变更以后往往会引起质量、工期、造价的变化，也可能导致索赔。所以，无论哪一方提出的工程变更要求，都应持十分谨慎的态度。在工程施工过程中，无论是建设单位还是施工单位及设计单位提出的工程变更或图纸修改，都应通过监理工程师审查并经有关方面研究，如确属必要，由总监理工程师发布变更指令，方能生效并予以实施。

6) 见证点控制

施工承包单位在分项工程施工前制订施工计划时，就选定设置质量控制点，并在相应的质量计划中再进一步明确哪些是见证点。承包单位应将该施工计划及质量计划提交监理工程师审批。如果监理工程师对上述计划及见证点的设置有不同的意见，应书面通知承包单位，要求予以修改，修改再上报监理工程师审批后执行。

凡是列为见证点的质量控制对象，在规定的关键工序施工前，承包单位应提前通知监理人员在约定的时间内到现场进行见证和对其施工实施监督。

7) 工地例会管理

工地例会是施工过程中参建各方沟通情况、解决分歧、达成共识、做出决定的主要方式，也是监理工程师进行现场质量控制的重要场所。通过工地例会，监理工程师检查分析施工过程中的质量状况，指出存在的问题，承包单位提出整改措施，并做出相应的保证。例会应由总监理工程师主持。会议纪要应由项目监理机构负责起草并经与会各方代表会签。

除了例行的工地例会外，针对某些专门质量问题，监理工程师还应组织专题会议，集中解决较重大或普遍存在的问题。

8) 质量记录资料的监控

质量资料是施工承包单位进行工程施工或安装期间实施质量控制活动的记录，还包括监理工程师对这些质量控制活动的意见及施工承包单位对这些意见的答复，它详细地记录了工程施工阶段质量控制活动的全过程。因此，它不仅在工程施工期间对工程质量的控制起重要作用，而且在工程竣工和投入运行后，对于查询和了解工程建设的质量情况以及工程维修和管理也能提供大量有用的资料和信息。

质量记录资料包括施工现场质量管理检查记录资料、工程材料质量记录、施工过程作业活动质量记录资料。

质量记录资料应在工程施工或安装开始前，由监理工程师和承包单位一起，根据建设单位的要求及工程竣工验收资料组卷归档的有关规定，研究列出各施工对象的质量资料清单。以后，随着工程施工的进展情况，承包单位应不断补充和填写关于材料、构配件及施工作业活动的有关内容，记录新的情况。当每一阶段(如检验批、一个分项工程或分部工程)施工或安装工作完成后，相应的质量记录资料也应随之完成，并整理组卷。

施工质量记录资料应真实、齐全、完整，相关各方人员的签字齐备、字迹清楚、结论明确，与施工过程的进展同步。在对作业活动效果的验收中，如缺少资料和资料不全，监理工程师应拒绝验收。

9) 停工令、复工令的实施

根据委托监理合同中建设单位对监理工程师的授权，出现下列情况时，总监理工程师有权行使质量控制权，下达停工令，及时进行质量控制。

(1) 施工中出现质量异常情况，经监理提出后，承包单位未采取有效措施，或措施不力。

(2) 隐蔽工程未按规定查验确认合格，而擅自封闭。

(3) 已发生质量问题，但迟迟未按监理工程师要求进行处理，或者是已发生质量缺陷或问题，如不停工则质量缺陷或问题将继续发展。

(4) 未经监理工程师审查同意而擅自变更设计或修改图纸进行施工。

(5) 未经技术资质审查的人员或不合格人员进入现场施工。

(6) 使用的原材料、构配件不合格或未经检查确认，或擅自采用未经审查认可的代用材料。

(7) 擅自使用未经项目监理部审查认可的分包单位进场施工。

承包单位经过整改具备恢复施工条件时，向项目监理机构报送复工申请及有关材料，证明造成停工的原因已消失。经监理工程师现场复查，认为已符合继续施工的条件，造成停工的原因确已消失，总监理工程师应及时签署工程复工报审表，指令承包单位继续施工。总监理工程师下达停工指令及复工指令，宜事先向建设单位报告。

3. 施工活动结果的质量控制

要保证最终单位工程产品的合格，必须使每道工序及各个中间产品均符合质量要求。施工活动结果在土建工程中一般有：基槽(基坑)验收；隐蔽工程验收；工序交接；检验批、分项、分部工程验收等。

(1) 基槽(基坑)验收。基槽(开挖)是地基与基础施工中的一道关键工序，对后续工程质量影响大，一般作为一个检验批进行质量验收。基槽开挖质量验收主要涉及地基承载力的检查确认；地质条件的检查确认；开挖边坡的稳定及支护状况的检查确认。基槽开挖验收要有勘察设计单位的有关人员参加，并请当地主管质量监督部门参加，经现场检查、测试(或平行检验)，确认其地基承载力是否达到设计要求、地质条件是否与设计相符。如相符，则共同签署验收资料；如达不到设计要求或与勘察设计资料不符，则应采取措施进一步处理或变更工程，由原设计单位提出处理方案，经承包单位实施完毕后重新验收。

(2) 隐蔽工程验收。隐蔽工程验收是指将被后续工程施工所覆盖的分项、分部工程，在隐蔽前所进行的检查验收。由于其检查对象将要被后续工程所覆盖，给以后的检查整改造成障碍，所以它是质量控制的关键过程，必须重点控制。比如：基槽开挖及地基处理；钢筋混凝土中的钢筋工程；埋入结构中的避雷导线；埋入结构中的工艺管线；埋入结构中的电气管线；设备安装的二次灌浆；基础、厕所间、屋顶防水；装修工程中吊顶龙骨及隔墙龙骨；预制构件的焊接；隐蔽的管道工程水压试验或闭水试验等。

隐蔽工程施工完毕，承包单位应先进行自检，自检合格后，填写《报验申请表》，附上相应的或隐蔽工程检查记录及有关材料证明、试验报告、复试报告等，报送项目监理机构。监理工程师收到报验申请后首先对质量证明资料进行审查，并按规定时间与承包单位的专职质检员及相关施工人员一起到现场检查，如符合质量要求，监理工程师在《报验申请表》及隐蔽工程检查记录上签字确认，准予承包单位隐蔽、覆盖，进入下一道工序施工；否则，指令承包单位整改，整改后自检合格再报监理工程师复验。

(3) 工序交接。工序交接是指作业活动中一种作业方式的转换及作业活动效果的中间确认。通过工序交接的检查验收或办理交接手续，保证上道工序合格后进入下道工序，使各工序间和相关专业工程之间形成一个有机整体。

(4) 检验批、分项、分部工程验收。检验批、分项、分部工程完成后，承包单位应先自行检查验收，确认合格后向监理工程师提交验收申请，由监理工程师予以检查、确认。如确认其质量符合要求，则予以确认验收。如有质量问题，则指令承包单位进行处理，待质量符合要求后再予以检查验收。对涉及结构安全和使用功能的重要分部工程应进行抽样检测。

(5) 单位工程或整个工程项目的竣工验收。一个单位工程或整个工程项目完成后，承包单位应先进行竣工自检，自验合格后，向项目监理机构提交《工程竣工报验单》，总监理工程师组织专业监理工程师进行竣工预验，预验合格后，总监理工程师对承包单位的《工程竣工报验单》予以签认，并上报建设单位，同时提出“工程质量评估报告”。由建设单位组织竣工验收。监理单位参加由建设单位组织的正式竣工验收。

(6) 成品保护。承包单位必须负责对已完成部分采取妥善措施予以保护，以免因成品缺乏保护或保护不善而造成操作损坏或污染，影响工程整体质量。根据需要保护的建筑产品的特点不同，常采取的成品保护措施有防护、包裹、覆盖、封闭、合理安排施工顺序。监理工程师应对承包单位所承担的成品保护工作的质量与效果进行经常性检查。

5.4.5 施工阶段质量控制手段

1. 审核技术文件、报告和报表

审核技术文件、报告和报表是对工程质量进行全面监督、检查与控制的重要手段。审核的具体内容包括以下几个方面。

(1) 审查进入施工现场的分包单位的资质证明文件，控制分包单位的质量。

(2) 审批施工承包单位的开工申请书，检查、核实与控制其施工准备工作质量。

(3) 审批承包单位提交的施工方案、质量计划、施工组织设计或施工计划，使工程施工质量有可靠的技术措施保障。

(4) 审批施工承包单位提交的有关材料、半成品和构配件质量证明文件(出厂合格证、质量检验或试验报告等)，确保工程质量有可靠的物质基础。

(5) 审核承包单位提交的反映工序施工质量的动态统计资料或管理图表。

(6) 审核承包单位提交的有关工序产品质量的证明文件(检验记录及试验报告)、工序交接检查(自检)、隐蔽工程检查、分部分项工程质量检查报告等文件、资料，以确保和控制施工过程的质量。

(7) 审批有关工程变更、修改设计图纸等，确保设计及施工图纸的质量。

(8) 审核有关应用新技术、新工艺、新材料、新结构等的技术鉴定书，审批其应用申请报告，确保新技术应用的质量。

(9) 审批有关工程质量事故或质量问题的处理报告，确保质量事故或质量问题处理的质量。

(10) 审核与签署现场有关质量技术签证、文件等。

2. 指令文件与一般管理文书

指令文件是监理工程师运用指令控制权的具体形式，是监理工程师对施工承包单位提出指示或命令的书面文件，属要求强制性执行的文件。

一般管理文书，如监理工程师函、备忘录、会议纪要、发布有关信息、通报等，主要是对承包商工作状态和行为提出建议、希望和劝阻等，不属强制性要求执行，仅供承包人自主决策参考。

3. 现场监督和检查

1) 现场监督和检查的内容

(1) 开工前的检查。主要是检查开工前准备工作的质量，能否保证正常施工及工程施工质量。

(2) 工序施工中的跟踪监督、检查与控制。主要是监督、检查在工序施工过程中，人员、施工机械设备、材料、施工方法及工艺或操作以及施工环境条件等是否均处于良好状态，是否符合保证工程质量的要求，若发现有问题及时纠偏和加以控制。

(3) 对于重要的和对工程质量有重大影响的工序和工程部位，还应在现场进行施工过程的旁站监督与控制，确保使用材料及工艺过程质量。

2) 现场监督检查的方式

(1) 旁站与巡视旁站是指在关键部位或关键工序施工过程中由监理人员在现场进行的监督活动。在施工阶段，很多工程的质量问题是由于现场施工或操作不当或不符合规程、标准所致，有些施工操作不符合要求的工程质量，虽然表面上看似乎影响不大，但却隐藏着潜在的质量隐患与危险。例如，浇筑混凝土时振捣时间不够或漏振都会影响混凝土的密实度和强度，而只凭抽样检验并不一定能完全反映出实际情况。不符合规程或标准要求的违章施工或违章操作，只有通过监理人员的现场旁站监督与检查，才能发现问题并得到控制。旁站的部位或工序要根据工程特点、承包单位内部质量管理水平及技术操作水平决定。一般而言，混凝土灌注、预应力张拉过程及压浆、基础工程中的软基处理、复合地基施工 (如搅拌桩、悬喷桩、粉喷桩)、路面工程的沥青拌和料摊铺、沉井过程、桩基的打桩过程、防水施工、隧道衬砌施工中超挖部分的回填、边坡喷锚打锚杆等要实施旁站。

巡视是指监理人员对正在施工的部位或工序现场进行的定期或不定期的监督活动。巡视是一种“面”上的活动，它不限于某一部位或过程；而旁站则是“点”的活动，它是针对某一部位或工序。

(2) 平行检验。平行检验是监理工程师利用一定的检查或检测手段在承包单位自检的基础上，按照一定的比例独立进行检查或检测的活动。它是监理工程师质量控制的一个重要手段，是监理工程师对施工质量进行验收，做出自己独立判断的重要依据之一。

4. 规定质量监控工作程序

规定双方必须遵守的质量监控工作程序，按规定的程序进行工作，这也是进行质量监控的必要手段。如未经监理工程师签署质量验收单并予以质量确认，不得进行下道工序；工程材料未经监理工程师批准不得在工程中使用等；规定交桩复验工作程序，设备、半成品、构配件材料进场检验工作程序，隐蔽工程验收、工序交接验收工作程序，检验批、分项、分部工程质量验收工作程序等。通过程序化管理，使监理工程师的质量控制工作进一步落实，做到科学、规范地管理和控制。

5. 利用支付手段

这是国际上较通用的一种重要的控制手段，也是建设单位或合同中赋予监理工程师的支付控制权。所谓支付控制权就是：对施工承包单位支付任何工程款项，均需由总监理工程师审核签认支付证明书，没有总监理工程师签署的支付证明书，建设单位不得向承包单位支付工程款。如果承包单位的工程质量达不到要求的标准，监理工程师有权拒绝签署支付证明书，停止对承包单位支付部分或全部工程款，由此造成的损失由承包单位负责。因此，这是十分有效的控制和约束手段。

5.5　建设工程施工阶段的投资控制

决策阶段、设计阶段和招标阶段的投资控制工作，使工程建设在达到预定功能要求的前提下，其投资预算数也达到最优程度，这个最优程度的预算数的实现，还取决于工程建设施工阶段的投资控制工作。

施工阶段的投资控制，必须在施工前明确施工阶段的投资控制目标，对施工组织设计或施工方案进行审查，做好技术经济分析工作；在施工过程中，严格按程序进行计量、结算和办理支付，控制工程变更，合理计算索赔费用。监理工程师在施工阶段进行投资控制的任务是把计划投资额作为投资控制的目标值，在工程施工过程中定期进行投资实际值与目标值的比较，找出偏差及其产生的原因，采取有效措施加以控制，以保证投资控制目标的实现。

5.5.1 编制资金使用计划、确定投资控制目标

根据资金控制目标和要求不同，资金目标分解可以分为按投资构成分解、按项目分解、按时间进度分解 3 种类型。

1. 按投资构成分解编制资金使用计划

项目总投资可以分解成建筑安装工程费、设备工器具购置费以及其他费用等。建筑安装工程费按成本构成可分解为人工费、材料费、施工机械使用费、措施费和间接费等。由于建筑工程和安装工程在性质上存在较大差异，费用的计算方法和标准也不尽相同，所以，在实际操作中往往将建筑工程费用和安装工程费用分解开。在按项目成本构成分解时，可以根据以往的经验和建立的数据库来确定适当的比例，必要时也可以作一些适当的调整。按投资的构成来分解的方法比较适合于有大量经验数据的工程项目。

2. 按项目分解编制资金使用计划

根据建设项目的组成，首先将总投资分解到各单项工程，再分解到单位工程，最后分解到分部分项工程。分部分项工程的支出预算既包括材料费、人工费、机械费，也包括承包企业的间接费、利润等，是分部分项工程的综合单价与工程量的乘积。按单价合同签订的招标项目，可根据签订合同时提供的工程量清单所定的单价确定。其他形式的承包合同，可利用招标编制标底时所计算的材料费、人工费、机械费及考虑分摊的间接费、利润等确定综合单价，同时核实工程量，准确确定支出预算。在完成工程项目费用目标分解之后，就要编制工程分项的费用支出计划，得到详细的费用计划表，其内容一般包括工程分项编码、工程内容、计量单位、工程数量、计划综合单价和分项合价。

3. 按时间进度编制资金使用计划

建设项目的投资总是分阶段、分期支出的，资金应用是否合理与资金的时间安排有密切关系。合理地制订资金筹措计划，可以减少资金占用和利息支付，因而编制按时间进度分解的资金使用计划是很有必要的。

通过对施工对象的分析和施工现场的考察，制订出科学合理的施工进度计划，在此基础上再编制按时间进度划分的投资支出预算。具体步骤如下。

(1) 编制施工进度计划。

(2) 根据单位时间内完成的工程量计算出这一时间内的预算支出，在时标网络图上按时间编制投资支出计划。

(3) 计算工期内各时点的预算支出累计额，绘制时间—投资累计曲线(S 形曲线)。

对时间—投资累计曲线，根据施工进度计划的最早可能开始时间和最迟必须开始时间来绘制，则可得到两条时间投资累计曲线，俗称“香蕉”形曲线。一般而言，按最迟必须开始时间安排施工，对建设资金贷款利息节约有利，但同时也降低了项目按期竣工的保证率，故监理工程师必须合理地确定投资支出预算，达到既节省投资支出，又能控制项目工期的目的。

5.5.2 工程计量

监理工程师必须对已完的工程进行计量，经过监理工程师计量所确定的数量是向承包商支付任何款项的凭证。

1. 计量程序

按照建设部颁布的《建设工程施工合同》(GF-1999-0201)第二十五条的规定，工程计量的一般程序是：承包方完成的工程分项获得质量验收合格证书以后，向监理工程师提交已完工程的报告，监理工程师接到报告后 7 天内按设计图纸核实已完工程数量(简称计量)，并在计量 24 小时前通知承包方，承包方必须为监理工程师进行计量提供便利条件，并派人参加予以确认。承包方在收到通知后不参加计量，计量结果有效，作为工程价款支付的依据。

2. 计量的范围

监理工程师进行工程计量的范围一般有以下 3 个方面。

(1) 工程量清单的全部项目。

(2) 合同文件中规定的项目。

(3) 工程变更项目。

3. 工程计量的原则

(1) 计量的项目必须是合同中规定的项目。

(2) 计量项目应确属完工或正在施工项目的已完成部分。

(3) 计量项目的申报资料和验收手续齐全。

(4) 计量结果必须得到监理工程师和承包商双方的确认。

(5) 计量方法必须与工程量清单编制时采用的方法一致。

(6) 监理工程师的公正计量结果在计量中具有权威性。

4. 工程计量的依据

(1) 质量合格证书。对承包方已完成的工程并不全部进行计量，而只是质量达到合同标准的已完工程才予以计量。所以，工程计量必须与质量监理紧密配合，经过监理工程师检验，工程质量达到合同规定的标准后，由监理工程师签发中间交工证书(质量合格证书)后，才予以计量。

(2) 工程量清单说明和技术规范。

(3) 修订的工程量清单及工程变更指令。

(4) 监理工程师批准的施工图。
(5) 索赔审批文件。

5. 工程计量的方法

(1) 均摊法。对清单中某些项目的合同价款，按合同工期平均计量。
(2) 凭据法。按照承包方提供的凭据进行计量。
(3) 断面法。主要用于取土坑或填筑路堤土方的计量。
(4) 图纸法。在清单中采取按照设计图纸所示的尺寸进行计量。
(5) 分解计量法。将项目的工序或部位分解为若干子项，对完成的各子项进行计量。

5.5.3 工程支付

工程支付的一般形式如下。

1) 预付款

在工程开工以前业主按合同规定向承包商支付预付款，通常是材料预付款。

2) 工程进度款

工程价款的主要结算方式有按月结算、分段结算、竣工后一次结算和结算双方约定的其他方式。

(1) 按月结算。这是我国现行工程项目工程价款结算中常用的一种方式。实行旬末或月中预支，月终按实际完成的工程量结算，竣工后清算的方法。跨年度竣工的工程，在年终进行工程盘点，办理年度结算。

(2) 分段结算。当年开工、当年不能竣工的单项工程或单位工程按照工程形象进度，划分不同阶段进行结算。分段结算通常按月进度结算工程款。分段的划分标准，由各部门、自治区、直辖市自行规定。

(3) 竣工后一次结算。建设项目或单项工程全部建筑安装工程建设期在一年内，或者工程承包合同价值在 100 万元以下的，可实行工程价款每月月中预支、竣工后一次结算的方式。

(4) 结算双方约定的其他结算方式。项目承发包双方的材料往来，可按双方约定的方式结算。由承包单位自行采购材料的，业主可以在双方签订工程承包合同后，按年度工作量的一定比例向承包单位预付备料款；由承包单位包工包料的，业主将主管部门分配的材料指标交承包单位，由承包单位购货付款，并收取备料款；由业主供应材料的，其材料可按材料预算价格转给承包单位，材料价款在结算工程款时陆续抵扣。这部分材料，承包单位不应收取备料款。

施工期间的结算款，一般不应超过承包工程价值的 95%，其余尾款待工程竣工验收后清算。

一般是每月结算一次。承包商每月应向监理工程师提交该月的付款申请，其中包括完成的工程量等计价资料。监理工程师收到申请以后，在限定时间内进行审核、计量、签字。但支付工程价款要按合同规定的具体办法扣除预付款和保留金。

3) 工程结算

工程完工后要进行工程结算工作。当竣工报告已由业主批准，该项目已被验收，即应支付项目的总价款。

4) 保留金

保留金即业主从承包商应得到的工程进度款中扣留的金额，目的是促使承包商抓紧工程收尾工作，尽快完成合同任务，做好工程维护工作。一般合同规定保留金金额为应付金额的 5%～10%。但其累计总额不应超过合同价的 5%。随着项目的竣工和维修期满，业主应退还相应的保留金，当项目业主向承包商颁发竣工证书时，退还该项保留金的 50%。到颁发维修期满证书时退还剩余的 50%，合同宣告终止。

5) 浮动价格支付

一般建设项目大多采用固定价格计价，风险由承包商承担。但是在项目规模较大、工期较长时，由于物价、工资等的变动，业主为了避免承包商因冒风险而提高报价，常常采用浮动价格结算工程款合同，此时在合同中应注明其浮动条件。

5.5.4　工程变更处理

1. 工程变更的控制

工程变更是指在项目施工过程中，由于种种原因发生了事先没有预料到的情况，使得工程施工的实际条件与规划条件出现较大差异，需要采取一定措施作相应处理。工程变更常常涉及额外费用损失的承担责任问题，因此进行项目成本控制必须能够识别各种各样的工程变更情况，并且了解发生变更后的相应处理对策，最大限度地减少由于变更带来的损失。

工程变更主要有以下几种情况，即施工条件变更、工程内容变更或停工、延长工期或者缩短工期、物价变动、天灾或其他不可抗力的因素。

当工程变更超过合同规定的限度时，常常会对项目的施工成本产生很大的影响，如不进行相应的处理，就会影响企业在该项目上的经济效益。工程变更处理就是要明确各方的责任和经济负担。

在处理工程变更问题时，要根据变更的内容和原因，明确承担责任者；如果承包合同有明确规定，则按承包合同执行；如果合同未作规定，则应查明原因，根据相应仲裁或法律程序判明责任和损失的承担者。通常由于建设单位原因造成的工程变更，损失由建设单位负担；由于客观条件影响造成的工程变更，在合同规定的范围内，按合同规定处理，否则由双方协商解决；如属于不可预见费用的支付范畴，则由承包单位解决。

另外，还要准确统计已造成的损失和预测变更后可能带来的损失。经双方协商同意的工程变更，必须做好记录，并形成书面材料，由双方代表签字后生效。这些材料将成为工程款结算的合同依据。

2. 工程变更计价

我国现行工程变更价款的确定方法，由监理工程师签发工程变更令，进行设计变更导致的经济支出和承包方损失，由业主承担，延误的工期相应顺延。因此，监理工程师作为建设单位的委托人必须用合同确定变更价款，控制投资支出。若变更是由于承包方的违约所致，此时引起的费用必须由承包方承担。

变更价格由承包方提出，报监理工程师批准后调整合同价款和竣工日期。监理工程师审核承包方所提出的变更价款是否合理可从以下原则考虑。

(1) 合同中有适用于变更工程的价格，按合同已有的价格计算变更合同价款。

(2) 合同中只有类似于变更情况的价格，可以此为基础，确定变更价格，变更合同价款。

(3) 合同中没有类似和适用的价格，由承包方提出适当的变更价格，由监理工程师批准执行，这一批准的变更价格，应与承包方达成一致；否则应通过工程造价管理部门裁定。

5.5.5 可索赔的费用内容

索赔是指当事人在合同的实施过程中，合同一方因对方不履行或未能正确履行合同所规定的义务而受到损失，向对方提出赔偿要求。对施工组织来说，一般只要不是组织自身责任，而由于外界干扰造成工期延长和成本增加，都有可能提出索赔。不仅承包人可以向发包人索赔，同样发包人也可以向承包人索赔，且索赔是一种无须经对方确认的单方行为。

所以对于监理工程师，应十分熟悉该工程项目的工程范围以及施工成本的各个组成部分，对施工项目的各项主要开支心中有数。

承包人可索赔的费用内容一般包括以下几个方面。

1. 人工费

人工费包括生产工人基本工资、工资性质的津贴、加班费和奖金等。对于索赔费用中的人工费而言，是指完成合同之外的额外工作所花费的人工费；由于非承包商责任的工效降低所增加的人工费用；法定的人工费增长以及非承包商责任造成的工程延误导致的人员窝工和工资上涨费等。

2. 材料费

材料费的索赔包括以下几个方面。

(1) 由于索赔事件材料实际用量超过计划用量而增加的材料费。

(2) 由于客观原因材料价格大幅度上涨。

(3) 由于非承包商责任造成工程延误导致的材料价格上涨和超期储存费用。

3. 施工机械使用费

施工机械使用费的索赔包括以下几个方面。

(1) 由于完成额外工作增加的机械使用费。

(2) 非承包商责任工效降低增加的机械使用费。

(3) 由于业主或监理工程师原因导致机械停工的窝工费。台班窝工费的计算，如系租赁设备，一般按实际台班租金加上每台班分摊的机械调进调出费用计算；如系承包商自有设备，一般按台班折旧费计算，而不能按台班费计算，因台班费中包括了设备使用费。

4. 分包费用

分包费用索赔指的是分包商的索赔费，一般也包括人工、材料、机械使用费的索赔。分包商的索赔应如数列入总承包商的索赔款总额以内。

5. 工地管理费

索赔款中的工地管理费是指承包商完成额外工程、索赔事项工作以及工期延长期间的工地管理费，包括管理人员工资、办公费等。但如果对部分工人窝工损失索赔时，因其他工程仍然进行，可能不索赔工地管理费。

6. 利息

利息的索赔通常发生于下列情况。

(1) 拖期付款的利息。

(2) 由于工程变更和工程延误增加投资的利息。

(3) 索赔款的利息。

(4) 错误扣款的利息。

利息的具体利率主要有这样几种规定：按当时的银行贷款利率；按当时的银行透支利率；按合同双方协议的利率。

7. 总部管理费

索赔款中的总部管理费主要指工程延误期间所增加的管理费。

8. 利润

一般来说，由于工程范围的变更和施工条件变化引起的索赔，承包商是可以列入利润的。

5.5.6　施工阶段投资控制的措施

建设项目的投资主要发生在施工阶段，而施工阶段投资控制所受到的自然条件、社会环境条件等主、客观因素影响又是最突出的。如果在施工阶段监理工程师不严格进行投资控制工作，将会造成较大的投资损失以及出现整个建设项目投资失控现象。

在施工阶段，监理工程师应从组织、技术、经济、合同等方面采取措施控制投资。

1. 组织措施

组织措施是指从投资控制的组织管理方面采取的措施，包括以下内容。

(1) 在项目监理组织机构中落实投资控制的人员、任务分工和职能分工、权利和责任。

(2) 编制施工阶段投资控制工作计划和详细的工作流程图。

2. 技术措施

从投资控制的要求来看，技术措施并不都是因为发生了技术问题才加以考虑，也可能因为出现了较大的投资偏差而加以应用。不同的技术措施会有不同的经济效果。

(1) 对设计变更进行技术经济比较，严格控制设计变更。

(2) 继续寻找建设设计方案，挖潜节约投资的可能性。

(3) 审核施工承包单位编制的施工组织设计，对主要施工方案进行技术经济分析比较。

3. 经济措施

经济措施是指从施工阶段资金的使用与管理、工程计量以及投资预测分析等多方面采取的措施，包括以下几方面。

(1) 编制资金使用计划，确定、分解投资控制目标。

(2) 进行工程计量。

(3) 复核工程付款账单，签发付款证书。

(4) 对工程实施过程中的投资支出做出分析与预测，定期或不定期地向建设单位提交项目投资控制存在问题的报告。

(5) 在工程实施过程中，进行投资跟踪控制，定期进行投资实际值与计划值的比较，若发现偏差，分析产生偏差的原因，采取纠偏措施。

4. 合同措施

合同措施在投资控制工作中主要指索赔管理。在施工过程中，索赔事件的发生是难免的，监理工程师在发生索赔事件后，要认真审查有关索赔依据是否符合合同规定，索赔计算是否合理等。

(1) 做好建设项目实施阶段质量、进度等控制工作，掌握工程项目实施情况，为正确处理可能发生的索赔事件提供依据，参与处理索赔事宜。

(2) 参与合同管理工作，协助建设单位进行合同变更管理，并充分考虑合同变更对投资的影响。

5.6 建设工程施工阶段的进度控制

建设项目在施工过程中，需要消耗大量的人力和物力，施工阶段的进度控制是整个工程项目进度控制的重点。

5.6.1 施工阶段进度控制目标的确定

确定施工进度目标时必须全面地分析与工程项目进度有关的各种因素，制定一个科学、合理的进度控制目标。为了有效地控制施工进度，首先要将施工进度总目标从不同角度进行分层，形成施工进度控制目标体系，从而作为实施进度控制的依据。确定施工进度控制目标的主要依据有：建设工程总进度目标对施工工期的要求；工期定额、类似工程项目的实际进度；工程难易程度和工程条件的落实等。建设工程施工阶段进度控制目标体系如图 5-5 所示。

1. 按项目组成分解确定各单位工程开工及动用日期

各单位工程的进度目标在工程项目建设总进度计划及建设工程年度计划中都要有所体现。在施工阶段应进一步明确各单位工程的开工和交工投入使用日期，以确保施工总进度目标的实现。

2. 按承包单位分解明确分工条件和承包责任

在一个单位工程中有多个承包单位参加施工时，应按承包单位将单位工程的进度目标分解，确定出各分包单位的进度目标，列入分包合同，以便落实分包责任，并根据各专业工程交叉施工方案和前后衔接条件，明确不同承包单位工作面交接的条件和时间。

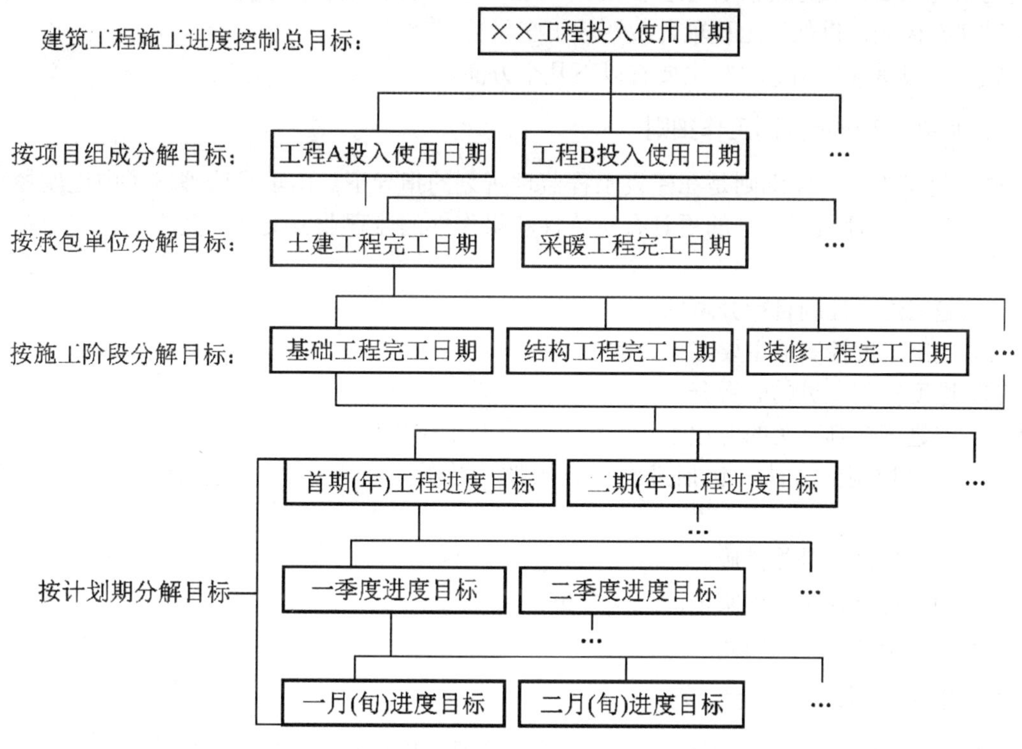

图 5-5　建设工程施工进度目标分解图

3. 按施工阶段分解划定进度控制分界点

根据工程项目的特点，应将其施工分成几个阶段，如土建工程可分为基础、结构和内外装修阶段。每一阶段的起止时间都有明确的标志。特别是不同单位承包的不同施工段之间，更要明确划定时间分界点，以此作为形象进度的控制标志，从而使单位工程投入使用目标具体化。

4. 按计划期分解组织综合施工

将工程项目的施工进度控制目标按年度、季度、月(或旬)进行分解，并用实物工程量、货币工作量及形象进度表示，将更有利于监理工程师明确对各承包单位的进度要求。同时可以据此监督其实施，检查其完成情况。计划期越短，进度目标越细，进度跟踪就越及时，发生进度偏差时也就更能有效地采取措施予以纠正。这样，就形成一个有计划、有步骤协调施工、长期目标对短期目标自上而下逐级控制、短期目标对长期目标自下而上逐级保证、逐步趋近进度总目标的局面，最终达到工程项目按期交付使用的目的。

5.6.2 施工阶段进度控制的内容

监理工程师受业主的委托在建设工程施工阶段实施监理时，其进度控制的总任务就是在满足工程项目建设总进度计划要求的基础上，编制或审核施工进度计划，并对其执行情况加以动态控制，以保证工程项目按期竣工交付使用。

施工阶段进度控制的内容主要有以下几个方面。

1. 编制施工进度控制工作细则

施工进度控制工作细则是在建设工程监理规划的指导下，由项目监理班子中进度控制部门的监理工程师负责编制的更具有实施性和操作性的监理业务文件。其主要内容包括以下几方面。

(1) 施工进度控制目标分解图。

(2) 施工进度控制的主要工作内容。

(3) 进度控制人员的职责分工。

(4) 与进度控制有关的各项工作的时间安排及工作流程。

(5) 进度控制的方法，包括进度检查周期、数据采集方式、进度报表格式、统计分析方法等。

(6) 进度控制的具体措施。

(7) 施工进度控制目标实现的风险分析。

(8) 尚待解决的有关问题。

2. 编制或审核施工进度计划

为了保证建设工程的施工任务按期完成，监理工程师必须审核承包单位提交的施工进度计划。对于大型建设工程，由于单位工程较多、施工工期长，且采取分期分批发包又没有一个负责全部工程的总承包单位时，就需要监理工程师编制施工总进度计划；或者当建设工程由若干个承包单位平行承包时，监理工程师也有必要编制施工总进度计划。

(1) 施工总进度计划应确定分期分批的项目组成；各批工程项目的开工、竣工顺序及时间安排；全场性准备工程，特别是首批准备工程的内容与进度安排等。

当建设工程有总承包单位时，监理工程师只需对总承包单位提交的施工总进度计划进行审核。而对于单位工程施工进度计划，监理工程师只负责审核而不需要编制。

(2) 施工进度计划审核的内容主要包括以下几个方面。

① 进度安排是否符合工程项目建设总进度计划中总目标和分目标的要求，是否符合施工合同中开工、竣工日期的规定。

② 施工总进度计划中的项目是否有遗漏，分期施工是否满足分批投入使用的需要和配套设施投入使用的要求。

③ 施工顺序的安排是否符合施工工艺的要求。

④ 劳动力、材料、构配件、设备及施工机具、水、电等生产要素的供应计划是否能保证施工进度计划的实现，供应是否均衡，需要高峰期是否有足够能力实现计划供应。

⑤ 总包、分包单位分别编制的各项单位工程施工进度计划之间是否相协调，专业分工与计划衔接是否明确合理。

⑥ 对于业主负责提供的施工条件(包括资金、施工图纸、施工场地、采购、供应的物资等)，在施工进度计划中安排得是否明确、合理，是否有造成因业主违约而导致工程延期和费用索赔的可能存在。

如果监理工程师在审查施工进度计划的过程中发现问题，应及时向承包单位提出书面修改意见(也称整改通知书)，其中重大问题应及时向业主汇报。

应当说明，编制和实施施工进度计划是承包单位的责任。承包单位之所以将施工进度计划提交给监理工程师审查，是为了听取监理工程师的建设性意见。因此，监理工程师对施工进度计划的审查或批准，并不能解除承包单位对施工进度计划的任何责任和义务。此外，对监理工程师来讲，其审查施工进度计划的主要目的是防止承包单位计划不当。监理工程师不得具体支配施工中所需要劳动力、设备和材料等安排。

3. 按年、季、月编制工程综合计划

在按照计划期编制的进度计划中，监理工程师应着重解决各承包单位施工进度计划之间、施工进度计划与资源(包括资金、设备、机具、材料及劳动力)保障计划之间、外部协作条件的延伸性计划之间的综合平衡与相互衔接问题。

4. 下达工程开工令

监理工程师应根据承包单位和业主双方关于工程开工的准备情况，选择合适的时机发布工程开工令。工程开工令的发布，要尽可能及时，因为从发布工程开工令之日算起，加上合同工期后即为工程竣工日期。如果开工令发布拖延，就等于推迟了竣工时间，甚至可能引起承包单位的索赔。

5. 协助承包单位实施进度计划

监理工程师要随时了解施工进度计划执行过程中所存在的问题，并帮助承包单位解决，特别是承包单位无力解决的内外关系协调问题。

6. 监督施工进度计划的实施

这是建设工程施工进度控制的经常性工作。监理工程师不仅要及时检查承包单位报送的施工进度报表和分析资料，同时还要进行必要的现场实地检查，核实所报送的已完项目的时间及工程量，杜绝虚报现象。

7. 组织现场协调会

监理工程师应每月、每周定期组织不同级别的现场协调会议，解决工程施工过程中存在的相互协调配合问题。

在平行、交叉施工单位多，工序交接频繁且工期紧迫的情况下，现场协调会甚至需要每日召开。在会上通报和检查当天的工程进度，确定薄弱环节，部署当天的赶工任务，以便为次日正常施工创造条件。

对于某些未曾预料的突发变故或问题，监理工程师还可以通过发布紧急协调指令，督促有关单位采取应急措施维护施工的正常秩序。

8. 签发工程进度款支付凭证

监理工程师应对承包单位申报的已完分项工程量进行核实，在质量监理人员检查验收后，签发工程进度款支付凭证。

9. 审批工程延期

造成工程进度拖延的原因有两个方面：一是由于承包单位自身的原因；二是由于承包单位以外的原因。前者所造成的进度拖延，称为工程延误；而后者所造成的进度拖延称为工程延期。

(1) 工程延误。当出现工程延误时，监理工程师有权要求承包单位采取有效措施加快施工进度。如果经过一段时间后，实际进度没有明显改进，仍然落后于计划进度，而且明显影响工程按期竣工时，监理工程师应要求承包单位修改进度计划，并提交给监理工程师重新确认。

(2) 工程延期。如果由于承包单位以外的原因造成工期拖延，承包单位有权提出延长工期的申请。监理工程师应根据合同规定，审批工程延期时间。经监理工程师核实批准的工程延期时间，应纳入合同工期，作为合同工期的一部分，即新的合同工期应等于原定的合同工期加上监理工程师批准的延期时间。

监理工程师对于施工进度的拖延，是否批准为工程延期，对承包单位和业主都十分重要。如果承包单位得到监理工程师批准的工程延期，不仅可以不赔偿由于工期延长而支付的误期损失费，而且可能还要由业主承担由于工期延长所增加的费用。因此，监理工程师应按照合同的有关规定，公正地区分工程延误和工程延期，并合理地批准工程延期时间。

10. 向业主提供进度报告

监理工程师应随时整理进度资料，并做好工程记录，定期向业主提交工程进度报告。

11. 督促承包单位整理技术资料

监理工程师要根据工程进展情况，督促承包单位及时整理有关技术资料。

12. 签署工程竣工报验单，提交质量评估报告

当单位工程达到竣工验收条件后，承包单位在自行预验的基础上提交工程竣工报验单，申请竣工验收。监理工程师在对竣工资料及工程实体进行全面检查、验收合格后，总监理工程师签署工程竣工报验单，监理单位的技术负责人审核，再向业主提出质量评估报告。

13. 整理工程进度资料

在工程完工后，监理工程师应将工程进度资料收集起来，进行归类、编目和建档，以便为今后其他类似工程项目的进度控制提供参考。

14. 工程移交

监理工程师应督促承包单位办理工程移交手续，颁发工程移交证书。在工程移交后的保修期内，还要处理验收后质量问题的原因及责任等争议问题，并督促责任单位及时修理。当保修期结束且再无争议时，建设工程进度控制的任务即告完成。

5.6.3　工程索赔的应用及处理

1. 工期索赔

在建设工程施工过程中，其工期的延长分为工程延误和工程延期两种。虽然它们都是使工程拖期，但由于性质不同，因而业主与承包单位所承担的责任也就不同。如果工期的延长是由于承包商的原因或承担责任的拖延，则属于工程延误，由此造成的一切损失由承包单位承担，承包单位需承担赶工的全部额外费用。同时，业主还有权对承包单位实行误期违约罚款。而如果工期的延长是非承包商应承担的责任，应属于工程延期，则承包单位不仅有权要求延长工期，而且可能还有权向业主提出赔偿费用的要求，以弥补由此造成的额外损失，即可以进行工期索赔。因此，监理工程师是否将施工过程中工期的延长批准为工程延期，是否给予工期索赔或工期与费用同时索赔对业主和承包单位都十分重要。

1) 工程延期的可能因素

(1) 不可抗力。不可抗力是指合同当事人不能预见、不能避免并且不能克服的客观情况，如异常恶劣的气候、地震、洪水、爆炸、空中飞行物坠落等。

(2) 监理工程师发出工程变更指令导致工程量增加。

(3) 因业主的要求使工程延期，或业主应承担的工作如场地、资料等提供延期以及业主提供的材料、设备有问题。

(4) 不利的自然条件，如地质条件的变化。

(5) 文物及地下障碍物。

(6) 合同所涉及的任何可能造成工程延期的原因，如延期交图、设计变更、工程暂停、对合格工程的剥离(或破坏)检查等。

2) 工程延期索赔成立的条件

(1) 合同条件。工程延期成立必须符合合同条件。导致工程拖延的原因确实属于非承包商责任；否则不能认为是工程延期，这是工程延期成立的一条根本原则。

(2) 影响工期。发生工程延期的事件，还要考虑是否造成实际损失，是否影响工期。当这些工程延期事件处在施工进度计划的关键线路上时，必将影响工期。当这些工程延期事件发生在非关键线路上，且延长的时间并未超过其总时差时，即使符合合同条件，也不能批准工程延期成立；若延长的时间超过总时差，则必将影响工期，应批准工程延期成立，工程延期的时间根据某项拖延时间与其总时差的差值考虑。

(3) 及时性原则。发生工程延期事件后，承包商应对延期事件发生后的各类有关细节进行记录，并按合同约定及时向监理工程师提交工程延期申请及相关资料，以便为合理确定工程延期时间提供可靠依据。

2. 工期费用综合索赔

在施工管理过程中，承包商不仅可以利用进度计划进行工期索赔，而且可以利用进度计划进行费用索赔及要求业主给予提前竣工奖励等补偿。

5.6.4 进度控制的措施

施工进度计划的控制措施包括组织措施、经济措施、技术措施和合同措施，其中最重要的是组织措施，最有效的是经济措施。

1. 组织措施

进行进度控制采取的组织措施包括以下内容。

(1) 系统的目标决定了系统的组织，组织是目标能否实现的决定性因素，因此首先建立项目的进度控制目标体系。

(2) 充分重视健全项目管理的组织体系，在项目组织结构中应有专门的工作部门和符合进度控制岗位资格的专人负责进度控制工作。进度控制的主要工作环节包括进度目标的分析和论证、编制进度计划、定期跟踪进度计划的执行情况、采取纠偏措施，以及调整进度计划，这些工作任务和相应的管理职能应在项目管理组织设计的任务分工表和管理职能分工表中标示并落实。

(3) 建立进度报告、进度信息沟通网络、进度计划审核、进度计划实施中的检查分析、图纸审查、工程变更和设计变更管理等制度。

(4) 编制项目进度控制的工作流程，如确定项目进度计划系统的组成以及确定各类进度计划的编制程序、审批程序和计划调整程序等。

(5) 进度控制工作包含大量的组织和协调工作，而会议是组织和协调的重要手段，建立进度协调会议制度，应进行有关进度控制会议的组织设计，明确会议的类型，各类会议的主持人及参加单位和人员，各类会议的召开时间、地点，各类会议文件的整理、分发和确认等。

2. 经济措施

进行进度控制采取的经济措施通常包括以下几个方面。

(1) 为确保进度目标的实现，应编制与进度计划相适应的资源需求计划 (资源进度计划)，包括资金需求计划和其他资源(人力和物力资源)需求计划，以反映工程实施的各时段所需要的资源。通过资源需求的分析，可发现所编制的进度计划实现的可能性，若资源条件不具备，则应调整进度计划；同时考虑可能的资金总供应量、资金来源(自有资金和外来资金)以及资金供应的时间。

(2) 及时办理工程预付款及工程进度款支付手续。

(3) 在工程预算中应考虑加快工程进度所需要的资金，其中包括为实现进度目标将要采取的经济激励措施所需要的费用，如对应急赶工给予优厚的赶工费用及对工期提前给予的奖励等。

(4) 对工程延误收取误期损失赔偿金。

3. 技术措施

进行进度控制采取的技术措施包括以下几个方面。

(1) 不同的设计理念、设计技术路线、设计方案会对工程进度产生不同的影响。在设计工作的前期，特别是在设计方案评审和选用时，应对设计技术与工程进度的关系作分析比较。

(2) 采用技术先进和经济合理的施工方案，改进施工工艺和施工技术、施工方法，选用更先进的施工机械。

4. 合同措施

进行进度控制所采取的合同措施包括以下几个方面。

(1) 承发包模式的选择直接关系到工程实施的组织和协调。为了实现进度目标，应选择合理的合同结构，以避免过多的合同交界面而影响工程的进展。

(2) 加强合同管理和索赔管理，协调合同工期与进度计划的关系，保证合同中进度目标的实现；同时严格控制合同变更，尽量减少由于合同变更引起的工程拖延。

(3) 为实现进度目标，不但应进行进度控制，还应注意分析影响工程进度的风险，并在分析的基础上采取风险管理措施，以减少进度失控的风险量。

技能训练营——施工现场的质量控制案例分析报告

任务背景

某大型商业建筑工程项目，主体建筑物 12 层。在主体工程进行到第二层时，该层的 150 根钢筋混凝土柱已浇注完成并拆模后，监理人员发现混凝土外观质量不良，表面疏松，怀疑其混凝土强度不够，设计要求混凝土抗压强度达到 C30 的等级，于是要求承包商出示有关混凝土质量的检验与试验资料和其他证明材料。承包商向监理单位出示了其对 9 根柱施工时混凝土抽样检验和试验结果，表明混凝土抗压强度值(28 天强度)全部达到或超过 C30 的设计要求。

问题提出(参考答案在本章最后，仅作为案例分析报告部分内容)

1. 你作为监理工程师应如何判断承包商这批混凝土结构施工质量是否达到了要求？

2. 如果监理方组织复核性检验结果证明该批混凝土全部未达到 C30 的设计要求，其中最小值仅有 20 MPa 即仅达到 C20，应采取什么处理决定？

3. 如果承包商承认他所提交的混凝土检验和试验结果不是按照混凝土检验和试验规程及规定在现场抽取试样进行试验的，而是在实验室内，按照设计提出的最优配合比进行配制和制取试件后进行试验的结果。对于这起质量事故，监理单位应承担什么责任？(建设工程教育网信息)承包方应承担什么责任？

4. 如果查明发生的混凝土质量事故主要是由于业主提供的水泥质量问题导致混凝土强度不足，而且在业主采购及向承包商提供这批水泥时，均未向监理方咨询和提供有关信息，协助监理方掌握材料质量和信息。虽然监理方与承包商都按规定对业主提供的材料进行了进货抽样检验，并根据检验结果确认其合格而接受。试问在这种情况下，业主及监理单位应当承担什么责任？

任务提示

1. 报告题目：某工程项目质量控制案例分析报告。

2. 报告组成内容应至少包括下面几个部分。

(1) 工程项目背景和建设概况。

(2) 案例分析。

(3) 提出问题或建议。

本章小结

本章主要介绍了建设工程目标系统中三大目标之间既对立又统一的关系、建设工程监理三大目标控制的含义、建设工程项目施工阶段的特点及目标控制任务，以及建设工程施工阶段的监理。施工阶段的监理是工程监理全过程中经历时间最长的阶段，也是工作量最大的阶段。本章还介绍了施工准备阶段和施工过程中的质量控制、进度控制、投资控制的各项内容，以及围绕目标控制的工程变更、工程索赔与延期的处理。

自我拓展(基础与进阶测试)

一、基础测试——不定项选择题

1. 施工进度计划的控制措施包括可采用(　　)。

   A. 组织措施　B. 经济措施　C. 技术措施　D. 合同措施　E. 个性化措施

2 工程延期的可能因素，以下说法比较认可的是(　　)。

   A. 不可抗力　B. 地质条件的变化　C. 地下文物实现

   D. 业主要求　E. 施工方自行返工

3. 施工(　　)的质量控制是最基本的质量控制。

   A. 工序　B. 分项工程　C. 检验批　D. 分部工程　E. 竣工验收

4. 索赔中的人工费包括(　　)等。

   A. 生产工人基本工资　B. 工资性质的津贴　C. 加班费

   D. 奖金　E. 机械使用费

5. 有关建设工程投资、进度(或工期)、质量三大目标之间存在(　　)关系。

   A. 对立　B. 统一　C. 排斥　D. 融合　E. 矛盾

二、进阶测试——论述题

1. 建设工程施工阶段目标控制的主要任务是什么?
2. 建设工程目标控制可采取哪些措施?
3. 施工过程的质量控制包括哪些主要内容?
4. 什么是质量控制点? 选择质量控制点的原则是什么?
5. 我国现行建安工程价款的主要结算方式有哪几种?
6. 建设工程进度控制的措施有哪些?
7. 监理工程师审批工程延期时应遵循什么原则?
8. 简述三大目标之间的关系。

附：本章技能训练营案例的参考答案

1. 作为监理工程师为了准确判断混凝土的质量是否合格，应当在有承包方在场的情况下组织自身检验力量或聘请有权威性的第三方检测机构，或是承包商在监理方的监督下，对第二层主体结构的钢筋混凝土柱，用钻取混凝土芯的方法，钻取试件再分别进行抗压强度试验，取得混凝土强度的数据，进行分析鉴定。

2. 采取全部返工重做的处理决定，以保证主体结构的质量。承包方应承担为此所付出的全部费用。

3. 承包方不按合同标准规范与设计要求进行施工和质量检验与试验，应承担工程质量责任，承担返工处理的一切有关费用和工期损失责任。监理单位未能按照建设部有关规定实行见证取样，认真、严格地对承包方的混凝土施工和检验工作进行监督、控制，使施工单位的施工质量得不到严格、及时的控制和发现，以致出现严重的质量问题，造成重大经济损失和工期拖延，属于严重失误，监理单位应承担不可推卸的间接责任，并应按合同的约定课以罚金。

4. 业主向承包商提供了质量不合格的水泥，导致出现严重的混凝土质量问题，业主应承担其质量责任，承担质量处理的一切费用并给承包商延长工期。监理单位及施工单位都按规定进行了抽样检验和试验，不承担质量责任。

第 6 章 建设工程监理资料管理

【学习目标】

能力目标	知识目标	素质目标
(1) 能够根据实际工程需要，做好有关工程记录、监理日记、会议纪要、监理月报和监理总结工作 (2) 能够制作合乎规范要求的监理表格，将文件归档立卷 (3) 能够做好监理资料信息化管理工作，服务于工程建设需要	(1) 掌握监理大纲、监理规划和监理实施细则的编写要求、具体内容 (2) 熟悉各类监理工作文件的作用和编写方法 (3) 掌握建设监理信息化管理的要求和实施过程	(1) 培养监理从业人员的信息搜集、分析、加工和整理能力 (2) 树立工程建设资料信息化、程序化和规范化管理意识 (3) 培养严谨求实、细致耐心的职业精神

【任务引导】

1. 背景

时光飞逝，转眼王明在 A 监理公司已经实习了一个月，又到年底了，他整理公司的行政文件时发现，公司检查组对各个外派监理项目部已经进行了下半年的工作检查，检查内容分为安全监理、监理内业、现场监理、造价控制、业主回访、项目部回复 6 个部分，共检查了 50 个项目部，单项得分 90 分以上的有安全监理(例如会展城 A 区 98 分，会展城 B 区 94 分，轻轨会展中心站 94 分，三安井安置房 92 分，北三环 91 分等)；总分在 80 分以上的有 38 个项目部，占总检查项目部(50 个)的 76%，比上半年提高了 5 个百分点；总分在 90 分以上的有 15 个项目部，占总检查项目部(50 个)的 30%。对比上半年的检查，公司所属各项目部整体水平有大幅度的提高，但仍存在一些不足。

1) 安全监理

做得较差的监理项目部有市北水利局二期宿舍项目部，问题集中体现在：对施工单位的安全管理工作不到位；施工单位的安全管理制度、规章制度、管理机构未按要求建立；三类人员和特种作业人员持证不全或失效；安全制度的执行力度较差；安全措施方案和安全专项方案未按要求报审；事故应急预案无针对性，无演练记录；分包单位资质未报审；无安全措施费用计划及使用记录；特种施工设备验收资料不齐全。

2) 监理内业

不太规范的有北桥小学分校二期工程项目部，问题集中体现在：无施工现场质量管理检查记录；见证及旁站记录内容不全；监理日记内容较简单；监理通知书未注明整改期限；例会纪要签章不完善；过程验收的监理签署内容不规范。

王明仔细查看了建设工程监理规范的要求和公司有关监理文件及信息管理工作的制度规定，发现监理文件的确很多，涉及施工的各个方面和环节，那么，建设工程项目监理文件到底有哪些呢？如何系统学习和掌握才能搞好监理资料以及信息管理工作呢？

2. 任务布置

问题 1：在建设工程实施阶段，最重要的监理文件有哪些？各有什么作用？

问题 2：应该如何搞好监理文件信息化管理工作？

【应知应会】

在本章的学习过程中，应重点掌握 3 个最重要的建设工程项目监理文件的编写过程及方法，即监理大纲、监理规划及监理细则；应深刻理解这 3 个文件之间的流程关系和作用；应熟悉监理信息化管理工作的各项内容以及具体要求，对其他各类监理文件，如监理日记、监理会议纪要、监理月报、监理总结等，应熟练掌握编写要求和具体内容。

在本章的学习过程中，应会根据工程项目的实际特点，从监理员的角度出发，完成各类建设工程监理文件的相应内容；应会针对工程项目实际，加强工程监理文件整理分类、立卷及归档工作，不断提高信息化建设与管理水平。

6.1　建设工程监理大纲

6.1.1　监理大纲的作用

监理大纲是为了使业主认可监理企业所提供的监理服务，从而承揽到监理业务。尤其通过公开招标竞争的方式获取监理业务时，监理大纲是监理单位能否中标、取信于业主最主要的文件资料。

监理大纲是为中标后监理单位开展监理工作制定的工作方案，是中标监理项目委托监理合同的重要组成部分，是监理工作总的要求。

6.1.2　监理大纲的编制要求

(1) 监理大纲是体现为业主提供监理服务总的方案性文件，要求企业在编制监理大纲时，应在总经理或主管负责人的主持下，在企业技术负责人、经营部门、技术质量部门等密切配合下编制。

(2) 监理大纲应依据监理招标文件、设计文件及业主的要求编制。

(3) 监理大纲要体现企业自身的管理水平、技术装备等实际情况，编制的监理方案既要满足最大可能地中标，又要建立在合理、可行的基础上。因为监理单位一旦中标，投标文件将作为监理合同文件的组成部分，对监理单位履行合同具有约束效力。

6.1.3 监理大纲的内容

为使业主认可监理单位，充分表达监理工作总的方案，使监理单位中标，监理大纲的内容一般应包括以下内容。

1. 人员及资质

监理单位拟派往工程项目上的主要监理人员及其资质等情况介绍，如监理工程师资格证书、专业学历证书、职称证书等，可附复印件说明。作为投标书的监理大纲还需要有监理单位基本情况介绍，以及公司资质证明文件，如企业营业执照、资质证书、质量体系认证证书、各类获奖证书等复印件，加盖单位公章以证明其真实有效。

2. 监理单位工作业绩

监理单位工作经验及以往承担的主要工程项目，尤其是与招标项目同类型项目一览表，必要时可附上以往承担监理项目的工作成果：获优质工程奖、业主对监理单位好评等复印件。

3. 拟采用的监理方案

根据业主招标文件要求以及监理单位所掌握的工程信息，制定拟采用的监理方案，包括监理组织方案、项目目标控制方案、合同管理方案、组织协调方案等，这部分内容是监理大纲的核心内容。

4. 拟投入的监理设施

即为实现监理工作目标，实施监理方案，确定投入监理项目工作所需要的监理设施，包括：开展监理工作所需要的检测、检验设备，工具、器具；办公设施，如计算机、打印机、管理软件等；为开展组织协调工作提供监理工作后勤保障所需的交通、通信设施以及生活设施等。

5. 监理酬金报价

写明监理酬金总报价，有时还应列出具体标段的监理酬金报价，必要时应有依据地列出详细的计算过程。

此外，监理大纲中还应明确说明监理工作中向业主提供的反映监理阶段性成果的文件。

6.2 建设工程监理规划

建设工程监理规划是监理单位接受业主委托并签订建设工程监理委托合同之后，监理工作开始之前编制的指导工程项目监理组织全面开展监理工作的纲领性文件。

6.2.1　监理规划的作用

1. 监理规划的基本作用就是指导工程项目监理部全面开展监理工作

建设工程监理的中心任务是协助业主实现项目总目标。实现项目总目标是一个全面、系统的过程，需要制订计划，建立组织机构，配备监理人员，投入监理工作所需资源，开展一系列行之有效的监控措施，只有做好这些工作才能完成好业主委托的建设工程监理任务，实现监理工作目标。委托监理的工程项目一般表现出投资规模大、工期长、所受的影响因素多、生产经营环节多，其管理具有复杂性、艰巨性、危险性等特点，这就决定了工程项目监理工作要想顺利实施，必须事先制订缜密的计划，做好合理的安排。监理规划就是针对上述要求所编制的指导监理工作开展的具体文件。

2. 监理规划是业主确认监理单位是否全面、认真履行建设工程监理合同的主要依据

监理单位如何履行建设工程合同？委派到所监理工程项目的监理项目部如何落实业主委托监理单位所承担的各项监理服务工作？在项目监理过程中业主如何配合监理单位履行监理委托合同中自己的义务？作为监理工作的委托方，业主不但需要而且应当了解和确认指导监理工作开展的监理规划文件。监理工作开始前，按有关规定，监理单位要报送委托方一份监理规划文件，既明确地告诉业主监理人员如何开展具体的监理工作，又为业主提供了用来监督监理单位有效履行委托监理合同的主要依据。

3. 监理规划是建设工程行政主管部门对监理单位实施监督管理的重要依据

监理单位在开展具体监理工作时，主要是依据已经批准的监理规划开展各项具体的监理工作。所以，监理工作的好坏、监理服务水平的高低，在很大程度上取决于监理规划，它对建设工程项目的形成有重要的影响。建设工程行政主管部门除了对监理单位进行资质等级核准、年度检查外，更重要的是对监理单位实际监理工作进行监督管理，以达到对工程项目管理的目的。而监理单位的实际监理水平主要通过具体监理工程项目的监理规划以及是否能按既定的监理规划实施监理工作来体现。所以，当建设行政主管部门对监理单位的工作进行检查以及考核、评价时，应当对监理规划的内容进行检查，并把监理规划作为实施监督管理的重要依据。

4. 监理规划的编制能促进工程项目管理过程中承包商与监理方之间的协调工作

工程项目实施过程中，承包商将严格按照承包合同开展工作，而监理规划的编制依据就包括施工承包合同，施工承包合同和监理方的监理规划有着实现工程项目管理目标的一致性和统一性。在工程项目开工前编制的监理规划中所述的监理工作程序、手段、方法、措施等都应当与工程项目对应的施工流程、施工方法、施工措施等统一起来。监理规划确定的监理目标、程序、方法、措施等不仅是监理人员监理工作的依据，也应该让施工承包方管理人员了解并与之协调配合。如果监理规划不结合施工过程实际情况，缺乏针对性，将起不到应有的作用；相反地，在施工过程中，让施工承包方管理人员了解并接受行之有效、科学合理的监理工作程序、方法、手段、措施，将会使工程项目的管理工作顺利开展。

5. 监理规划是建设工程项目重要的存档资料

随着我国工程项目管理及建设监理工作越来越趋于规范化，体现工程项目管理工作的重要原始资料的监理规划无论作为建设单位竣工验收存档资料，还是作为体现监理单位自己监理工作水平的标志性文件都是极其重要的。按现行国家标准《建设工程监理规范》(GB/T 50319－2013)和《建设工程文件归档整理规范》(GB/T 50328－2014)的规定，监理规划应在召开第一次工地会议前报送建设单位。监理规划是施工阶段监理资料的主要内容，在监理工作结束后应及时整理归档，建设单位应当长期保存，监理单位、城建档案管理部门也应当存档。

6.2.2 监理规划的编制要求及依据

1. 监理规划的编制要求

监理规划的编制应针对工程项目的实际情况，明确项目监理机构的工作目标，确定具体的监理工作制度、程序、方法和措施，并应具有可操作性。监理规划编制应在签订委托监理合同及收到设计文件后，工程项目实施监理工作之前编制。

监理规划应由项目总监理工程师主持，专业监理工程师参加编制，编制完成后必须经监理单位技术负责人审核批准。

2. 监理规划的编制依据

(1) 建设工程的相关法律、法规、条例及项目审批文件。

(2) 与建设工程项目有关的标准、规范、设计文件及有关技术资料。

(3) 监理大纲、委托监理合同文件及与建设项目相关的合同文件。

6.2.3 监理规划的主要内容

1. 工程项目概况

工程项目概况主要应写明以下内容。

(1) 工程项目的特征。包括工程名称、地点、总投资，业主单位名称，工程设计、施工单位名称，主要材料、设备供货单位名称，总建筑面积等。

(2) 工程项目合同概要。工程项目合同构成，如施工总包、分包合同情况，平行承包情况，物资采购合同情况，合同标段的划分等。

(3) 工程项目的内容。工程范围与内容、项目组成情况及各部分建筑规模、主要工程项目结构类型、所选用的主要设备、主要装饰装修要求、工程做法等，可以用表格形式表示。

(4) 预计工程投资情况。工程项目预计投资总额和工程项目投资组成情况，可用表格形式表示。

(5) 工程项目计划工期。可以用工程项目的计划持续时间表示，如“个月”或“天”，也可以用项目的具体日历时间表示，如“工程项目计划工期由__年__月__日至__年__月__日”。

(6) 工程项目质量等级。具体表明工程项目的质量目标要求，如国优、省优、部优、合格或其他；有时还可以对整个工程项目中某些特殊分部工程或分项工程提出具体质量要求。

(7) 为便于工程项目管理现代化，借助计算机辅助管理，大、中型建设工程项目有时绘制项目结构图，并进行编码。如从投资控制角度出发可以根据现行《建设工程工程量清单计价规范》(GB/T 50500—2013)给出的工程项目统一编码进行。

2. 监理工作范围

建设工程监理范围是指监理单位所承担监理任务的工程项目建设监理的范围。监理工作范围要根据委托监理合同的要求明确是全部工程项目，还是工程项目的某些事项或某些标段的建设监理。按照委托监理合同的规定，写明“四控制、两管理、一协调”方面业主的授权范围。

3. 监理工作内容

监理工作内容主要是依据业主和监理单位签订的委托监理合同的规定来确定。按照建设工程监理的实际情况，监理工作内容可以视具体情况编写。如委托建设工程项目全过程，监理应分别编写工程项目立项阶段、设计阶段、招投标阶段、物资采购供应阶段、施工阶段以及竣工验收、保修使用等阶段的监理工作内容。下面对各阶段监理工作的内容作简要介绍。

1) 工程项目立项阶段监理工作的主要内容

工程项目立项阶段，视业主委托监理单位的具体工作情况而定。监理工作的深度、方式有所不同，具体的监理工作内容也有所不同，主要包括：协助业主编制项目建议书或审核项目建议书的各项内容；进行可行性研究工作，编制可行性研究报告或对可行性研究报告的全部内容进行审核。

若委托监理单位对项目建议书及可行性报告进行审核，则监理工作应当从以下几个方面着手。

(1) 审核可行性研究报告是否符合国民经济发展的长远规划和国家经济建设方针政策。

(2) 审核可行性研究报告是否符合项目建议书或业主的要求。

(3) 审核可行性研究报告是否具有可靠的自然、经济、社会环境等基础资料和数据。

(4) 审核可行性研究报告是否符合相关的技术经济方面的规范、标准和定额等指标。

(5) 审核可行性研究报告的内容、深度和计算指标是否达到标准要求。

此外，在立项阶段监理单位视业主委托情况，还可协助业主办理投资许可、土地许可、规划许可等手续。

2) 设计阶段监理工作的主要内容

(1) 结合工程项目特点，收集设计所需的技术经济资料。

(2) 编写设计要求文件。

(3) 组织工程项目设计方案竞赛或设计招标，协助业主选择好设计单位，协助业主拟订和商谈设计委托合同内容。

(4) 配合设计单位开展技术经济分析，选择好的设计方案，优化设计。

(5) 配合设计进度、组织设计与有关部门(如消防、环保、土地、人防以及供水、供电、供气、供热、电信等部门)的协调工作。

(6) 组织各设计单位的协调工作。

(7) 参与主要的设备、材料的选型。

(8) 审核工程设计概算、设计预算。

(9) 审核主要设备、材料、清单。

(10) 审核工程项目设计图纸。

(11) 检查和控制设计进度。

(12) 配合施工图审查部门的审查工作。

(13) 组织设计文件的报批等。

3) 招投标阶段监理工作的主要内容

建设项目的招投标工作包括可行性研究、勘察设计、施工、主要物资采购乃至工程项目使用阶段物业管理等各项工作的招投标，业主可委托监理单位完成其中几项或全部工作的咨询监理工作。在各阶段工作的招投标过程中，监理工作的主要内容应包括以下几项。

(1) 协助业主拟订工程项目招标文件或招标方案。

(2) 协助业主完成招标的准备工作，具备招标条件，发布招标信息。

(3) 协助业主对投标单位进行考察，办理有关的招标申请手续。

(4) 协助业主组建评标组织机构，组织并参与开标、评标、定标工作。

(5) 协助业主或亲自组织有关的现场勘察、答疑会，回答投标人提出的问题。

(6) 协助业主与投标单位商签合同等。

4) 物资采购供应阶段监理工作的主要内容

建设工程项目所需的大宗设备、材料、物资等，有时委托施工承包商采购，有时业主直接负责采购。对于施工承包商采购的情况，监理工作的主要内容包括：审查施工承包商编制的采购方案，方案要明确设备采购的原则、范围、内容、程序、方式和方法，对采购方案中采购设备的类型、数量、质量要求、周期要求、市场供货情况、价格控制要求等因素进行审查。

对于业主直接采购的情况，监理工作的主要内容包括：协助业主编制设备、材料、物资采购方案，制订设备、材料、物资供应计划和相应的资金需求计划；协助业主优选供货厂商，参与生产厂商的考察，走访现有使用单位；协助业主商签订货合同，督促并监督合同的实施等。

5) 施工阶段监理工作的主要内容

进行施工阶段质量控制、进度控制、投资控制、合同管理、信息管理以及组织协调工作。

6) 竣工验收阶段监理工作的主要内容

(1) 审核承包单位报送的工程技术资料，并对工程质量进行竣工预验收。

(2) 对工程质量进行评估，提出工程质量评估报告，并在承包单位提交的工程竣工报告及工程竣工报验单上签署监理意见。

(3) 参加由建设单位组织的竣工验收。

(4) 在竣工验收会议上，汇报监理合同履约情况及工程质量情况。

(5) 接受有关方面对监理档案资料的审查。

(6) 在验收各方人员共同签署的竣工验收报告及竣工验收备案表上签字。

7) 保修使用阶段监理工作的主要内容

工程质量保修期内监理组根据监理合同约定，当建设方在使用中对工程质量提出异议或本监理公司在回访中发现影响使用的质量缺陷时，将派专人进行现场查验。其结果在保修范围内，则通知施工方进行保修。

4. 监理工作的目标

工程项目建设监理目标通常用工程项目建设的投资、进度(工期)、质量三大控制目标来表示，即工程项目建设的目标就是监理工作的目标。

(1) 投资控制目标。以年预算为基价，静态投资(合同承包价)一般以万元为计价单位。在施工阶段，视工程施工承包合同形式，投资控制目标可能是一笔包死的固定总价，也可能是可调整的动态投资控制数额。

(2) 进度控制目标。按施工项目合同规定，建设工程项目总工期一般以月为计时单位，或直接表示为从某年某月某日开始到某年某月某日结束。有时可能对整个工程项目的某些单位工程或分部、分项工程提出工期、进度要求。

(3) 质量控制目标。按施工承包合同规定的质量目标，可以是国优、省优、部优或合格。有时可能对工程项目所包含的某些单位或分部、分项工程规定其质量目标。

5. 监理工作的依据

建设工程项目各阶段监理工作的依据各不相同。在施工阶段，监理工作的依据应包括：现行有关建设工程的法律、法规、条例；与建设工程项目相关的规范、标准，施工承包合同、监理委托合同，已经审查批准的施工图设计文件等。

6. 项目监理机构的组织形式

监理单位履行委托监理合同时，必须建立项目监理机构。施工阶段必须在施工现场建立项目监理机构，项目监理机构在完成委托监理合同约定的监理工作后方可撤离施工现场。项目监理机构的组织形式和规模，应依据委托监理合同规定的服务内容、服务期限、工程类别、规模、技术复杂程度、工程环境等因素确定。

按照建设工程监理应实行总监理工程师负责制的规定，一个项目监理机构应设置一名总监理工程师，根据项目具体情况可设一名或数名总监理工程师代表，也可不设总监理工程师代表。有的监理机构还可设置总监理工程师办公室，下设满足不同监理工作需要的监理组。监理组可以按工程项目专业分为土建、安装专业监理组；可以按监理工作内容分为质量、投资、进度控制监理组，合同信息资料管理组；也可以按委托监理合同的不同标段划分监理组。给不同的监理组配备相应的监理人员。

7. 项目监理机构的人员配备计划

项目监理机构的人员应包括总监理工程师、专业监理工程师和监理员，必要时可配备总监理工程师代表。监理工作中有其他特殊需求时应配备相应的专业人员，如材料取样见证员、微机管理员，这些人员一般可由监理员等兼任。

总监理工程师应由具有 3 年以上同类工程监理工作经验的人员担任；总监理工程师代表应由具有两年以上同类工程监理工作经验的人员担任；专业监理工程师应由具有一年以

上同类工程监理工作经验的人员担任。

项目监理机构的监理人员应专业配套，数量满足项目监理工作的需要，考虑到配合施工管理的需要，如高空作业、夜班作业等，监理人员应老、中、青相结合。

监理机构以及人员的配备是为了满足监理工作的需要而设置的，而监理工作是针对工程项目实施而言的，因此监理组织机构及监理人员可以随工程项目进展情况进行动态调整，如专业人员的调换、人员数量的增减等。土建工程的施工阶段，现场以土建专业监理人员为主，只需少数安装专业监理人员配合；安装工程施工阶段则以安装专业监理人员为主，土建专业监理人员配合；在主体结构等资源消耗集中的施工高峰期间，配备的监理人员应多些，在竣工验收扫尾阶段配备的监理人员可少些。

8. 监理工作程序

由于监理工作包括质量控制、投资控制、进度控制、合同管理、信息管理、组织协调等，所以监理规划中规定的监理工作程序包括了上述各项监理工作的程序。本书仅介绍施工阶段监理工作程序。

在施工阶段开展监理工作，具体可规定以下监理工作程序。

(1) 施工阶段工程质量控制工作流程。

(2) 工序交接检验控制工作流程。

(3) 业主(或承包商)提出设计变更处理工作流程。

(4) 工程质量事故处理工作流程。

(5) 开工申请核签工作流程。

(6) 工程款支付核签工作流程。

(7) 分项工程、分部工程、单位工程验收等工作流程。

(8) 竣工验收工作流程。

(9) 工程项目施工进度控制工作流程。

(10) 计量支付工作流程。

(11) 索赔处理工作流程。

(12) 工程项目投资控制工作流程等。

9. 监理工作方法及措施

监理工作方法就是开展各项监理工作采用的方法、手段及工程项目质量、投资、进度、安全控制的方法。监理工作方法包括：审核有关技术文件、报告和报表，下达指令文件与一般管理文书，现场监督与检查，规定监控工作程序等。如质量控制工作方法还可运用全面质量管理的直方图法、控制图法、因果分析法、相关图法、排列图法、分层法和统计表法等进行控制；进度控制工作方法可采用横道图比较法、S 形曲线法、香蕉图法和前锋线法等进行控制；投资控制方法包括静态控制方法与动态控制方法等。监理的组织协调工作可用会议方式或指令文件方式等进行。

监理工作采用的措施一般包括组织措施、技术措施、经济措施和合同措施，不同的监理工作所采取的措施可以不同，不同阶段的监理工作控制措施可以不同，不同的监理工作内容控制措施可以不同。

1) 质量控制措施

(1) 质量控制的组织措施。建立健全监理组织，完善职责分工及有关质量控制制度，落实质量控制的责任。

(2) 质量控制的技术措施。在设计阶段，协助设计单位优化设计和完善设计质量保证体系，施工阶段严格保证事前、事中、事后的质量控制措施。

(3) 质量控制的经济措施及合同措施。严格质检和验收工作，对不符合设计文件、合同规定质量要求的拒付工程款。

2) 投资控制措施

(1) 投资控制的组织措施。建立健全监理组织机构，完善职责分工及有关制度，落实投资控制的责任。

(2) 投资控制的技术措施。在设计阶段，推行限额设计和优化设计。在施工阶段，通过审核施工组织设计和施工方案，合理开支施工措施费，按工期合理组织施工，避免不必要的赶工费。

(3) 投资控制的经济措施。除及时进行计划费用与实际开支费用的比较分析外，监理人员对原设计或施工方案提出合理化建议被采用，由此产生的投资节约可按监理合同规定予以一定的奖励。

(4) 投资控制的合同措施。按合同条款支付工程款，防止过早、过量的现金支付，减少对方提出索赔的条件和机会，正确处理索赔等。

3) 进度控制措施

(1) 进度控制的组织措施。落实进度控制的责任，建立进度控制协调制度。

(2) 进度控制的技术措施。建立网络计划和施工作业计划体系，增加同时作业的施工面，采用高效能的施工机械设备，采用施工新工艺、新技术，缩短工艺过程间和工序间的技术间歇时间。

(3) 进度控制的经济措施。对工期提前者实行奖励，对应急工程实行较高的计件单价，确保资金的及时供应等。

(4) 进度控制的合同措施。按合同要求及时协调有关各方的进度以确保项目进度。

10. 监理工作制度

1) 设计阶段的监理工作制度

(1) 设计大纲、设计任务书编号及审核制度。

(2) 设计委托合同管理制度。

(3) 设计咨询制度。

(4) 工程概算、预算审核制度。

(5) 施工图纸审核制度。

(6) 设计费用支付签署制度。

(7) 设计协调会及会议纪要制度。

(8) 设计备忘录签发制度等。

2) 施工阶段的监理工作制度

(1) 施工图纸会审及设计交底制度。

(2) 施工组织设计审核制度。

(3) 工程开工申请制度。

(4) 工程材料、半成品质量检验制度。

(5) 分部分项工程的隐蔽工程质量验收制度。

(6) 技术复核制度。

(7) 技术经济签证制度。

(8) 设计变更处理制度。

(9) 现场协调会及会议纪要签发制度。

(10) 施工备忘录签发制度。

(11) 施工现场紧急情况处理制度。

(12) 工程款支付签审制度。

(13) 工程索赔签审制度等。

3) 项目监理组织的内部工作制度

(1) 监理组织工作会议制度。

(2) 对外行文审批制度。

(3) 监理工作日志制度。

(4) 监理月报、周报制度。

(5) 技术、经济资料及档案管理制度。

(6) 监理费用预算制度等。

(7) 项目监理组织内部工作制度是在建设工程不同阶段的监理工作都应建立、执行的制度。

11. 监理设施

根据监理工作的任务、要求及监理大纲中承诺为项目监理部投入监理资源的情况，为项目监理部所配置的办公设施，如计算机、打印机、管理软件；开展监理服务所需的检测试验设备、仪器、仪表、工具、器具等；开展监理工作所需的有关文件、资料，如现行规范、标准、图集、手册等；监理工作所必需的交通、通信设施，如汽车、电话等；以及监理人员生活必需设施、劳动保护设施等。

对一些特殊的监理工程项目，业主应提供委托监理合同约定的满足监理工作需要的办公、检验检测、交通、通信、生活等设施。项目监理机构应妥善保管和使用业主提供的设施，并应在完成监理工作后移交给业主。

6.2.4 监理规划的调整与审批

在监理工作实施过程中，如实际情况或条件发生重大变化而需要调整监理规划时，应由总监理工程师组织，专业监理工程师研究修改，按原报审程序经过批准后报送建设单位，并按重新批准后的监理规划开展监理工作。

6.3　监理实施细则

6.3.1　监理实施细则的概念与任务

监理实施细则是监理工作实施细则的简称，是根据监理规划由专业监理工程师编制，并经总监理工程师批准，针对工程项目中某一专业或某一方面监理工作的指导监理工作的操作性文件。

对大、中型建设工程项目或专业性比较强的工程项目，项目监理机构应编制监理实施细则。监理实施细则应符合监理规划的要求，并应结合工程项目的专业特点，做到详细、具体、具有可操作性。

为了使编制的监理实施细则详细、具体、具有可操作性，根据监理工作的实际情况，监理实施细则应针对工程项目实施的具体对象、具体时间、具体操作、管理要求等，结合项目管理工作的监理工作目标、组织机构、职责分工，配备监理设备资源等，明确在监理工作过程中应当做哪些工作、由谁来做这些工作、在什么时候做这些工作、在什么地方做这些工作、如何做好这些工作。例如，实施某项重要分项工程质量控制时，应明确该分项工程的施工工序组成情况，并把所有工序过程作为控制对象；明确由项目监理组织机构中具体哪一位监理员去实施监控；规定在施工过程中平行、巡视、检查方式；规定当承包商专业队组自检合格并进行工序报验时，实施检查；规定到工序施工现场进行巡视、检查、核验；规定该工序或分项工程用什么测试工具、仪器、仪表检测；检查哪些项目、内容；规定如何检查；检查后如何记录；如何与规范要求、设计要求的标准相比较得出结论等。

6.3.2　监理实施细则的编制程序、编制依据、主要内容及管理

1. 监理实施细则的编制程序

(1) 监理实施细则应在相应工程施工开始前编制完成，并经总监理工程师批准。

(2) 监理实施细则应由专业监理工程师编制。

2. 监理实施细则的编制依据

(1) 已批准的监理规划。

(2) 与专业工程相关的规范标准、设计文件和技术资料。

(3) 施工组织设计。

3. 监理实施细则的主要内容

(1) 专业工程的特点。

(2) 监理工作的流程。

(3) 监理工作控制要点及目标值。

(4) 监理工作的方法及措施。

监理实施细则的内容应体现出针对性强、可操作性强、便于实施的特点。

4. 监理实施细则的管理

对于一些小型的工程项目或大、中型工程项目中技术简单，质量要求不高，便于操作和便于控制，能保证工程质量、投资的分部、分项工程或专业工程，若有比较详细的监理规划或监理规划深度满足要求时，可不再编制监理实施细则。监理实施细则在执行过程中，应根据实际情况进行补充、修改和完善，但其补充、修改和完善需经总监理工程师批准。

监理实施细则是开展监理工作的重要依据之一，最能体现监理工作服务的具体内容、具体做法，是体现全面认真开展监理工作的重要依据。按照监理实施细则开展监理工作并留有记录、责任到人也是证明监理单位为业主提供优质监理服务的证据，是监理归档资料的组成部分，是建设单位长期保存的竣工验收资料内容，也是监理单位、城建档案管理部门的归档资料内容。

6.3.3 监理规划、监理大纲和监理实施细则的关系

工程建设监理大纲和监理实施细则是与监理规划相互关联的两个重要监理文件，它们与监理规划一起共同构成监理规划系列文件。三者之间既有区别又有联系。

1. 区别

1) 意义和性质不同

(1) 监理大纲。监理大纲是社会监理单位为了获得监理任务，在投标阶段编制的项目监理方案性文件，也称监理方案。

(2) 监理规划。监理规划是在监理委托合同签订后，在项目总监理工程师主持下，按合同要求，结合项目的具体情况制定的指导监理工作开展的纲领性文件。

(3) 监理实施细则。监理实施细则是在监理规划指导下，项目监理机构的各专业监理的责任落实后，由专业监理工程师针对项目具体情况制定的具有可实施性和可操作性的业务文件。

2) 编制对象不同

(1) 监理大纲：以项目整体监理为对象。

(2) 监理规划：以项目整体监理为对象。

(3) 监理实施细则：以某项专业具体监理工作为对象。

3) 编制阶段不同

(1) 监理大纲：在监理招标阶段编制。

(2) 监理规划：在监理委托合同签订后编制。

(3) 监理实施细则：在监理规划编制后编制。

4) 编制的责任人不同

(1) 监理大纲。一般由监理企业的技术负责人组织经营部门或技术管理部门人员编制，可能有拟定的总监理工程师参与，也可能没有拟定的总监理工程师参与。

(2) 监理规划。由总监理工程师负责组织编制。

(3) 监理实施细则。由现场监理机构各部门的专业监理工程师组织编制。

5) 目的和作用不同

(1) 监理大纲。目的是要使业主信服，如果采用本监理单位制定的监理大纲，能够实现业主的投资目标和建设意图，从而使监理单位在竞争中获得监理任务。其作用是为社会监理单位经营目标服务的。

(2) 监理规划。目的是指导监理工作顺利开展，起着指导项目监理班子内部工作的作用。

(3) 监理实施细则。目的是使各项监理工作能够具体实施，起到具体指导监理实务作业的作用。

2. 联系

项目监理大纲、监理规划、监理实施细则又是相互关联的，它们都是项目监理规划系列文件的组成部分，它们之间存在着明显的依据性关系：在编写项目监理规划时，一定要严格根据监理大纲的有关内容编写；在制定项目监理实施细则时，一定要在监理规划的指导下进行。

6.4　其他监理工作文件

其他监理工作文件主要有监理常用表格、监理月报和监理工作总结。

1. 监理常用表格

根据《建设工程监理规范》(GB/T 50319—2013)的规定，构成监理报表体系的有以下三类。

(1) A 类表(承包单位用表)，包括 A1 工程开工/复工报审表、A2 施工组织设计(方案)报审表、A3 分包单位资格报审表、A4 报验申请表、A5 工程款支付申请表、A6 监理工程师通知回复单、A7 工程临时延期申请表、A8 费用索赔申请表、A9 工程材料/构配件/设备报审表、A10 工程竣工报验单。

(2) B 类表(监理单位用表)，包括 B1 监理工程师通知单、B2 工程暂停令、B3 工程款支付证书、B4 工程临时延期审批表、B5 工程最终延期审批表、B6 费用索赔审批表。

(3) C 类表(各方通用表)，包括 C1 监理工作联系单、C2 工程变更单。

2. 监理月报

监理月报应由总监理工程师组织编制，签认后报建设单位和本监理单位。监理月报报送时间由监理单位和建设单位协商确定。施工阶段的监理月报应包括以下内容。

(1) 本月工程概况。

(2) 本月工程形象进度。

(3) 工程进度。

① 本月实际完成情况与计划进度比较。

② 对进度完成情况及采取措施效果的分析。

(4) 工程质量。

① 本月工程质量情况分析。

② 本月采取的工程质量措施及效果。

(5) 工程计量与工程款支付。

① 工程量审核情况。

② 工程款审批情况及月支付情况。

③ 工程款支付情况分析。

④ 本月采取的措施及效果。

(6) 合同其他事项的处理情况。

① 工程变更。

② 工程延期。

③ 费用索赔。

(7) 本月监理工作小结。

① 对本月进度、质量、工程款支付等方面情况的综合评价。

② 本月监理工作情况。

③ 有关本工程的意见和建议。

④ 下月监理工作的重点。

3. 监理工作总结

在监理工作结束后，总监理工程师应编制监理工作总结。监理工作总结应包括以下内容。

(1) 工程概况。

(2) 监理组织机构、监理人员和投入的监理设施。

(3) 监理合同履行情况。

(4) 监理工作成效。

(5) 施工过程中出现的问题及其处理情况和建议。

(6) 工程照片(有必要时)。

6.5 监理资料及信息管理

6.5.1 建设工程文件

建设工程文件是指在工程建设过程中形成的各种形式的信息记录，包括工程准备阶段文件、监理文件、施工文件、竣工图和竣工验收文件，简称工程文件。一般包括以下几项。

1. 工程准备阶段文件

工程准备阶段文件是指工程开工以前，在立项、审批、征地、勘察、设计、招投标等工程准备阶段形成的文件。

2. 监理文件

监理文件是指监理单位在工程设计、施工等阶段监理过程中形成的文件。

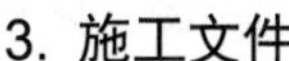

3. 施工文件

施工文件是指施工单位在施工过程中形成的文件。

4. 竣工图

竣工图是指工程竣工验收后，真实反映建设工程项目施工结果的图样。

5. 竣工验收文件

竣工验收文件是指建设工程项目竣工验收活动中形成的文件。

6.5.2 建设工程监理文档资料管理

在工程项目的监理工作中，会涉及并产生大量的信息与档案资料，这些信息或档案资料中，有些是监理工作的依据，如招标投标文件、合同文件、业主针对该项目制定的有关工作制度或规定、监理规划与监理细则、旁站方案；有些是监理工作中形成的文件，表明了工程项目的建设情况，也是今后工作所要查阅的，如监理工程师通知、专项监理工作报告、会议纪要、施工方案审查意见等；有些则是反映工程质量的文件，是今后监理验收或工程项目验收的依据。因此，监理人员在监理工作中应对这些文件资料进行管理。

1. 工程项目文件的组成

监理工作中档案资料的管理包括两个方面：一方面是对施工单位的资料管理工作进行监督，要求施工人员及时记录、收集并存档需要保存的资料与档案；另一方面是监理机构本身应该进行的资料与档案管理工作。工程项目档案资料的整理见《建设工程文件归档整理规范》(GB/T 50328—2014)。

按照《建设工程文件归档整理规范》(GB/T 50328—2014)的规定，建设工程档案资料分为工程准备阶段文件、监理文件、施工文件、竣工图、竣工验收文件等五大类。

2. 建设工程文档资料管理

对与建设工程有关的重要活动、记载建设工程主要过程和现状、具有保存价值的各种载体的文件，均应收集齐全，整理立卷后归档。依《建设工程文件归档整理规范》(GB/T 50328—2014)的规定，监理机构应向建设单位和监理单位移交需要归档保存的监理文件。

1) 归档文件的质量要求

(1) 归档的工程文件应为原件。工程文件的内容必须齐全、系统、完整、准确，与工程实际相符。

(2) 工程文件的内容及其深度必须符合国家有关工程勘察、设计、施工、监理等方面的技术规范、标准和规程。

(3) 工程文件应采用耐久性强的书写材料，如碳素墨水、蓝黑墨水，不得使用易褪色的书写材料，如红色墨水、纯蓝墨水、圆珠笔、复写纸、铅笔等。

(4) 工程文件应字迹清楚，图样清晰，图表整洁，签字、盖章手续完备。

(5) 工程文件中文字材料幅面尺寸规格宜为 A4 幅面(297 mm × 210 mm)，图纸宜采用国家标准图幅。

(6) 工程文件的纸张应采用能够长期保存的韧力大、耐久性强的纸张。图纸一般采用蓝晒图，竣工图应是新蓝图。计算机出图必须清晰，不得使用计算机出图的复印件。

(7) 所有竣工图均应加盖竣工图章。

① 竣工图章的基本内容应包括“竣工图”字样、施工单位、编制人、审核人、技术负责人、编制日期、监理单位、现场监理和总监理工程师。

② 竣工图章尺寸为：宽×高=50 mm × 80 mm。

③ 竣工图章应使用不易褪色的红印泥，应盖在图标栏上方空白处。

(8) 利用施工图改绘竣工图，必须标明变更修改依据，凡施工图结构、工艺、平面布置等有重大改变，或变更部分超过图面 1/3 的应当重新绘制竣工图。不同幅面的工程图纸应按《技术制图 复制图的折叠方法》(GB/T 10609.3—2009)统一折叠成 A4 幅面(297 mm × 210 mm)，图标栏露在外面。

2) 工程文件的立卷

(1) 立卷原则。立卷应遵循工程文件的自然形成规律，保持卷内文件的有机联系，便于档案的保管和利用。一个建设工程由多个单位工程组成时，工程文件应按单位工程组卷。

(2) 立卷方法。工程文件可按建设程序划分为工程准备阶段文件、监理文件、施工文件、竣工图、竣工验收文件五部分。

① 工程准备阶段文件可按建设程序、专业、形成单位等组卷。

② 监理文件可按单位工程、分部工程、专业、阶段等组卷。

③ 施工文件可按单位工程、分部工程、专业、阶段等组卷。

④ 竣工图可按单位工程、专业等组卷。

⑤ 竣工验收文件可按单位工程、专业等组卷。

(3) 立卷要求。

① 案卷不宜过厚，一般不超过 40 mm。

② 案卷内不应有重份文件；不同载体的文件一般应分别组卷。

(4) 卷内文件的排列。

① 文字材料按事项、专业顺序排列。同一事项的请示与批复、同一文件的印本与定稿、主件与附件不能分开，并按批复在前、请示在后，印本在前、定稿在后，主件在前、附件在后的顺序排列。

② 图纸按专业排列，同专业图纸按图号顺序排列。

③ 既有文字材料又有图纸的案卷，文字材料排前，图纸排后。

(5) 案卷的编目。

① 编制卷内文件页号应符合下列规定。

- 卷内文件均按有书写内容的页面编号，每卷单独编号，页号从“1”开始。
- 页号编写位置：单面书写的文件在右下角；双面书写的文件，正面在右下角，背面在左下角；折叠后的图纸一律在右下角。
- 成套图纸或印刷成册的科技文件材料，自成一卷的，原目录可代替卷内目录，不必重新编写页码。
- 案卷封面、卷内目录、卷内备考表不编写页号。

② 卷内目录的编制应符合下列规定。

◆ 卷内目录的式样见表 6-1，尺寸参见《建设工程文件归档整理规范》(GB/T 50328—2014)。

表 6-1　卷内目录的式样

序　号	文件编号	责任者	文件题名	日　期	页　次	备　注

◆ 序号：以一份文件为单位，用阿拉伯数字从“1”依次标注。
◆ 文件编号：填写工程文件原有的文号或图号。
◆ 责任者：填写文件的直接形成单位和个人。有多个责任者时，选择两个主要责任者，其余用“等”代替。
◆ 文件题名：填写文件标题的全称。
◆ 日期：填写文件形成的日期。
◆ 页次：填写文件在卷内所排的起始页号、最后一份文件页号。
◆ 卷内目录排列在卷内文件首页之前。卷内目录、卷内备考表、案卷内封面应采用 70 g 以上白色书写纸制作，统一采用 A4 幅面(297 mm × 210 mm)。

(6) 工程档案的验收与移交。列入城建档案馆(室)档案接收范围的工程，建设单位在组织工程竣工验收前，应提请城建档案管理机构对工程档案进行预验收。建设单位未取得城建档案管理机构出具的认可文件，不得组织工程竣工验收。城建档案管理部门在进行工程档案预验收时，重点验收以下内容。

① 工程档案的齐全、系统、完整。
② 工程档案的内容真实、准确地反映建设工程活动和工程实际状况。
③ 工程档案的整理、立卷符合本规范的规定。
④ 竣工图绘制方法、图式及规格等符合专业技术要求，图面整洁，盖有竣工图章。
⑤ 文件的形成、来源符合实际，要求单位或个人签章的文件，其签章手续完备。
⑥ 文件材质、幅面、书写、绘图、用墨、托棱等符合要求。

(7) 工程档案的保存。

① 文件保管期限分为永久、长期和短期 3 种。永久是指工程档案需永久保存。长期是指工程档案的保存期限等于该工程的使用寿命。短期是指工程档案保存 20 年以下。

② 同一案卷内有不同保管期限的文件，该案卷保管期限应从长。

③ 密级分为绝密、机密和秘密 3 种。同一案卷内有不同密级的文件，应以高密级为本卷密级。

3. 施工阶段监理文件管理

1) 监理资料

除了验收时需要向业主或城建档案馆移交的监理资料外，施工阶段监理所涉及并应该进行管理的资料应包括下列内容。

(1) 施工合同文件及委托监理合同。
(2) 勘察设计文件。
(3) 监理规划。

(4) 监理实施细则。

(5) 分包单位资格报审表。

(6) 设计交底与图纸会审会议纪要。

(7) 施工组织设计(方案)报审表。

(8) 工程开工/复工报审表及工程暂停令。

(9) 测量核验资料。

(10) 工程进度计划。

(11) 工程材料、构配件、设备的质量证明文件。

(12) 检查试验资料。

(13) 工程变更资料。

(14) 隐蔽工程验收资料。

(15) 工程计量单和工程款支付证书。

(16) 监理工程师通知单。

(17) 监理工作联系单。

(18) 报验申请表。

(19) 会议纪要。

(20) 来往函件。

(21) 监理日记。

(22) 监理月报。

(23) 质量缺陷与事故的处理文件。

(24) 分部工程、单位工程等验收资料。

(25) 索赔文件资料。

(26) 竣工结算审核意见书。

(27) 工程项目施工阶段质量评估报告等专题报告。

(28) 监理工作总结。

2) 监理资料的整理

(1) 第一卷：合同卷。

① 合同文件(包括监理合同、施工承包合同、分包合同、施工招投标文件、各类订货合同)。

② 与合同有关的其他事项(包括工程延期报告、费用索赔报告与审批资料、合同争议、合同变更、违约报告处理)。

③ 资质文件(包括承包单位资质、分包单位资质、监理单位资质、建设单位项目建设审批文件、各单位参建人员资质、供货单位资质、见证取样试验等单位资质)。

④ 建设单位对项目监理机构的授权书。

⑤ 其他来往信函。

(2) 第二卷：技术文件卷。

① 设计文件(包括施工图、地质勘察报告、测量基础资料、设计审查文件)。

② 设计变更(包括设计交底记录、变更图、审图汇总资料、洽谈纪要)。

③ 施工组织设计(包括施工方案、进度计划、施工组织设计报审表)。

(3) 第三卷：项目监理文件。

① 监理规划、监理大纲、监理实施细则。
② 监理月报。
③ 监理日志。
④ 会议纪要。
⑤ 监理总结。
⑥ 各类通知。
(4) 第四卷：工程项目实施过程文件。
① 进度控制文件。
② 质量控制文件。
③ 投资控制文件。
(5) 第五卷：竣工验收文件。
① 分部工程验收文件。
② 竣工预验收文件。
③ 质量评估报告。
④ 现场证物照片。
⑤ 监理业务手册。

6.5.3　建设工程信息管理

1. 信息及其特征

1) 信息的定义

当前世界已进入信息时代，信息种类成千上万，信息的定义也有数百种之多。结合监理工作总结为：信息是对数据的解释，并反映了事物的客观状态和规律。

从广义上讲，数据包括文字、数值、语言、图表、图像等表达形式。数据有原始数据和加工整理以后的数据之分。无论是原始数据还是加工整理以后的数据，经人们解释并赋予一定的意义后才能成为信息。这就说明，数据与信息既有联系又有区别，信息虽然用数据表现，信息的载体是数据，但并非任何数据都是信息。

2) 信息的特征

信息是监理工作的依据，了解其特征，有助于深刻理解信息含义和充分利用信息资源，更好地为决策服务。信息特征概括起来有以下几点。

(1) 真实性。信息是反映事物或现象客观状态和规律的数据，其中真实和准确是信息的基本特征。

缺乏真实性的信息由于不能依据它们做出正确的决策，故不能成为信息。

(2) 系统性。信息随着时间在不断地变化与扩充，但仍应该是来源于有机整体的一部分，脱离整体、孤立存在的信息是没有用处的。在监理工作中，投资控制信息、进度控制信息、质量控制信息、安全控制信息构成一个有机的整体，监理信息应属于这个系统之中。

(3) 时效性。事物在不断地变化，信息也随之日新月异地变化着。过时的信息是不可以用来作为决策依据的。监理工作也是如此，国家政策、规范标准在调整，监理制度在不断完善与改进，这就意味着不断有新的信息出现和旧的信息被淘汰。信息的时效性是信息很重要的特征之一。

(4) 不完全性。客观上讲，由于人的感官以及各种测试手段的局限性，导致对信息资源的开发和识别难以做到全面。人的主观因素也会影响对信息的收集、转换和利用，往往会造成所收集信息不够完全。为提高决策质量，应尽量多让经验丰富的人员来从事信息管理工作，或者提高从业者的业务素质，这样可以不同程度地减少信息不完全性的一面。

2. 监理信息的特点及分类

1) 监理信息

监理信息是在建设工程监理过程中发生的、反映建设工程状态和规律的信息。监理信息具有一般信息的特征，同时也有其本身的特点。

(1) 来源广、信息量大。建设工程监理是以监理工程师为中心，项目监理机构自然成为监理信息中心。监理信息来自两个方面：一是项目监理机构内部进行目标控制和管理而产生的信息；二是在实施监理的过程中，从项目监理机构外流入的信息。由于建设工程的长期性和复杂性，涉及单位众多，从而信息来源广、信息量大。

(2) 动态性强。工程建设的过程是一个动态过程，监理工程师实施的控制也是动态控制，因而大量的监理信息都是动态的，这就需要及时地收集和处理信息、利用信息，才能做出正确的决策。

(3) 形式多样。

2) 监理信息的分类

不同的监理范畴，需要的信息不同，将监理信息归类划分，有利于满足不同监理工作的信息需求，使信息管理更加有效。

(1) 按建设监理控制目标划分。

建设工程监理的目的是对工程进行有效的控制，按控制目标可将监理信息划分如下。

① 投资控制信息，是指与投资控制有关的各种信息。投资标准方面有工程造价、物价指数、工程量计算规则等。工程项目计划投资方面，如工程项目投资估算、设计概算、合同价等。工程项目进行中产生的实际投资信息，如施工阶段的支付账单、工程变更费用、运杂费、违约金、工程索赔费用等。

② 质量控制信息，是指与质量控制有关的信息。有关法规标准信息，如国家质量标准、质量法规、质量管理体系、工程项目建设标准等。与计划工程质量有关的信息，如工程项目的合同标准、材料设备的合同质量、质量控制的工作措施等。项目进展中产生的质量信息，如工程质量检查、验收记录、材料的质量抽样检查、设备的质量检验等。还有工程参建方的资质及特殊工种人员资质等。

③ 进度控制信息，是指与进度控制有关的信息。与工程计划进度有关的信息，如工程项目进度计划、进度控制制度等。在项目进展中产生的进度信息，如进度记录、工程款支付情况、环境气候条件、项目参加人员、物资与设备情况。另外，还有上述信息在加工后产生的信息，如工程实际进度控制的风险分析、进度目标分解信息、实际进度与计划进度对比分析、实际进度与合同进度对比分析、实际进度统计分析、进度变化预测信息等。

④ 安全生产控制信息，是指与安全生产控制有关的信息。法律法规方面，如国家法律、法规、条例。制度措施方面，如安全生产管理体系、安全生产保证措施等。项目进展中产

生的信息，如安全生产检查、巡视记录、安全隐患记录等。另外，还有文明施工及环境保护有关的信息。

⑤ 合同管理信息，如国家法律、法规；勘测设计合同、工程建设承包合同、分包合同、监理合同、物资供应合同、运输合同等；工程变更、工程索赔、违约事项等。

(2) 按照建设工程不同阶段分类。

① 项目建设前期的信息。项目建设前期的信息包括可行性研究报告，设计任务书，勘察、设计文件，招标投标等方面的信息。

② 工程施工过程中的信息。由于建筑工程具有施工周期长、参建单位多的特点，所以施工过程中的信息量最大。其中有来自业主方面的指示、意见和看法，下达的某些指令；有来自于承包商方面的信息，如向有关方面发出的各种文件，向监理工程师报送的各种文件、报告等；有来自设计方面的信息，如设计合同、施工图样、工程变更等；有来自监理方面的信息，如监理单位发出的各种通知、指令，工程验收信息。项目监理内部也会产生许多信息，有直接从施工现场获得有关投资、质量、进度、安全和合同管理方面的信息，有经过分析整理后对各种问题的处理意见等；还有来自其他部门，如建筑行政管理部门、地方政府、环保部门、交通部门等部门的信息。

③ 工程竣工阶段的信息。在工程竣工阶段，需要大量的竣工验收资料，这些信息一部分是在整个施工过程中长期积累形成的，一部分是在竣工验收期间，根据积累的资料整理分析而形成的。

(3) 其他分类方法。

① 按照信息范围的不同，把建设监理信息分为精细信息和摘要信息两类。

② 按照信息时间的不同，把建设监理信息分为历史性信息和预测性信息两类。

③ 按照监理阶段的不同，把建设监理信息分为计划信息、作业信息、核算信息及报告信息。在监理工作开始时，要有计划信息；在监理过程中，要有作业信息和核算信息；在某一工程项目的监理工作结束时，要有报告信息。

④ 按照对信息的期待性不同，把建设监理信息分为预知信息和突发信息两类。

⑤ 按照信息的性质不同，把建设监理信息分为生产信息、技术信息、经济信息和资源信息。

⑥ 按照信息的稳定程度不同，把建设监理信息分为固定信息和流动信息等。

3. 监理信息的形式

信息是对数据的解释，这种解释方法的表现形式多种多样，一般有文字、数字、报表、图形、图像和声音等。

1) 文字数据

文字数据形式是监理信息的一种常见形式。文件是最常见的有用信息。监理中通常规定以书面形式进行交流，即使是口头指令，也要在一定时间内形成书面文字，这就会形成大量的文件。这些文件包括国家、地区、部门行业、国际组织颁布的有关建设工程的法律法规文件，如合同法，政府建设监理主管部门下发的条例、通知和规定，行业主管部门下发的通知和规定等。还包括国际、国家和行业等制定的标准规范，如合同标准文本、设计及施工规范、材料标准、图形符号标准、产品分类及编码标准等。具体到每个工程项目，还包括合同及招投标文件、工程承包(分包)单位的情况资料、会议纪要、监理月报、监理总结、洽商及变更资料、监理通知、隐蔽及验收记录资料等。

2) 数字数据

数字数据也是监理信息常见的一种表现形式。在建设工程中，监理工作的科学性要求“用数字说话”，为了准确地说明各种工程情况，必然有大量数字数据产生，各种计算成果和试验检测数据反映了工程项目的质量、投资和进度等情况。用数据表现的信息常见的有：设备与材料价格、工程量计算规则、价格指数，工期、劳动、机械台班的施工定额；地区地质数据、项目类型及专业和主材投资的单价指标、材料的配合比数据等。具体到每个工程项目，还包括材料台账，设备台账，材料、设备检验数据，工程进度数据，进度工程量签证及付款签证数据，专业图纸数据，质量评定数据，施工人力和机械数据等。

3) 报表

各种报表是监理信息的另一种表现形式。建设工程各方常用这种直观的形式传播信息。承包商需要提供反映建设工程状况的多种报表。这些报表有开工申请单、施工技术方案报审表、进场原材料报验单、进场设备报验单、测量放线报验单、分包申请单、合同外工程单价申报表、计日工单价申报表、合同工程月计量申报表、额外工程月计量申报表、人工与材料价格调整申报表、付款申请表、索赔申请书、索赔损失计算清单、延长工期申报表、复工申请、事故报告单、工程验收申请单、竣工报验单等。监理组织内部常采用规范化的表格来作为有效控制的手段，这类报表有工程开工令、工程清单支付月报表、暂定金额支付月报表、应扣款月报表、工程变更通知、额外增加工程通知单、工程暂停指令、复工指令、现场指令、工程验收证书、工程验收记录、竣工证书等。监理工程师向业主反映工程情况也往往用报表形式传递工程信息，这类报表有工程质量月报表、项目月支付总表、工程进度月报表、进度计划与实际完成报表、施工计划与实际完成情况表、监理月报表、工程状况报告表等。

4) 图形、图像和声音

监理信息的形式还有图形、图像和声音等。这些信息包括工程项目立面、平面及功能布置图形，项目位置及项目所在区域环境实际图形或图像等，对每个项目，还包括隐蔽部位、设备安装部位、预留预埋部位图形，管线系统、质量问题和工程进度形象图像，在施工中还有设计变更图等。图形、图像信息还包括工程录像(光盘)、照片等，这些信息直观、形象地反映了工程情况，特别是能有效反映隐蔽工程的情况。声音信息主要包括会议录音、电话录音以及其他的讲话录音等。

以上只是监理信息的一些常见形式，而且监理信息往往是这些形式的组合。随着科技的发展，还会出现更多更好的形式，了解监理信息的各种形式及其特点，对收集、整理信息很有帮助。

4. 监理信息的作用

监理工程师在工作中会生产、使用和处理大量的信息，信息是监理工作的成果，也是监理工程师进行决策的依据。

1) 监理信息是监理工程师进行目标控制的基础

建设工程监理的目标控制，即按计划的投资、质量和进度完成工程项目建设，监理信

息贯穿在目标控制的各个环节之中，建设监理目标控制系统内部各要素之间、系统和环境之间都靠信息进行联系。在建筑工程的生产过程中，监理工程师要依据所反馈的投资、质量、进度、安全信息与计划信息进行对比，看是否发生偏离，如发生偏离，即采取相应措施予以纠正，再偏离就再纠正，直至达到建设目标。纠正的措施就是依靠信息。

2) 监理信息是监理工程师进行科学决策的依据

建设工程中有许多问题需要决策，决策的正确与否直接影响着项目建设总目标的实现及监理企业、监理工程师的信誉。做出一项决策需要考虑各种因素，其中最重要的因素之一就是信息，如要做出是否需要进行进度计划调整的决策，就需要收集计划进度信息与工程实际的进度信息。监理工程师在整个工程的监理过程中，都必须充分地收集信息、加工整理信息，才能做出科学、合理的监理决策。

3) 监理信息是监理工程师进行组织协调的纽带

工程项目的建设是一个复杂和庞大的系统，参建单位多、周期长、影响因素多，需要进行大量的协调工作，监理组织内部也要进行大量的协调工作，这都要依靠大量的信息。

协调一般包括人际关系的协调、组织关系的协调和资源需求关系的协调。人际关系的协调，需要了解协调对象的特点、性格方面的信息，需要了解岗位职责和目标的信息，需要了解其工作成效的信息，通过谈心、谈话等方式进行沟通与协调；组织关系的协调，需要了解组织机构设置、目标职责的信息，需要开工作例会、专题会议来沟通信息，在全面掌握信息的基础上及时消除工作中的矛盾和冲突；资源需求关系的协调，需要掌握人员、材料、设备、能源动力等资源方面的计划情况、储备情况以及现场使用情况等信息，以此来协调建筑工程的生产，保证工程进展顺利。

5. 监理信息的收集

建设工程信息管理有收集、分发、传递、加工、整理、检索和存储等环节。

1) 收集监理信息的作用

在建设工程中，每时每刻都产生着大量的信息。但是，要得到有价值的信息，只靠自发产生的信息是远远不够的，还必须根据需要进行有目的、有组织、有计划的收集，才能提高信息质量，充分发挥信息的作用。

收集信息是运用信息的前提。各种信息一经产生，就必然会受到传输条件、人们的思想意识及各种利益关系的影响，所以，信息有真假、虚实、有用无用之分。监理工程师要取得有用的信息，必须通过各种渠道，采取各种方法收集信息，然后经过加工、筛选，从中选择出对作出决策有利的信息，没有足够的信息作依据，决策就会产生失误。收集信息是进行信息处理的基础。信息处理是对已经取得的原始信息进行分类、筛选、分析、加工、评定、编码、存储、检索、传递的全过程。不经收集就没有进行处理的对象，信息收集工作的好坏，直接决定着信息加工处理质量的高低。在一般情况下，如果收集到的信息时效性强、真实度高、价值大、全面系统，再经加工处理质量就更高；反之则低。

2) 收集监理信息的基本原则

(1) 要主动及时。监理工程师要取得对工程控制的主动权，就必须积极主动地收集信息，善于及时发现、及时取得、及时加工各类工程信息。只有工作主动，获得信息才会及时，监理工作的特点和监理信息的特点都决定了收集信息要主动及时。监理是一个动态控制的过程，实时信息量大、时效性强、稍纵即逝，建设工程又具有投资大、工期长、项目分散、管理部门多、参与建设的单位多等特点，如果不能及时得到工程中人量发生的、变化极大的数据，不能及时把不同的数据传递于需要相关数据的不同单位、部门，势必影响各部门的工作，影响监理工程师做出正确的判断，影响监理的质量。

(2) 要全面系统。监理信息贯穿在工程项目建设的各个阶段及全部过程，各类监理信息和每条信息都是监理内容的反映或表现。所以，收集监理信息不能挂一漏万、以点代面，把局部当成整体，或者不考虑事物之间的联系，同时，建设工程不是杂乱无章的，而是有着内在联系的。因此，收集信息不仅要注意全面性，而且还要注意系统性和连续性，全面系统就是要求收集到的信息具有完整性，以防决策失误。

(3) 要真实可靠。收集信息的目的在于对工程项目进行有效的控制。由于建设工程中人们的经济利益关系，以及建设工程的复杂性，信息在传输时会发生失真现象等主、客观原因，难免产生不能真实反映建设工程实际情况的假信息。因此，必须严肃认真地进行收集工作，要将收集到的信息进行严格核实、检测、筛选，去伪存真。

(4) 要重点选择。收集信息要全面、系统和完整，不等于主次不分、眉毛胡子一把抓，必须有针对性，坚持重点收集的原则。针对性首先是指有明确的目的性或目标，其次是指有明确的信息源和信息内容，还要做到适用，即所取信息符合监理工程的需要，能够应用并产生好的监理效果。所谓重点选择，就是从监理工作的实际需要，根据监理的不同层次、不同部门、不同阶段对信息需求的侧重点，从大量的信息中选择使用价值大的主要信息。如业主委托施工阶段监理，则以施工阶段为重点进行收集。

3) 监理信息收集的基本方法

监理工程师主要通过各种方式的记录来收集监理信息，这些记录统称为监理记录，它是与工程项目建设监理相关的各种记录中资料的集合。通常可分为以下几类。

(1) 现场记录。现场监理人员必须每天利用特定的表式或以日志的形式记录工地上所发生的事情。所有记录应始终保存在工地办公室内，供监理工程师及其他监理人员查阅。这类记录每月由专业监理工程师整理成书面资料上报监理工程师办公室。监理人员在现场遇到工程施工中不得不采取紧急措施而对承包商所发出的书面指令，应尽快通报上一级监理组织，以征得其确认或修改指令。

现场记录通常记录以下内容。

① 现场监理人员对所监理工程范围内的机械、劳力的配备和使用情况作详细记录。如承包人现场人员和设备的配备是否同计划所列的一致；工程质量和进度是否因某些职员或某种设备不足而受到影响，受到影响的程度如何；是否缺乏专业施工人员或专业施工设备，承包商有无替代方案；承包商施工机械完好率和使用率是否令人满意；维修车间及设施情况如何，是否存储有足够的备件等。

② 记录气候及水文情况。如记录每天的最高、最低气温，降雨和降雪量，风力，河流水位；记录有预报的雨、雪、台风及洪水到来之前对永久性或临时性工程所采取的保护措施；记录气候、水文的变化影响施工及造成损失的细节，如停工时间、救灾措施和财产损失等。

③ 记录承包商每天的工作范围、完成的工程数量，以及开始和完成工作的时间，记录出现的技术问题，采取了怎样的措施进行处理，效果如何，能否达到技术规范的要求等。

④ 对工程施工中每步工序完成后的情况作简单描述，如此工序是否已被认可，对缺陷的补救措施或变更情况等作详细记录。监理人员在现场对隐蔽工程应特别注意记录。

⑤ 记录现场材料供应和储备情况。如每批材料的到达时间、来源、数量、质量、存储方式和材料的抽样检查情况等。

⑥ 对于一些必须在现场进行的试验，现场监理人员应进行记录并分类保存。

(2) 会议记录。由监理人员所主持的会议应由专人记录，并且要形成纪要，由与会者签字确认，这些纪要将成为今后解决问题的重要依据。会议纪要应包括：会议地点及时间；出席者姓名、职务以及他们所代表的单位；会议中发言者的姓名及主要内容；形成的决议；决议由何人及何时执行等；未解决的问题及其原因。

(3) 计量与支付记录。包括所有计量及付款资料。应清楚地记录哪些工程进行过计量，哪些工程没有进行计量，哪些工程已经进行了支付，已同意或确定的费率和价格变更等。

(4) 试验记录。除正常的试验报告外，试验室应由专人每天以日志的形式记录试验室工作情况，包括对承包商的试验监督、数据分析等。记录内容包括以下几个方面。

① 工作内容的简单叙述。如做了哪些试验，监督承包商做了哪些试验，结果如何等。

② 承包人试验人员配备情况。试验人员配备与承包商计划所列是否一致，数量和素质是否满足工作需要，增减或更换试验人员的建议。

③ 对承包商试验仪器、设备配备、使用和调动情况记录，需增加新设备的建议。

④ 监理实验室与承包商试验室所做同一试验，其结果有无重大差异，原因如何。

(5) 工程照片和录像。以下情况，可辅以工程照片和录像进行记录。

① 科学试验。重大试验，如桩的承载试验，板、梁的试验以及科学研究试验等；新工艺、新材料的原形及为新工艺、新材料的采用所做的试验等。

② 工程质量。能体现高水平的建筑物的总体或分部，能体现出建筑物的宏伟、精致、美观等特色的部位；工程质量较差的项目，指令承包商返工或需补强的工程的前后对比；体现不同施工阶段的建筑物照片；不合格原材料的现场和清除出现场的照片。

③ 能证明或反映未来会引起索赔或工程延期的特征照片或录像；向上级反映即将引起影响工程进展的照片。

④ 工程试验、试验室操作及设备情况。

⑤ 隐蔽工程。被覆盖前构造物的基础工程；重要项目钢筋绑扎、管道渗开的典型照片；混凝土桩的桩头开花及桩顶混凝土的表面特征情况。

⑥ 工程事故。工程事故处理现场及处理事故的状况；工程事故及处理和补强工艺，能证实保证了工程质量的照片。

⑦ 监理工作。重要工序的旁站监督和验收；看现场监理工作实况；参与的工地会议及参与承包商的业务讨论会；班前、工后会议；被承包商采纳的建议，证明确有经济效益及提高了施工质量的实物。

6. 监理信息的加工整理

1) 监理信息加工整理的作用和原则

监理信息的加工整理是对收集来的大量原始信息，进行筛选、分类、排序、压缩、分析、比较、计算等的过程。

首先，通过加工，将信息分类，使之标准化、系统化。收集来的信息，往往是原始的、零乱的和孤立的，信息资料的形式也可能不同，只有经过加工，使之成为标准的、系统的信息资料，才能进入使用、存储以及提供检索和传递。

其次，经过收集的资料，真实程度、准确程度都比较低，甚至还混有一些错误，经过对它们进行分析、比较、鉴别，乃至计算、校正，使获得的信息准确、真实。另外，原始状态的信息，一般不便于使用和存储、检索、传递，经加工后，可以使信息浓缩，以便于进行以上操作。还有，信息在加工过程中，通过对信息的综合、分解、整理、增补，可以得到更多有价值的新信息。

信息加工整理要本着标准化、系统化、准确性、时间性和适用性等原则进行。为了方便信息用户的使用和交换，应当遵守已制定的标准，使来源不同和形态多样的信息标准化。要按监理信息的分类，系统、有序地加工整理，符合信息管理系统的需要；要对收集的监理信息进行校正、剔除，使之准确、真实地反映建设工程状况；要及时处理各种信息，特别是对那些时效性强的信息；要使加工后的监理信息符合实际监理工作的需要。

2) 监理信息加工整理的成果——各种监理报告

监理工程师对信息进行加工整理，形成各种资料，如各种来往信函、来往文件、各种指令、会议纪要、备忘录或协议和各种工作报告等。工作报告是最主要的加工整理成果，这些报告如下。

(1) 现场监理日报表。现场监理日报表是现场监理人员根据每天的现场记录加工整理而成的报告。主要包括：当天的施工内容；当天参加施工的人员(工种、数量、施工单位等)；当天施工用的机械名称和数量等；当天发现的施工质量问题；当天的施工进度和计划进度的比较，若发生进度拖延，应说明原因；当天天气综合评语；其他说明及应注意的事项等。

(2) 现场监理工程师周报。现场监理工程师周报是 现场监理工程师根据监理日报加工整理而成的报告，每周向项目总监理工程师汇报一周内所有发生的重大事件。

(3) 监理工程师月报。监理工程师月报是集中反映工程实况和监理工作的重要文件，一般由项目总监理工程师组织编写，每月上报业主一次。大型项目的监理月报，往往由各合同段或子项目的总监理工程师代表组织编写，上报总监理工程师审阅后报业主。监理工程师月报一般包括以下内容。

① 工程进度。描述工程进度情况、工程形象进度和累计完成的比率。若拖延了计划，应分析其原因以及这种原因是否已经消除，就此问题承包商、监理人员所采取的补救措施等。

② 工程质量。用具体的测试数据评价工程质量，如实反映工程质量的好坏，并分析原因。承包商和监理人员对质量较差项目的改进意见，如有责令承包商返工的项目，应说明其规模、原因以及返工后的质量情况。

③ 计量支付。根据本期支付、累计支付以及必要的分项工程的支付情况，形象地表达支付比例，实际支付与工程进度对照情况等；承包商是否因流动资金短缺而影响了工程进度，并分析造成资金短缺的原因(如是否未及时办理支付等)；有无延迟支票、价格调整等问题，说明其原因及由此而产生的增加费用。

④ 安全生产管理。

⑤ 质量事故。质量事故发生的时间、地点、项目、原因、损失估计(经济损失、时间损

失、人员伤亡情况)等；事故发生后采取了哪些补救措施；在今后工作中如何避免类似事故发生的有效措施；关于事故的发生，影响了单项或整体工程进度情况。

⑥ 工程变更。对每次工程变更应加以说明：引起变更设计的原因、批准机关、变更项目的规模、工程量增减数量、投资增减的估计等；是否因此变更影响了工程进展，承包商是否就此已提出或准备提出延期和索赔。

⑦ 合同纠纷。合同纠纷情况及产生的原因；监理人员进行调解的措施；监理人员在解决纠纷中的体会；业主或承包商有无要求进一步处理的意向。

⑧ 监理工作动态。描述本月的主要监理活动，如工地会议、现场重大监理活动、延期和索赔的处理、上级下达的有关工作的进展情况、监理工作中的困难等。

7. 监理信息系统简介

在工程建设过程中，时时刻刻都在产生信息(数据)，而且数量是相当大的，需要迅速收集、整理与使用。传统的处理方法是依靠监理工程师的经验，对问题进行分析与处理。面对当今复杂、庞大的工程，传统的方法就显得不足，难免给工程建设带来损失。计算机技术的发展，给信息管理提供了一个高效率的平台，监理管理信息系统开发，使信息处理变得快捷。

监理工程师的主要工作是控制建设工程的投资、进度、质量和安全，进行建设工程合同管理，协调有关单位间的工作关系。监理管理信息系统的构成应当与这些主要的工作相对应。另外，每个工程项目都有大量的公文信函，作为一个信息系统，也应对这些内容进行辅助管理。因此，监理管理信息系统一般由投资控制子系统、进度控制子系统、质量控制子系统、安全生产管理子系统、合同管理子系统、文档管理子系统和组织协调子系统构成。各子系统的功能如下。

1) 投资控制子系统

投资控制子系统应包括项目投资概算、预算、标底、合同价、结算、决算以及成本控制。投资控制子系统的功能如下。

(1) 项目概算、预算、标底的编制和调整。

(2) 项目概算、预算的对比分析。

(3) 标底与概算、预算的对比分析。

(4) 合同价与概算、预算、标底的对比分析。

(5) 实际投资与概算、预算、合同价的动态比较。

(6) 项目决算与概算、预算、合同价的对比分析。

(7) 项目投资变化趋势预测。

(8) 项目投资的各项数据查询。

(9) 提供各项投资报表。

2) 进度控制子系统

进度控制子系统的功能如下。

(1) 原始数据的录入、修改、查询。

(2) 网络计划编制与调整。

(3) 工程实际进度的统计分析。

(4) 实际进度与计划进度的动态比较。
(5) 工程进度变化趋势的预测分析。
(6) 工程进度各类数据查询。
(7) 提供各种工程进度报表。
(8) 绘制网络图和横道图。
(9) 各种工程进度报表。
3) 质量控制子系统
质量控制子系统的功能如下。
(1) 设计质量控制相关文件。
(2) 施工质量控制相关文件。
(3) 材料质量控制相关资料。
(4) 设备质量控制相关资料。
(5) 工程事故的处理资料。
(6) 质量监理活动档案资料。
4) 安全生产管理子系统
安全生产管理子系统的功能如下。
(1) 安全生产管理法律、法规。
(2) 安全生产保障措施。
(3) 安全生产检查及隐患记录。
(4) 文明施工、环保相关资料。
(5) 安全事故的处理资料。
(6) 安全教育、培训有关资料。
5) 合同管理子系统
合同管理子系统的功能如下。
(1) 合同结构模式的提供和选用。
(2) 合同文件、资料登录、修改、删除、查询和统计。
(3) 合同执行情况的跟踪及处理过程和管理。
(4) 为投资控制、进度控制、质量控制、安全控制提供有关数据。
(5) 涉外合同的外汇折算。
(6) 国家有关法律、法规、通用合同文本的查询。
6) 文档管理子系统
文档管理子系统的功能如下。
(1) 公文的编辑、处理。
(2) 公文的登录、查询与统计。
(3) 文件排版、打印。
(4) 有关标准、决定、指示、通告、通知、会议纪要的存档、查询。
(5) 来往信件、前期文件处理。
7) 组织协调子系统
组织协调子系统的功能如下。

(1) 工程建设相关单位查询。

(2) 协调记录。

技能训练营——编制监理实施细则

任务背景

学习下面某工程监理实施细则的目录和部分内容，搜集相关工程资料，利用课外时间，现场走访类似工程，撰写一个完整的监理实施细则。

任务提示

1. 报告题目：某工程监理实施细则。

2. 报告组成内容应至少包括下面几个部分。

(1) 所调查的工程项目背景和建设概况。

(2) 现场图片和文件资料。

(3) 专项监理实施细则。

3. 完成任务思路：确定调研对象(寻找可以深入现场访问的工程项目部)，根据监理实施细则的撰写要求和依据，完成该工程专项监理实施细则。

附：某工程背景及监理实施细则目录(摘录)

一、工程概况

1. 项目名称：××中心工程一期轻钢厂房建设。

2. 建设单位：××公司。

3. 设计单位：××省××市商业设计院。

4. 总承包单位：××市第一建设公司。

5. 建设地点：××市解放南路和公园路交会处。

6. 工程规模：轻钢结构，单层，建筑面积约为 1080m^2；中转仓：轻钢结构，单层，建筑面积约为 720 m^2。

7. 专业监理范围：钢结构分部(子分部)工程现场加工、制作、安装等工程的监理、工程量审查与结算；施工阶段的质量、进度、投资监理控制，并做好合同和信息管理；搞好协调、配合工作；监督施工单位安全生产，文明施工。

二、钢结构工程监理实施编制依据

1. 《建设工程监理规范》(GB/T 50319—2013)。

2. 《建设工程施工质量验收统一标准》(GB 50300—2013)。

3. 《钢结构工程施工质量验收规范》(GB 50205—2017)。

4. 已批准的本工程监理规划。

5. 施工图、设计文件和技术资料。

三、监理工作流程框图(见图 6-1)以及工作内容

1. 钢结构专业监理工程师是在项目总监理领导下的专业监理责任人，也是项目总监理的助手，每周的监理例会，提出现场施工进度、质量、安全等出现的问题和处理方案，每周为总监理提供必要的资料。

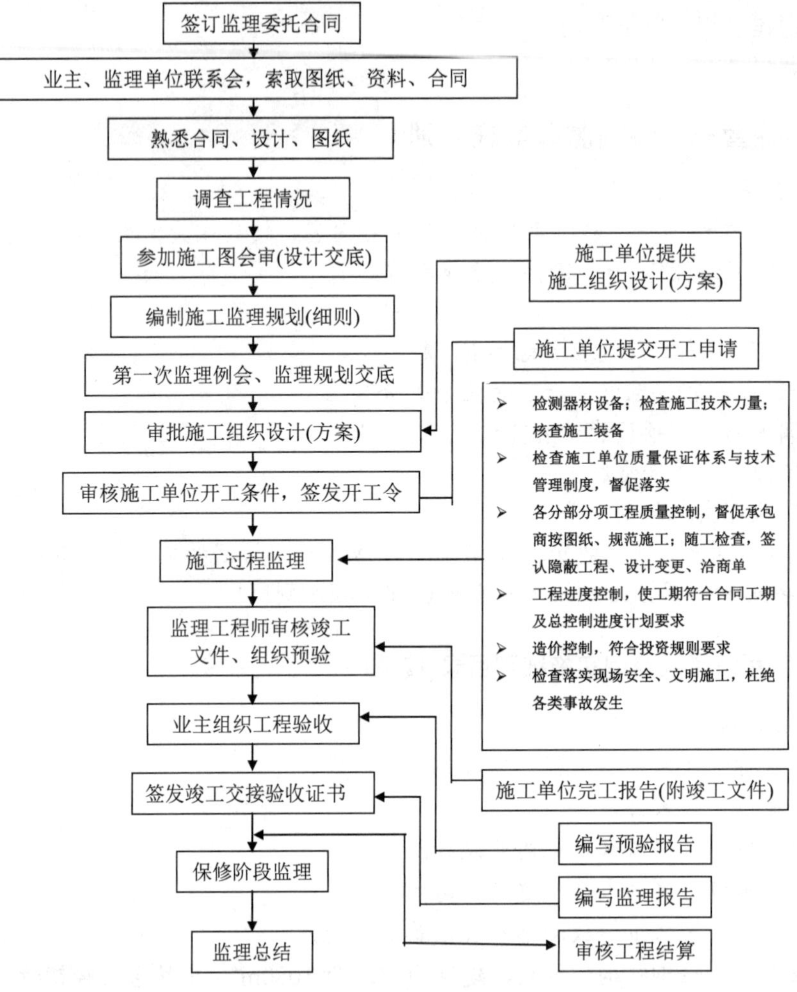

图 6-1　监理工作流程框图

2. 钢结构专业工程师对钢结构施工承包人进行工程进度的控制，对工程质量进行监督、检查，对施工安全进行督促，如发现有违章违规现象，首先口头提出，不改者再进行函件警告(监理通知)。对将发生质量事故、人身安全等问题，应有预控措施，并向施工承包人发出整改通知或停工令，但下达前，应征得总监理工程师的同意，直至改正，经检查达到要求才发出继续施工或复工令。

3. 钢结构专业监理工程师参加图样会审，检查钢结构施工图纸与相关专业图样有关矛盾之处，会同施工单位的会审意见一起填写好会审意见送交总监理工程师、设计方及甲方，并组织图样会审，经各方共同确认后，与图样一起使用。

4. 审核钢结构专业承包人的钢结构资质证件、工种人员的上岗证件、施工组织设计方案、开工报告。

5. 对钢结构材料检查验收，应根据吉林省长春市建委有关建筑文件要求，对钢结构材料进行抽样、见证、送检。

6. 对现场制作零件、预埋件及隐蔽工程的检查验收。

7. 审核质检资料，对评定分部工程质量等级提出意见。

8. 整理汇编钢结构专业监理资料和记录并归档。

目　录

(摘录完)

本 章 小 结

建设工程监理工作文件是指监理单位投标时编制的监理大纲、监理合同签订后由项目总监主持编写的监理规划和专业监理工程师编制的监理实施细则。监理规划编写的依据是现行有关建设工程的法律、法规、条例，与建设工程项目相关的规范、标准，政府批准的建设工程文件、施工承包合同、监理委托合同，已经审查批准的施工图设计文件以及监理大纲等。

自我拓展(基础与进阶测试)

一、基础测试——不定项选择题

1. 建设工程信息管理有(　　)等环节。

　A. 收集　B. 分发　C. 传递　D. 加工　E. 反馈

2. 文件保管期限分为(　　)几种期限。

　A. 永久　B. 长期　C. 中期　D. 短期　E. 无限期

3. 施工监理实施细则，由现场监理机构各部门的(　　)组织编制。

　A. 专业监理工程师　B. 总监　C. 总监代表　D. 监理员　E. 技术负责人

4. (　　)是监理单位能否中标、取信于业主最主要的文件资料。

　A. 监理大纲　B. 监理规划　C. 监理总纲　D. 监理细则　E. 监理组织机构图

5. 总监理工程师应编制监理工作总结，监理工作总结应包括(　　)。

　A. 工程概况　B. 必要的工程图片　C. 工作成效　D. 施工方案　E. 业主通知

二、进阶测试——论述题

1. 监理大纲的作用是什么？
2. 建设工程施工阶段监理规划的主要内容有哪几个方面？
3. 监理规划编制的依据是什么？
4. 施工阶段监理实施细则的编制依据是什么？内容包括哪些？
5. 监理月报编制内容包括哪些？
6. 根据最新的《建设工程监理规范》(GB/T 50319—2013)，构成监理报表体系的表格有哪些？

第7章　国际化视野下的建设项目管理

【学习目标】

能力目标	知识目标	素质目标
(1) 能够搜集国外工程项目管理的历史发展资料并分析发展特点 (2) 能够对国际上建设工程组织管理的几种模式进行分析 (3) 能够分析国外工程项目管理中存在的问题和提出发展对策	(1) 了解国际上建设项目管理、工程咨询的基本知识 (2) 熟悉国际上建设工程组织管理的几种新型模式 (3) 掌握国际上建设工程组织管理的新型模式的适用范围和特点	(1) 培养对国外工程管理信息的搜集、分析、加工和整理能力 (2) 树立求真务实、爱岗敬业的职业道德意识 (3) 培养一丝不苟、耐心细致的工作作风

【任务引导】

1. 背景

某国际油田项目，由两个独立的区域组成，其主要地面设施包括两座集油站、一座中心处理站、三条油气外输管线和一条新鲜水管线。在该项目中，文档控制工作小组隶属于行政部，通过整体外包的形式开展文档控制工作。该项目为EPC总承包项目，项目文件主要包括以下五部分：①信函、会议纪要、备忘录等文书类文件；②项目管理类文件；③工程技术文件；④项目管理培训供货商文件；⑤合同商务类文件。

根据EPC总承包项目的特点，文档控制工程师主要分布于设计、采购、施工3个部门，在关系上隶属于行政部文档控制小组。信函、会议纪要等文书类文件及项目管理类文件由行政部文档控制小组统一管理，工程技术文件由设计部文档控制工程师负责管理，供货商文件由采购部文档控制工程师负责管理。

2. 任务布置

请仔细研究此国外工程项目管理的案例，分析案例中文档控制团队主要的工作职责包括哪些内容。

【应知应会】

在本章的学习过程中，应重点掌握建设工程项目管理的类型和工程咨询类型及其具体内容，了解建设工程项目管理及工程咨询的服务对象、发展趋势；对各类建设工程组织管理新型模式，如 CM、EPC、Partnering 等模式也应有所了解。

在本章的学习过程中，应学会搜集国外工程项目管理发展的资料并整理分析；应培养建设工程项目管理国际化、全球化视野，积极借鉴国外先进的管理理念和工程实践案例来推动我国工程建设监理的可持续发展。

7.1 建设项目管理

建设项目管理(Construction Project Management)是在建设项目的施工周期内，用系统工程的理论、观点和方法，进行有效的规划、决策、组织、协调、控制等系统、科学的管理活动，从而按项目既定的质量要求、控制工期、投资总额、资源限制和环境条件，圆满地实现建设项目目标。在我国，建设项目管理也称为工程项目管理。

从广义上讲，任何时候、任何建设工程都需要相应的管理活动，无论是埃及的金字塔、古罗马的竞技场，还是中国的长城、故宫，都存在相应的建设项目管理活动。但是，通常所说的建设项目管理，是指以现代建设项目管理理论为指导的建设项目管理活动。

7.1.1 建设项目管理的发展过程

第二次世界大战以前，在工程建设领域占绝对主导地位的是传统的建设工程组织管理模式，即设计—招标—建造模式(Design-Bid-Build)。采用这种模式时，业主与建筑师或工程师(房屋建筑工程适用建筑师，其他土木工程适用工程师)签订专业服务合同。建筑师或工程师不仅负责提供设计文件，而且负责组织施工招标工作来选择总承包商，还要在施工阶段对施工单位的施工活动进行监督并对工程结算报告进行审核和签署。

现在通行的看法认为，项目管理是第二次世界大战后的产物，主要是战后重建和冷战阶段为国防建设项目而创建的一种管理方法。项目管理的发展基本上可以划分为两个阶段：20 世纪 80 年代之前被称为传统的项目管理阶段；20 世纪 80 年代之后被称为现代项目管理阶段。

从 20 世纪 40 年代中期到 60 年代，项目管理主要应用于发达国家的国防工程建设和工业/民用工程建设方面。此时采用的传统项目管理方法主要是致力于项目的预算、规划和为达到项目目标而借用的一般运营管理的方法，在相对较小的范围内所开展的一种管理活动。当时的项目经理仅仅被看作具体执行者，他们只是被动地接受一项给定的任务或工作，然后不断接受上级的指令，并根据指令去完成自己负责的项目。从 20 世纪 60 年代起，国际上许多人对于项目管理产生了浓厚的兴趣。随后建立的两大国际性项目管理协会，即以欧洲国家为主的国际项目管理协会(International Project Management Association，IPMA)和以北美洲国家为首的美国项目管理协会(Project Management Institute，PMI)，以及各国相继成立的项目管理协会，为推动项目管理的发展发挥了积极的作用，做出了卓越的贡献。但是在这一传统项目管理阶段中，发达国家的国防部门对于项目管理的研究与开发占据了主导地位，他们创造的许多项目管理方法和工具一直沿用至今。例如，由美国空军最早开发的项目计划评审方法(Project Evaluation and Review Technique，PERT)、由美国国防部提出并推广的项目工期与造价管理规范(Cost/Schedule Control Systems Criteria，C/SCSC)等一大批项目管理的方法和工具现在仍然在广泛使用。

20 世纪 80 年代之后项目管理进入现代项目管理阶段，随着全球性竞争的逐渐加剧，项目活动日益扩大且更为复杂，项目数量的急剧增加，项目团队的规模不断扩大，项目相关利益者的冲突不断升级，降低项目成本的压力与日俱增等一系列情况的出现，迫使作为项目业主/客户的一些政府部门与企业以及作为项目实施者的政府机构和企业先后投入了大量的人力和物力去研究和了解项目管理的基本原理，开发和使用项目管理的具体方法。进入 20 世纪 90 年代以后，随着信息系统工程、网络工程、软件工程、大型建设工程以及高科技项目的研究与开发项目管理新领域的出现，促使项目管理在理论和方法等方面不断地发展和现代化，使得现代项目管理在这一时期获得了快速的发展和长足的进步。同时，项目管理的应用领域在这一时期也快速扩展到了社会生产与生活的各个领域和各行各业，而且项目管理在企业的战略发展和例外管理(这些都属于企业高层管理者所做的管理工作)中的作用越来越重要。例如，欧洲的 ABB 公司作为一个处于领先地位的全球性工程公司，其绝大部分工作都要求开展项目管理；IBM 公司是世界上较大的计算机制造商之一，它公开承认项目管理是对其未来发展起要害作用的因素；摩托罗拉公司是世界上比较成功的通信设备和服务供应商之一，它在 20 世纪 90 年代中期启动了一个旨在改善其项目管理能力的计划，这一计划使公司获得了很大的发展。今天，项目已经成为社会创造精神财富、物质财富和社会福利的主要生产方式(以前主要是运营和生产)，所以现代项目管理也就成了发展最快和使用最为重要的管理领域之一。

现代项目管理在这一阶段的高速发展主要表现在两个方面：一是项目管理的职业化发展；二是项目管理的学术性发展。在职业化发展方面，这一阶段的项目管理逐步分工细化，形成了一系列项目管理的专门职业。例如，专业项目经理、造价工程师、建造工程师、营造师等。同时，在这一阶段还诞生了一系列的项目管理职业资格认证体系。例如，美国项目管理协会和国际项目管理协会主办的项目管理专业人员职业资格认证，美国造价工程师协会(Association of American Cost Engineers，AACE)主办的造价工程师资格认证，英国皇家特许测量师协会(Royal Institute of Chartered Surveyor，RICS)主持的工料测量师、营造师资格认证等。这些工作极大地推动了项目管理职业的细分和职业化的发展。例如，国际项目管理协会开展的项目管理专业人员资格认证就分为 A、B、C、D 4 个级别，其中 A 级为工程主任级证书，B 级为项目经理级证书，C 级为项目管理工程师级证书，D 级为项目管理技术员级证书。对不同资格证书的要求也各异，获得证书者分别可负责大项目或国际项目、一般项目、一般项目的主要工作和一般项目工作的管理。虽然这些项目管理人员资格认证的侧重、方法有所不同，但是都为推进项目管理的职业化发展做出了很大的贡献。现在，项目经理已经不再被认为是项目的执行者，他们拥有了正式的头衔和更大的权利与责任。他们不仅要实施项目，而且要参与项目决策，要与项目业主/客户一起高效率地工作，全面开展项目管理，并且对项目的经济财务结果负责。现在的项目经理已经成为真正的项目负责人和企业中的主角，并且是一项非常热门的职业。例如，项目管理现在已经成为美国的优选职业之一，根据统计数据，在美国从事项目管理工作的初级工作人员的年薪为 4.5 万～5.5 万美元，中级人员为 6.5 万～8.5 万美元，高级人员为 11 万～30 万美元，比一般技术人员和管理人员都要高。

现代项目管理阶段在项目管理的学术发展方面主要体现在项目管理专业教育体系的建立和项目管理理论与方法的研究方面。在现代项目管理阶段，国际上有许多大学相继建立和完善了项目管理专业的本科生和研究生教育体系，美国的大学不但设有项目管理的硕士学位，而且这种硕士学位大有取代工商管理硕士(MBA)专业学位的趋势。在这一阶段有许多项目管理的研究机构先后建立起来，这些研究机构、大学、国际和各国的项目管理专业协会以及一些大型企业共同开展了大量的项目管理理论与方法的研究，并取得了丰硕的成果。像美国项目管理协会、美国造价管理协会等组织提出的项目管理知识体系(Project Management Body of Knowledge)、项目全面造价管理(Total Cost Management)、项目风险造价管理、已获价值管理(Earned Value Management)、项目合作伙伴式管理(Partnering Management)等都是在这一阶段创立和发展起来的。通过这一阶段的学术发展，今天的现代项目管理在项目的范围管理、时间管理、成本管理、质量管理、人力资源管理、沟通管理、采购管理、风险管理和集成管理等方面已经形成了专门的理论和方法体系。另外，在这一阶段，国际标准化组织还以美国项目管理协会的项目管理知识体系指南(Guide to Project Management Body of Knowledge)等文件为框架，制定了关于现代项目管理的标准(ISO 10006：1997)。所有这些现代项目管理在职业化和学术性方面的发展，使得项目管理的理论和方法取得了长足的进步。

建设项目管理专业化的形成和发展在工程建设领域专业化发展史上具有里程碑意义。因为在此之前，工程建设领域专业化的发展都表现为技术方面的专业化：首先是由设计、施工一体化发展到设计与施工分离，形成设计专业化和施工专业化；设计专业化的进一步发展导致建筑设计与结构设计的分离，形成建筑设计专业化和结构设计专业化，以后又逐渐形成各种工程设备设计的专业化；施工专业化的发展形成了各种施工对象专业化、施工阶段专业化和施工工种专业化。建设项目管理专业化的形成符合建设项目一次性的特点，符合工程建设活动的客观规律，取得了非常显著的经济效果，从而显示出强大的生命力。

建设项目管理专业化发展的初期仅局限在施工阶段，即由建筑师或工程师为业主提供设计服务，而由建设项目管理公司为业主提供施工招标服务以及施工阶段的监督和管理服务。应用这种方式虽然能在施工阶段发现设计的一些错误或缺陷，是有时对投资和进度造成的损失已无法挽回，因而对设计的控制和建设工程总目标控制的效果不甚理想。因此，建设项目管理的服务范围又逐渐扩大到建设工程实施的全过程，加强了对设计的控制，充分体现了早期控制的思想，取得了更好的控制效果。建设项目管理的进一步发展是将服务范围扩大到工程建设的全过程，既包括实施阶段又包括决策阶段，最大限度地发挥了全过程控制和早期控制的作用。

需要说明的是，虽然专业化的建设项目管理公司得到了迅速发展，其占建筑咨询服务市场的比例也日益扩大，但至今并未完全取代传统模式中的建筑师或工程师。当前，无论是在各国的国内建设工程中，还是在国际工程中，传统的建设工程组织管理模式仍然得到广泛的应用。没有任何资料表明，专业化的建设项目管理与传统模式究竟哪一种方式占主导地位。这一方面是因为传统模式中建筑师或工程师在设计方面的作用和优势是专业化建设项目管理人员所无法取代的；另一方面则是因为传统模式中的建筑师或工程师也在不断提高他们在投资控制、进度控制和合同管理方面的水平和能力，实际上也是以现代建设项目管理理论作为指导为业主提供更全面、效果更好的服务。在一个确定的建设工程上，究竟是采用专业化的建设项目管理还是传统模式，完全取决于业主的选择。

7.1.2　建设项目管理的类型

建设项目管理的类型可从不同的角度划分。

1. 按管理主体划分

参与工程建设的各方都有自己的项目管理任务。除了专业化的建设项目管理公司外，参与工程建设的各方主要是指业主、设计单位、施工单位以及材料、设备供应单位。按管理主体分，建设项目管理可以分为业主方的项目管理、设计单位的项目管理、施工单位的项目管理以及材料、设备供应单位的项目管理。其中，在大多数情况下，业主没有能力自己实施建设项目管理，需要委托专业化的建设项目管理公司为其服务。另外，除了特大型建设工程的设备系统外，在大多数情况下，材料、设备供应单位的项目管理比较简单，主要表现在按时、按质、按量供货，一般不做专门研究。就设计单位和施工单位两者比较而言，施工单位的项目管理所涉及的问题要复杂得多，对项目管理人员的要求也高得多，因而也是建设项目管理理论研究和实践的重要方面。

2. 按服务对象划分

专业化建设项目管理公司的出现是适应业主新需求的产物，但是，在其发展过程中，并不仅仅局限于为业主提供项目管理服务，也可能为设计单位和施工单位提供项目管理服务。因此，按专业化建设项目管理公司的服务对象分，建设项目管理可以分为为业主服务的项目管理、为设计单位服务的项目管理和为施工单位服务的项目管理。其中，为业主服务的项目管理最为普遍，所涉及的问题最多，也最复杂，需要系统运用建设项目管理的基本理论。为设计单位服务的项目管理主要是为设计总包单位服务。这是因为发达国家的设计单位通常规模较小、专业性较强，对于房屋建筑来说，往往是由建筑师事务所担任设计总包单位，由结构、工程设备等专业设计事务所担任设计分包单位。如果面对一项大型复杂的建设工程，作为设计总承包单位的某建筑师事务所可能感到难以胜任设计阶段的项目管理工作，就需要委托专业化的建设项目管理公司为其服务。从国际上建设项目管理的实践来看，这种情况很少见。至于为施工单位服务的项目管理，应用虽然较为普遍，但服务范围却较为狭窄。通常施工单位都具有自行实施项目管理的水平和能力，因而一般没有必要委托专业化建设项目管理公司为其提供全过程、全方位的项目管理服务。但是，即使是具有相当高的项目管理水平和能力的大型施工单位，当遇到复杂的工程合同争议和索赔问题时，也可能需要委托专业化建设项目管理公司为其提供相应的服务。在国际工程承包中，由于合同争议和索赔的处理涉及适用法律(往往不是施工单位所在国法律)的问题，因而这种情况较为常见。

3. 按服务阶段划分

这种划分主要是从专业化建设项目管理公司为业主服务的角度考虑。根据为业主服务的时间范围，建设项目管理可分为施工阶段的项目管理、实施阶段全过程的项目管理和工程建设全过程的项目管理。其中，实施阶段全过程的项目管理和工程建设全过程的项目管理则更能体现建设项目管理基本理论的指导作用，对建设工程目标控制的效果也更为突出。因此，这两种全过程项目管理所占的比例越来越大，成为专业化建设项目管理公司主要的服务领域。

7.1.3 建设项目管理理论体系的发展

建设项目管理的基本理论体系形成于 20 世纪 50 年代末至 60 年代初，它是以当时已经比较成熟的组织论(也称组织学)、控制论和管理学作为理论基础，结合建设工程和建筑市场的特点而形成的一门新兴学科。当时，建设项目管理学的主要内容有建设项目管理的组织、投资控制(或成本控制)、进度控制、质量控制、合同管理。建设项目管理理论体系的形成过程与建设项目管理专业化的形成过程大致是同步的，两者是相互促进的，真正体现了理论指导实践、实践又反作用于理论、使理论进一步发展和提高的客观规律。

建设项目管理是一门较为年轻的学科，从其形成到现在只有 60 多年的历史，目前仍然在继续发展。无论是国内还是国外，不同学者关于建设项目管理的专著从结构体系到具体内容往往有较大的差异，至今没有一本绝对权威的专著被普遍接受。因此，这里只能概要性地描述建设项目管理理论体系的发展轨迹，突出其主要内容的形成和发展过程，而不涉及具体的内容、方法和观点。

20 世纪 70 年代，随着计算机技术的发展，计算机辅助管理的重要性日益显露出来，因而计算机辅助建设项目管理或信息管理(注意：计算机辅助建设项目管理与信息管理是两个不同范畴的问题)成为建设项目管理学的新内容。在这期间，原有的内容也在进一步发展，例如，有关组织的内容扩大到工作流程的组织和信息流程的组织，合同管理中深化了索赔内容，进度控制方面开始出现商品化软件等。而且，随着网络计划技术理论和方法的发展，开始出现进度控制方面的专著。

20 世纪 80 年代，建设项目管理学在宽度和深度两方面都有重大发展。在宽度方面，组织协调和建设工程风险管理成为建设项目管理学的重要内容。在深度方面，投资控制方面出现了一些新的理念，如全面投资控制(Total Cost Control)、投资控制的费用(Cost of Cost Control)等；进度控制方面出现多平面(又称多阶)网络理论和方法；合同管理和索赔方面的研究日益深入，出现许多专著等。

20 世纪 90 年代至 21 世纪初，建设项目管理学主要是在深度方面发展。例如，投资控制方面的偏差分析形成系统的理论和方法，质量控制方面由经典的质量管理方法向 ISO 9000 和 ISO 14000 系列发展，建设工程风险管理方面的研究越来越受到重视，在组织协调方面出现沟通管理(Communication Management)的理念和方法等。在这一时期，建设项目管理学的各个主要内容都出现了众多的专著，产生了大批研究成果。而且这一时期也是与建设项目管理有关的商品化软件的大发展时期，尤其在进度控制和投资控制方面出现了不少功能强大、比较成熟和完善的商品化软件，其在建设项目管理实践中得到广泛运用，提高了建设项目管理实际工作的效率和水平。

美国项目管理学会(PMI)在总结项目管理(注意：并不局限于建设项目管理)的理论和扩展项目管理的应用领域发挥了重要作用。PMI 编制的《项目管理知识体系指南》(A Guide to the Project Management Body of Knowledge，PMBOK)被许多国家在不同专业领域进行项目管理培训时广泛采用。在 PMBOK 2000 版中，把项目管理的知识领域归纳为九个方面，即项目整体(或集成)管理、项目范围管理、项目进度(或时间)管理、项目费用管理、项目质量管理、项目人力资源管理、项目沟通管理、项目风险管理和项目采购管理(含合同管理)。

7.1.4　美国项目管理专业人员资格认证

PMP(Project Management Professional)是指项目管理专业人员资格认证。它是由 PMI 发起的，目的是给项目管理专业人员提供统一的行业标准，使之掌握科学化的项目管理知识，以提高项目管理专业的工作水平。目前，PMP 考试同时用英语、德语、法语、日语、朝鲜语、西班牙语、葡萄牙语和中文等多种语言进行，很多国家都在效仿美国的项目管理认证制度。

1. PMI 对项目经理职业道德、技能方面的要求

(1) 具备较高的个人和职业道德标准，对自己的行为承担责任。

(2) 只有通过培训、获得任职资格，才能从事项目管理工作。

(3) 在专业和业务方面，对雇主和客户诚实。

(4) 向最新专业技能看齐，不断发展自身的继续教育。

(5) 遵守所在国家的法律。

(6) 具备相应的领导才能，能够最大限度地提高生产率缩减成本。

(7) 应用当今先进的项目管理工具和技术，以保证达到项目计划规定的质量、费用和进度等控制目标。

(8) 为项目团队成员提供适当的工作条件和机会，公平待人。

(9) 乐于接受他人的批评，善于提出诚恳的意见，并能正确地评价他人的贡献。

(10) 帮助团队成员、同行和同事提高专业知识。

(11) 对雇主和客户没有被正式公开的业务和技术工艺信息应予以保密。

(12) 告知雇主、客户可能会发生的利益冲突。

(13) 不得直接或间接对有业务关系的雇主和客户行贿、受贿。

(14) 真实地报告项目质量、费用和进度。

2. PMP 的知识结构

(1) 掌握项目生命周期，包括项目启动、项目计划、项目执行、项目控制、项目竣工。

(2) 具有以下九个方面的基本能力，即整体(或集成)管理、范围管理、进度(或时间)管理、费用管理、质量管理、人力资源管理、沟通管理、风险管理和采购管理(含合同管理)。

3. 报考条件与要求

PMP 认证申请者必须满足以下类别之一规定的教育背景和专业经历。

第一类：申请者需具有学士学位或同等的大学学历或以上者。

申请者需至少连续 3 年以上，具有 4500 小时的项目管理经历。仅在申请日之前 6 年之内的经历有效。所需提交文件：一份详细描述工作经历和教育背景的最新简历(需提供所有

雇主和学校的名称及详细地址)；一份学士学位或同等大学学历证书或复印件；能说明至少 3 年以上，4500 小时的经历审查表。

第二类：申请者不具备学士学位或同等大学学历或以上者。

申请者需至少连续 5 年以上，具有 7500 小时的项目管理经历。仅在申请日之前 8 年之内的经历有效。所需提交文件：一份详细描述工作经历和教育背景的最新简历(需提供所有雇主和学校的名称及详细地址)；能说明至少 5 年以上，7500 小时的经历审查表。

4. 考试形式和内容

在我国举办的 PMP 考试为中英文对照形式，共 200 道单项选择题，考试时间为 4.5 小时。考试的内容涉及 PMBOK 中的知识内容，包括项目管理的 5 个过程和 9 个知识领域，其中，项目启动占 4%、项目计划占 37%、项目执行占 24%、项目控制占 28%、项目竣工占 7%。

5. 参加 PMP 的好处

参加 PMP 的好处，可以从两个方面来认识。

(1) 参加 PMP 认证与考试的过程，也就是一个系统学习和巩固项目管理知识的过程。这个过程将帮助 PMP 认证参加者将以往的项目管理经验与系统的项目管理知识结合起来，互为印证，达到理论与实践的结合，从而深化自己对项目管理的认识。

(2) 参加 PMP 认证，可以获得由 PMI 颁发的 PMP 证书。而拥有 PMP 认证表示你已经成为一个项目管理方面的专业人员。

① 已经具备了全面的、科学的项目管理知识。

② 已经至少拥有 3 年以上的项目管理经验。

③ 上述知识与实践，已经得到 PMI 的检验认可。

由于在国际范围对 PMP 认证的认可，拥有 PMP 证书，即是个人以及公司项目管理水平的直接体现，这将对 PMP 的职业、工作等方面带来便利。

7.2 工 程 咨 询

7.2.1 工程咨询概述

到目前为止，工程咨询在国际上还没有一个统一、规范化的定义。尽管如此，综合各种关于工程咨询的表述，可将工程咨询定义为：能适应现代经济发展和社会进步的需要，集中专家群体或个人的智慧和经验，运用现代科学技术和工程技术以及经济、管理、法律等方面的知识，为建设工程决策和管理提供的智力服务。

需要说明的是，如果某项工作的任务主要是采用常规的技术且属于设备密集型的工作，那么该项工作就不应列为咨询服务，在国际上通常将其列为劳务服务，如卫星测绘、地质勘探、计算机服务等。

7.2.2　工程咨询的作用

工程咨询是智力服务，是知识的转让，可有针对性地向客户(Client)提供可供选择的方案、计划或有参考价值的数据、调查结果、预测分析等，也可实际参与工程实施过程的管理，其作用可归纳为以下几个方面。

1．为决策者提供科学、合理的建议

工程咨询本身通常并不决策，但它可以弥补决策者职责与能力之间的差距。根据决策者的委托，咨询者利用自己的知识、经验和已掌握的调查资料，为决策者提供科学、合理的一种或多种可供选择的建议或方案，从而减少决策失误。这里的决策者既可以是各级政府机构，也可以是企业领导或具体建设工程的业主。

2．保证工程的顺利实施

由于建设工程具有一次性的特点，而且其实施过程中有众多复杂的管理工作，业主通常没有能力自行管理。工程咨询公司和人员则在这方面具有专业化的知识和经验，由他们负责工程实施过程的管理，可以及时发现和处理所出现的问题，大大提高工程实施过程管理的效率和效果，从而保证工程的顺利实施。

3．为客户提供信息和先进技术

工程咨询机构往往集中了一定数量的专家、学者，拥有大量的信息、知识、经验和先进技术，可以随时根据客户需要提供信息和技术服务，弥补客户在科技和信息方面的不足。从全社会来说，这对于促进科学技术和情报信息的交流和转移，更好地发挥科学技术作为生产力的作用，都起到了十分积极的作用。

4．发挥准仲裁人的作用

由于相互利益关系的不同和认识水平的不同，在建设工程实施过程中，业主与建设工程的其他参与方之间，尤其是与承包商之间，往往会产生合同争议，需要第三方来合理解决所出现的争议。工程咨询机构是独立的法人，不受其他机构的约束和控制，只对自己咨询活动的结果负责，因而可以公正、客观地为客户提供解决争议的方案和建议。而且，由于工程咨询公司所具备的知识、经验、社会声誉及其所处的第三方地位，因而其所提出的方案和建议易于为争议双方所接受。

5．促进国际工程领域的交流与合作

随着全球经济一体化的发展，境外投资的数额和比例越来越大，相应地，境外工程咨询(往往又称为国际工程咨询)业务也越来越多。在这些业务中，工程咨询公司和人员往往表现出他们自己在工程咨询和管理方面的理念和方法以及所掌握的工程技术和建设工程组织管理的新型模式，这对促进国与国之间在工程领域技术、经济、管理和法律等方面的交流和合作无疑起到十分积极的作用，有利于加强各国工程咨询界的相互了解和沟通。另外，虽然目前在国际工程咨询市场中发达国家工程咨询公司占绝对主导地位，但他们境外工程咨询业务的拓展在客观上也是有利于提高发展中国家工程咨询水平的。

7.2.3 工程咨询的发展趋势

工程咨询是近代工业化的产物，于 19 世纪初首先出现在建筑行业。

工程咨询从出现伊始就是相对于工程承包而存在的，即工程咨询公司和人员不从事建设工程实际的建造和维修活动。工程咨询与工程承包的业务界限可以说是泾渭分明，即工程咨询公司不从事工程承包活动，而工程承包公司则不从事工程咨询活动。这种状况一直持续到 20 世纪 60 年代而没有发生本质的变化。

20 世纪 70 年代以来，尤其是 20 世纪 80 年代以来，建设工程日趋大型化和复杂化，工程咨询和工程承包业务日趋国际化，与此同时，建设工程组织管理模式不断发展，出现了 CM 模式、项目总承包模式、EPC 模式等新型模式；建设工程投融资方式也在不断发展，出现了 BOT(建设—经营—转让)、PFI(Private Finance Initiative，民间主动融资)、TOT(移交—经营—移交)、BT(建设—移交)等方式。国际工程市场的这些变化使得工程咨询和工程承包业务也相应发生变化，两者之间的界限不再像过去那样严格分开，开始出现相互渗透、相互融合的新趋势。从工程咨询方面来看，这一趋势的具体表现主要有两种情况：一是工程咨询公司与工程承包公司相结合，组成大的集团企业或采用临时联合方式，承接交钥匙工程(或项目总承包工程)；二是工程咨询公司与国际大财团或金融机构紧密联系，通过项目融资取得项目的咨询业务。

从工程咨询本身的发展情况来看，总的趋势是向全过程服务和全方位服务方向发展。其中，全过程服务分为实施阶段全过程服务和工程建设全过程服务两种情况，这与 7.1 节建设项目管理所述内容是一致的，在此不再赘述。至于全方位服务，则比建设项目管理中对建设项目目标的全方位控制的内涵宽得多。除了对建设项目三大目标的控制之外，全方位服务还可能包括决策支持、项目策划、项目融资或筹资、项目规划和设计、重要工程设备和材料的国际采购等。当然，真正能提供上述所有内容全方位服务的工程咨询公司是不多见的。

但是，如果某工程咨询公司除了能提供常规的建设项目管理服务外，还能提供其他一个或几个方面的服务，也可归入全方位服务之列。

此外，还有一个不容忽视的趋势是以工程咨询为纽带，带动本国工程设备、材料和劳务的出口。这种情况通常在全过程服务和全方位服务条件下才会发生。由于业主最先选定了工程咨询公司(一般是国际著名的有实力的工程咨询公司)，出于对该工程咨询公司的信任，在不损害业主利益的前提下，业主会乐意接受该工程咨询公司所推荐的其所在国的工程设备、材料和劳务。

7.2.4 咨询工程师

1. 咨询工程师的概念

咨询工程师(Consulting Engineer)是以从事工程咨询业务为职业的工程技术人员和其他专业(如经济、管理)人员的统称。

国际上对咨询工程师的理解与我国习惯上的理解有很大不同。按国际上的理解，我国的建筑师、结构工程师、各种专业设备工程师、监理工程师、造价工程师、从事工程招标业务的专业人员等都属于咨询工程师，甚至从事工程咨询业务有关工作(如处理索赔时可能需要审查承包商的财务账簿和财务记录)的审计师、会计师也属于咨询工程师之列。因此，不要把咨询工程师理解为“从事咨询工作的工程师”。也许是出于以上原因，1990 年国际咨询工程师联合会(FIDIC)在其出版的《业主/咨询工程师标准服务协议书条件》(简称《白皮书》)中已用 Consultant 取代了 Consulting Engineer。Consultant 一词可译为咨询人员或咨询专家，但我国对《白皮书》的翻译仍按原习惯译为咨询工程师。

另外，需要说明的是，由于绝大多数咨询工程师都是以公司的形式开展工作，所以，咨询工程师一词在很多场合也用于指工程咨询公司。例如，从《白皮书》的名称来看，业主显然不是与咨询工程师个人而是与工程咨询公司签订合同；从工程咨询合同(如《白皮书》)的具体条款来看也有类似情况。因此，在阅读有关工程咨询的外文资料时，要注意鉴别咨询工程师一词的确切含义，应当说在大多数情况下不会产生歧义，但有时可能需要仔细琢磨才能准确把握其含义。

咨询工程师为公私工商业主服务。业主和公众聘用咨询工程师，可以发挥他们的专业才能和公正作风，使其利益得到最好保证，具体如下。

(1) 咨询工程师是在客观、公正的基础上提供专业服务的。

(2) 咨询工程师是注册的专业人员，具有运用科学、专业的管理原则处理工程问题的经验。

(3) 咨询工程师与制造商、供应商、承包商都没有商务上的关系。

(4) 咨询工程师要学有专长，而且还要懂得其他许多具体专业。

(5) 如果业主自己没有工程技术力量，就应聘用咨询工程师。即使自己有点力量，但是如果忙于日常工作，或者力量配备不足，或者没有能力把问题抓准、抓稳，还是应当聘用咨询工程师。

(6) 由于咨询工程师天天同工程打交道，而且有经验、有能力解决其他业主的类似问题，所以总能跟上最新工程技术的发展。

(7) 咨询工程师经过专业注册，也是使公众利益和业主满意的一种重要保障。

(8) 咨询工程师按合同为业主提供服务，可使效率、经济和质量得到最大化。

虽然许多联邦政府机构要求各州、地、市已有的和新建的设施要符合联邦标准，但是他们一般对各地政府具体需要了解不多，对于项目所需资金如何从财务上以赠款、贷款、发行股票还是私人投资(简称私有化)方式筹得更没有经验。有了咨询工程师，就能解决这个问题，他能确定并说明各方面的要求，为地方政府出谋划策，并提出一揽子的融资方案。

2. 咨询工程师的素质

工程咨询是科学性、综合性、系统性、实践性均很强的职业。作为从事这一职业的主体，咨询工程师应具备以下素质才能胜任这一职业。

1) 知识面宽

建设工程自身的复杂程度及其不同的环境和背景，工程咨询公司服务内容的广泛性，都要求咨询工程师具有较宽的知识面。除了掌握建设工程的专业技术知识外，咨询工程师还应熟悉与工程建设有关的经济、管理、金融和法律等方面的知识，对工程建设的管理过程有深入的了解，并熟悉项目融资、设备采购、招标咨询的具体运作和有关规定。在工程技术方面，咨询工程师不仅要掌握建设工程的专业应用技术，而且要有较深厚的理论基础知识，并了解当前最新技术水平和发展趋势；不仅掌握建设工程的一般设计原则和方法，而且掌握优化设计、可靠性设计、功能—成本设计等系统设计方法；不仅熟谙工程设计各方面的技术要点和难点，而且熟悉主要的施工技术和方法，能充分考虑设计与施工的结合，从而保证顺利地建成工程。

2) 精通业务

工程咨询公司的业务范围很宽，作为咨询工程师个人来说，不可能从事本公司所有业务范围内的工作。但是，每个咨询工程师都应有自己比较擅长的一个或多个业务领域，成为该领域的专家。对精通业务的要求，首先意味着要具有实际动手能力。工程咨询业务的许多工作都需要实际操作，如工程设计、项目财务评价、技术经济分析等，不仅要会做，而且要做得对、做得好、做得快。其次，要具有丰富的工程实践经验。只有通过不断的实践经验积累，才能提高业务水平和熟练程度，才能总结经验，找出规律，指导今后的工程咨询工作。此外，在当今社会，计算机应用和外语已成为必要的工作技能，作为咨询工程师也应在这两方面具备一定的水平和能力。

3) 协调、管理能力强

工程咨询业务中有些工作并不是咨询工程师自己直接去做，而是组织、管理其他人员去做；不仅涉及与本公司各方面人员的协同工作，而且经常与客户、建设工程参与各方、政府部门、金融机构等发生联系，处理各种面临的问题。在这方面，需要的不是专业技术和理论知识，而是组织、协调和管理的能力。这表明，咨询工程师不仅要是技术方面的专家，而且要成为组织、管理方面的专家。

4) 责任心强

咨询工程师的责任心首先表现为职业责任感和敬业精神，要通过自己的实际行动来维护个人、本公司、本职业的尊严和名誉；同时，咨询工程师还负有社会责任，即应在维护国家和社会公众利益的前提下为客户提供服务。

责任心并不是空洞、抽象的，它可以在实际的咨询工作中得到充分体现。工程咨询业务往往由多个咨询工程师协同完成，每个咨询工程师独立完成其中某一部分工作。这时，咨询工程师的责任心就显得尤为重要。因为每个咨询工程师的工作成果都与其他咨询工程师的工作有密切联系，任何一个环节的错误或延误都会给该项咨询业务带来严重后果。因此，每个咨询工程师都必须确保按时按质地完成预定工作，并对自己的工作成果负责。

5) 不断进取、勇于开拓

当今世界，科学技术日新月异，经济发展一日千里，新思想、新理论、新技术、新产品、新方法等层出不穷，对工程咨询不断提出新的挑战。如果咨询工程师不能以积极的姿态面对这些挑战，终将被时代所淘汰。因此，咨询工程师必须及时更新知识，了解、熟悉乃至掌握与工程咨询相关领域的新进展；同时，要勇于开拓新的工程咨询领域(包括业务领域和地区领域)，以适应客户的新需求，顺应工程咨询市场发展的趋势。

3. 咨询工程师的职业道德

国际上许多国家(尤其是发达国家)的工程咨询业已相当发达，相应地制定了各自的行业规范和职业道德规范，以指导和规范咨询工程师的职业行为。这些众多的咨询行业规范和职业道德规范虽然各不相同，但基本上大同小异，此处不再介绍。

咨询工程师的职业道德规范或准则虽然不是法律，但是对咨询工程师的行为却具有相当大的约束力。不少国家的工程咨询行业协会都有明确规定，一旦咨询工程师的行为违背了职业道德规范或准则，就将终身不得再从事该职业。

7.2.5　工程咨询公司的服务对象和内容

工程咨询公司的业务范围很广，其服务对象可以是业主、承包商、国际金融机构各种贷款银行，工程咨询公司也可以与承包商联合投标承包工程。工程咨询公司的服务对象不同，相应的具体服务内容也有所不同。

1. 为业主服务

为业主服务是工程咨询公司最基本、最广泛的业务，这里所说的业主包括各级政府(此时不是以管理者身份出现)、企业和个人。

工程咨询公司为业主服务既可以是全过程服务(包括实施阶段全过程和工程建设全过程)，也可以是阶段性服务。

工程建设全过程服务的内容包括可行性研究(投资机会研究、初步可行性研究、详细可行性研究)、工程设计(概念设计、基本设计、详细设计)、工程招标(编制招标文件、评标、合同谈判)、材料设备采购、施工管理(监理)、生产准备、调试验收、后评价等一系列工作。在全过程服务的条件下，咨询工程师不仅是作为业主的受雇人开展工作，而且也代行了业主的部分职责。

阶段性服务就是工程咨询公司仅承担上述工程建设全过程服务中某一阶段的服务工作。一般来说，除了生产准备和调试验收外，其余各阶段工作业主都可能单独委托工程咨询公司来完成。阶段性服务又分为两种不同的情况：一种是业主已经委托某工程咨询公司进行全过程服务，但同时又委托其他工程咨询公司对其中某一或某些阶段的工作成果进行审查、评价，如对可行性研究报告、设计文件都可以采取这种方式；另一种是业主分别委托多个工程咨询公司完成不同阶段的工作，在这种情况下，业主仍然可能将某一阶段工作委托某一工程咨询公司完成，再委托另一工程咨询公司审查、评价其工作成果；业主还可能将某一阶段工作(如施工监理)分别委托多个工程咨询公司来完成。

工程咨询公司为业主服务既可以是全方位服务，也可以是某一方面的服务，如仅提供决策支持服务、仅承担施工质量监理、仅从事工程投资控制等。

2. 为承包商服务

工程咨询公司为承包商服务主要有以下几种情况。

(1) 为承包商提供合同咨询和索赔服务。如果承包商对建设工程的某种组织管理模式不了解，如 CM 模式、EPC 模式，或对招标文件中所选择的合同条件体系很陌生，如从未接触过 ALA 合同条件和 JCT 合同条件，就需要工程咨询公司为其提供合同咨询，以便了解和把握该模式或该合同条件的特点、要点以及需要注意的问题，从而避免或减小合同风险，提高自己的合同管理水平。另外，当承包商对合同所规定的适用法律不熟悉甚至根本不了解，或发生了重大、特殊的索赔事件而承包商自己又缺乏相应的索赔经验时，承包商都可能委托工程咨询公司为其提供索赔服务。

(2) 为承包商提供技术咨询服务。当承包商遇到施工技术难题，或工业项目中工艺系统设计和生产流程设计方面的问题时，工程咨询公司可以为其提供相应的技术咨询服务。在这种情况下，工程咨询公司的服务对象大多是技术实力不太强的中、小承包商。

(3) 为承包商提供工程设计服务。在这种情况下，工程咨询公司实质上是承包商的设计分包商，其具体表现又有两种方式。一种是工程咨询公司仅承担详细设计(相当于我国的施工图设计)工作。在国际工程招标时，在不少情况下仅达到基本设计(相当于我国的扩初设计)，承包商不仅要完成施工任务，而且要完成详细设计。如果承包商不具备完成详细设计的能力，就需要委托工程咨询公司来完成。需要说明的是，这种情况在国际上仍然属于施工承包，而不属于项目总承包。另一种是工程咨询公司承担全部或绝大部分设计工作。其前提是承包商以项目总承包或交钥匙方式承包工程，且承包商没有能力自己完成工程设计。这时，工程咨询公司通常在投标阶段完成概念设计或基本设计，中标后再进一步深化设计。此外，还要协助承包商编制成本估算和投标估价、编制设备安装计划、参与设备的检验和验收、参与系统调试和试生产等。

3. 为贷款方服务

这里所说的贷款方包括一般的贷款银行、国际金融机构(如世界银行、亚洲开发银行等)和国际援助机构(如联合国开发计划署、粮农组织等)。

工程咨询公司为贷款方服务的常见形式有两种。一是对申请贷款的项目进行评估。工程咨询公司的评估侧重于项目的工艺方案、系统设计的可靠性和投资估算的准确性，核算项目的财务评价指标并进行敏感性分析，最终提出客观、公正的评估报告。由于申请贷款项目通常都已完成了可行性研究，因此工程咨询公司的工作主要是对该项目的可行性研究报告进行审查、复核和评估。二是对已接受贷款的项目执行情况进行检查和监督。国际金融或援助机构为了了解已接受贷款的项目是否按照有关的贷款规定执行，确保工程和设备在国际招标过程中的公开性和公正性，保证贷款资金的合理使用，按项目实施的实际进度拨付，并能对贷款项目的实施进行必要的干预和控制，就需要委托工程咨询公司为其服务，对已接受贷款的项目执行情况进行检查和监督，提出阶段性工作报告，以及时、准确地掌握贷款项目的动态，从而能做出正确的决策(如停贷、缓贷)。

4. 联合承包工程

在国际上，一些大型工程咨询公司往往与设备制造商和土木工程承包商组成联合体，参与项目总承包或交钥匙工程的投标，中标后共同完成项目建设的全部任务。在少数情况下，工程咨询公司甚至可以作为总承包商，承担项目的主要责任和风险，而承包商则成为分包商。工程咨询公司还可能参与 BOT 项目，甚至作为这类项目的发起人和策划公司。

虽然联合承包工程的风险相对较大，但可以给工程咨询公司带来更多的利润，而且在有些项目上可以更好地发挥工程咨询公司在技术、信息、管理等方面的优势。如前所述，采用多种形式参与联合承包工程，已成为国际上大型工程咨询公司拓展业务的趋势。

7.3　建设工程组织管理模式

随着社会技术经济水平的提高，建设工程业主的需求也在不断变化和发展，总的趋势是希望简化自身的管理工作，得到更全面、更高效的服务，更好地实现建设工程预定的目标。与此相适应，建设工程组织管理模式也在不断地发展，国际上出现了许多新型模式。本节将介绍 CM 模式、EPC 模式、Partnering 模式和 Project Controlling 模式。需要说明的是，如果从时间与传统模式相对应的角度考虑，项目总承包(国际上称为设计+施工或交钥匙模式)也可称为新型模式。只是由于这种模式在国际上应用已较为普遍，故本书将其归在“基本模式”之列。而本节所介绍的 4 种新型模式，除 CM 模式形成时间较早外(20 世纪 60 年代)，其余模式形成时间均较迟(20 世纪 80 年代以后)，且至今在国际上应用仍不普遍。尽管如此，由于这些新型模式反映了业主需求和建筑市场的发展趋势，而且均难以用简单的词汇直接译成中文，因而有必要了解其基本概念和有关情况。

7.3.1　CM 模式

1. CM 模式的概念和产生背景

CM 是英文 Construction Management 的缩写，若直译成中文为“施工管理”或“建设管理”。但是，这两个概念在我国均有其明确的内涵，显然不宜这样直译。有鉴于此，我国有些学者将其翻译为建筑工程管理。但从中文的词义来看，“建筑工程管理”的内涵很宽，为准确反映 CM 模式的含义，本书直接用其英文字母缩写表示。

1968 年，汤姆森(Charles B.Thomson)等受美国建筑基金会的委托，在美国纽约州立大学研究关于如何加快设计和施工速度以及如何改进控制方法的报告中，通过对许多大建筑公司的调查，在综合各方面经验的基础上，提出了快速路径法(Fast-Track Method，国内也有学者译为快速轨道法)，又称为阶段施工法(Phased Construction Method)。这种方法的基本特征是将设计工作分为若干阶段(如基础工程、上部结构工程、装修工程、安装工程)完成，每一阶段设计工作完成后，就组织相应工程内容的施工招标，确定施工单位后即开始相应工程内容的施工。与此同时，下一阶段设计工作继续进行，完成后再组织相应的施工招标，确定相应的施工单位，其建设实施过程如图 7-1 所示。

由图 7-1 可以看出，采用快速路径法可以将设计工作和施工招标工作与施工搭接起来，整个建设周期是第一阶段设计工作和第一次施工招标工作所需要的时间与整个工程施工所需要的时间之和。与传统模式相比，快速路径法可以缩短建设周期。从理论上讲，其缩短的时间应为传统模式条件下设计工作和施工招标工作所需时间与快速路径法条件下第一阶段设计工作和第一次施工招标工作所需时间之差。对于大型、复杂的建设工程来说，这一时间差额很长，甚至可能超过 1 年。但实际上，与传统模式相比，快速路径法大大增加了施工阶段组织协调和目标控制的难度，如设计变更增多、施工现场多个施工单位同时分别施工导致工效降低等。这表明，在采用快速路径法时，如果管理不当，就可能欲速不达。

因此，迫切需要采用一种与快速路径法相适应的新的组织管理模式。CM 模式就是在这样的背景下应运而生的。

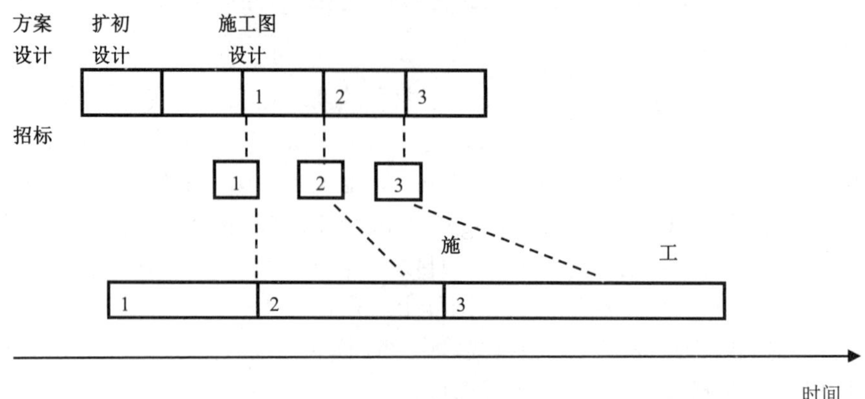

图 7-1　快速路径法

所谓 CM 模式，就是在采用快速路径法时，从建设工程的开始阶段就雇用具有施工经验的 CM 单位(或 CM 经理)参与到建设工程实施过程中来，以便为设计人员提供施工方面的建议且随后负责管理施工过程。这种安排的目的是将建设工程的实施作为一个完整的过程来对待，并同时考虑设计和施工的因素，力求使建设工程在尽可能短的时间内，以尽可能经济的费用和满足要求的质量建成并投入使用。

尤其要注意的是，不要将 CM 模式与快速路径法混为一谈，因为快速路径法只是改进了传统模式条件下建设工程的实施顺序，不仅可在 CM 模式中使用，也可在其他模式中使用，如平行承发包模式、项目总承包模式(此时设计与施工的搭接是在项目总承包商内部完成的，且不存在施工与招标的搭接)。而 CM 模式则是以使用 CM 单位为特征的建设工程组织管理模式，具有独特的合同关系和组织形式。

美国建筑师学会(AIA)和美国总承包商联合会(ACC)于 20 世纪 90 年代初共同制定了 CM 标准合同条件。但是，FIDIC 等合同条件体系中至今尚没有 CM 标准合同条件。

2．CM 模式的类型

CM 模式分为代理型 CM 模式和非代理型 CM 模式两种类型。

1) 代理型 CM 模式(CM/Agency)

这种模式又称为纯粹的 CM 模式。采用代理型 CM 模式时，CM 单位是业主的咨询单位，业主与 CM 单位签订咨询服务合同，CM 合同价就是 CM 费，其表现形式可以是百分率(今后陆续确定的工程费用总额为基数)或固定数额的费用；业主分别与多个施工单位签订所有的工程施工合同。其合同关系和协调管理关系如图 7-2 所示。图中 C 表示施工单位，S 表示材料设备供应单位。

需要说明的是，CM 单位对设计没有指令权，只能向设计单位提出一些合理化建议，因而 CM 单位与设计单位之间是协调关系。这一点同样适用于非代理型 CM 模式。这也是 CM 模式与全过程建设项目管理的重要区别。

代理型 CM 标准合同条件被 AIA 定为“B801/CMa”，同时被 ACC 定为“ACC510”。

代理型 CM 模式中的 CM 单位通常是由具有丰富施工经验的专业 CM 单位担任。

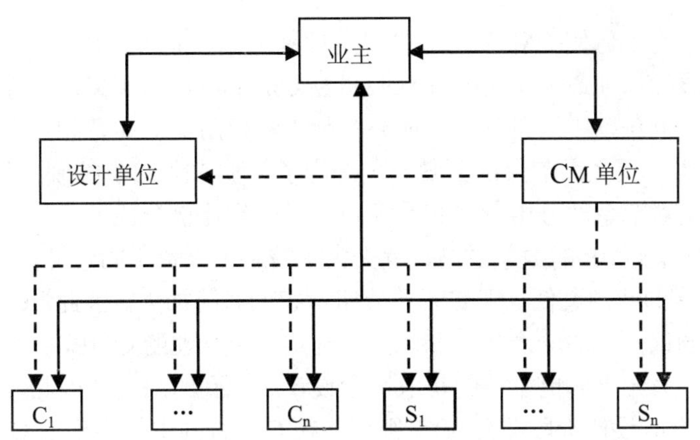

图 7-2　代理型 CM 模式的合同关系和协调管理关系

2) 非代理型 CM 模式(CM/Non-Agency)

这种模式又称为风险型 CM 模式(At-Risk CM)，在英国则称为管理承包(Management Contracting)。据英国有关文献介绍，这种模式在英国早在 20 世纪 50 年代即已出现。采用非代理型 CM 模式时，业主一般不与施工单位签订工程施工合同，但也可能在某些情况下，对某些专业性很强的工程内容和工程专用材料、设备，业主与少数施工单位和材料、设备供应单位签订合同。业主与 CM 单位所签订的合同既包括 CM 服务的内容，也包括工程施工承包的内容；而 CM 单位则与施工单位和材料、设备供应单位签订合同。其合同关系和协调管理关系如图 7-3 所示。

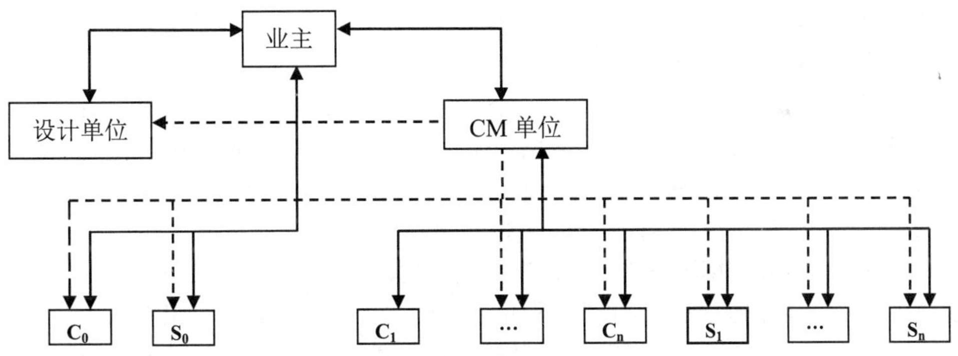

图 7-3　非代理型 CM 模式的合同关系和协调管理关系

在图 7-3 中，CM 单位与施工单位之间似乎是总分包关系，但实际上却与总分包模式有本质的不同。其根本区别主要表现在：一是虽然 CM 单位与各个分包商直接签订合同，但 CM 单位对各分包商的资格预审、招标、议标和签约都对业主公开并必须经过业主的确认才有效；二是由于 CM 单位介入工程时间较早(一般在设计阶段介入)且不承担设计任务，所以 CM 单位并不向业主直接报出具体数额的价格，而是报 CM 费，至于工程本身的费用则是今后 CM 单位与各分包商、供应商的合同价之和。也就是说，CM 合同价由以上两部分组成，但在签订 CM 合同时，该合同价尚不是一个确定的具体数据，而主要是确定计价原则和方式，其本质上属于成本加酬金合同的一种特殊形式。

由此可见，在采用非代理型 CM 模式时，业主对工程费用不能直接控制，因而在这方面存在很大风险。为了促使 CM 单位加强费用控制工作，业主往往要求在 CM 合同中预先确定一个具体数额的保证最大价格(Guaranteed Maximum Price，GMP，包括总的工程费用和 CM 费)。而且，合同条款中通常规定，如果实际工程费用加 CM 费超过了 GMP，则超出部分由 CM 单位承担；反之，节余部分归业主。为了鼓励 CM 单位控制工程费用的积极性，也可在合同中约定对节余部分由业主和 CM 单位按一定比例分成。

不难理解，如果 GMP 的数额过高，就失去了控制工程费用的意义，业主所承担的风险增大；反之，GMP 的数额过低，则 CM 单位所承担的风险加大。因此，GMP 具体数额的确定就成为 CM 合同谈判中的一个焦点和难点。确定一个合理的 GMP，一方面取决于 CM 单位的水平和经验，另一方面更主要的是取决于设计所达到的深度。因此，如果 CM 单位介入时间较早(如在方案设计阶段即介入)，则可能在 CM 合同中暂不确定 GMP 的具体数额，而是规定确定 GMP 的时间(不是从日历时间而是从设计进度和深度考虑)。但是，这样会大大增加 GMP 谈判的难度和复杂性。

非代理型 CM 标准合同条件被 AIA 定为“A121/CMc”，同时被 ACC 定为“ACC565”。非代理型 CM 模式中的 CM 单位通常是由从过去的总承包商演化而来的专业 CM 单位或总承包商担任。

3. CM 模式的适用情况

从 CM 模式的特点来看，在以下几种情况下尤其能体现出它的优点。

(1) 设计变更可能性较大的建设工程。某些建设工程，即使采用传统模式即等全部设计图纸完成后再进行施工招标，在施工过程中仍然会有较多的设计变更(不包括因设计本身缺陷引起的变更)。在这种情况下，传统模式利于投资控制的优点体现不出来，而 CM 模式则能充分发挥其缩短建设周期的优点。

(2) 时间因素最为重要的建设工程。尽管建设工程的投资、进度、质量三者是一个目标系统，三大目标之间存在对立统一的关系，但是，某些建设工程的进度目标可能是第一位的，如生产某些急于占领市场产品的建设工程。如果采用传统模式组织实施，建设周期太长，虽然总投资可能较低，但可能因此而失去市场，导致投资效益降低乃至很差。

(3) 因总的范围和规模不确定而无法准确定价的建设工程。这种情况表明业主的前期项目策划工作做得不好，如果等到建设工程总的范围和规模确定后再组织实施，持续时间又太长。因此，可采取确定一部分工程内容即进行相应的施工招标，从而选定施工单位开始施工。但是，由于建设工程总体策划存在缺陷，因而 CM 模式应用的局部效果可能较好，而总体效果可能不理想。

以上都是从建设工程本身的情况说明 CM 模式的适用情况。而不论哪种情况，应用 CM 模式都需要有具备丰富施工经验的高水平 CM 单位，这可以说是应用 CM 模式的关键和前提条件。

4. 实施 CM 模式的价值

CM 承包模式特别适用于那些实施周期长、工期要求紧迫的大型复杂建设工程。采用 CM 承包模式的基本指导思想是缩短工程项目的建设周期，但其价值远不止于此，它在工程质量、进度和造价控制方面都有很大的价值。

1) 工程质量控制方面的价值

(1) 设计与施工的结合，有利于提高工程质量。采用 CM 承包模式，实现了工程设计与施工的结合和协调，从而使工程项目采用新的施工工艺和方法，尽量提高工程项目的施工质量成为可能。CM 单位根据以往的施工经验，在材料和设备的选择方面提出合理化建议，也为保证和提高工程质量提供了可能。

(2) 严格的工程质量控制程序，为控制工程质量提供了保证。按照 CM 合同规定，CM 单位在施工阶段要设立专门的现场控制及质量监督班子，建立质量控制和检查程序，编制质量保证计划，监督分包商的施工质量，检查设备材料供应商的产品质量，严格按质量标准和合同进行检查、验收，这一系列措施为控制工程项目的施工质量提供了保证。

2) 工程进度控制方面的价值

(1) 由于采取分阶段发包，集中管理，实现了有条件的“边设计、边施工”，使设计与施工能够充分地搭接，有利于缩短建设工期。

(2) 尽管工程建设总承包也是在工程设计前期或设计早期进行发包，但由于 CM 承包模式的招标不需要编制项目功能描述书，因而缩短了招标准备工作时间。因此，采用 CM 承包模式，比工程建设总承包的招标时间更短。

(3) CM 单位在工程项目设计早期即可参与项目的实施，并对工程设计提出合理化建议，使设计方案的施工可行性和合理性在设计阶段就得到考虑和证实，从而可以减少施工阶段因修改设计而造成的实际进度拖后。

(4) 为了实现设计与施工以及施工与施工的合理搭接，CM 承包模式将项目的进度安排看作一个完整的系统工程，一般在项目实施早期即编制供货期长的设备采购计划，并提前安排设备招标、提前组织设备采购，从而可以避免因设备供应工作的组织和管理不当而造成的工程延期。

(5) CM 单位一般都拥有一套先进的计算机进度控制系统，充分利用现代化管理方法和手段，卓有成效地进行工程项目的进度安排和控制。

3) 工程造价控制方面的价值

(1) 与施工总承包相比，采用 CM 承包模式时的合同价更具合理性。采用 CM 承包模式时，施工任务要进行多次分包，施工合同总价不是一次确定，而是有一部分完整施工图纸就分包一部分，将施工合同总价化整为零。而且每次分包都通过招标展开竞争，每个分包合同价格都通过谈判进行详细讨论，从而使各个分包合同价格汇总后形成的合同总价更具合理性。

(2) CM 单位不赚取总包与分包之间的差价。与总分包模式相比，CM 单位与分包商或供货商之间的合同价是公开的，业主可以参与所有分包工程或设备材料采购招标及分包合同或供货合同的谈判。CM 单位不赚取总包与分包之间的差价，它在进行分包谈判时，会努力降低分包合同价。经谈判而降低合同价的节约部分全部归业主所有，CM 单位可获得部分奖励，这样有利于降低工程费用。

(3) 应用价值工程方法挖掘节约投资的潜力。CM 承包模式不同于普通承包模式的“按图施工”，CM 单位早在工程设计阶段就可凭借其在施工成本控制方面的实践经验，应用价值工程方法对工程设计提出合理化建议，以进一步挖掘节省工程投资的可能性。此外，由于工程设计与施工的早期结合，使得设计变更在很大程度上得到控制，从而减少了分包商因设计变更而提出的索赔。

(4) GMP大大减少了业主在工程造价控制方面的风险。当采用非代理型CM承包模式时，CM单位将对工程费用的控制承担更直接的经济责任，它必须承担GMP的风险。如果实际工程费用超过GMP，超出部分将由CM单位承担；如果实际工程费用低于GMP，节约部分全部归业主所有。由此可见，业主在工程造价控制方面的风险将大大减少。

(5) 采用现代化管理方法和手段控制工程费用。与普通承包商相比，CM单位不是单"为自己控制成本"，还要承担"为业主控制工程费用"的任务。CM单位要制订和实施完整的工程费用计划和控制工作流程，并不断向业主报告工程费用情况。在国外，许多成功的CM承包商都拥有一套先进的计算机费用控制系统，以便在项目实施过程中编制和调整不同版本的费用预算，进行费用计划值与实际值的动态跟踪比较，发现实际费用超过计划值时及时采取纠偏措施。

7.3.2 EPC模式

1. EPC模式的概念

EPC为英文Engineering-Procurement-Construction的缩写，我国有些学者将其翻译为设计—采购—建造。对此，有必要作特别说明。如果将Engineering一词简单地译为"工程"肯定不恰当，但译为"设计"也未必恰当，因为这容易使人从中文的角度理解为Design，从而将EPC模式与项目总承包模式相混淆。

为了弄清EPC模式与项目总承包模式的区别，有必要从两者英文表述词的分析入手。项目总承包模式的英文表示为Design-Build(也可简单地表示为D+B)或Engineering-Construction。在这两种模式中，Engineering与Design相对应，Build与Construction相对应。

Engineering一词的含义极其丰富，在EPC模式中，它不仅包括具体的设计(Design)工作，而且可能包括整个建设工程内容的总体策划以及整个建设工程实施组织管理的策划和具体工作。因此，很难用一个简单的中文词来准确表达Engineering的含义。由此可见，与D+B模式相比，EPC模式将承包(或服务)范围进一步向建设工程的前期延伸，业主只要大致说明投资意图和要求，其余工作均由EPC承包单位来完成。

Build与Construction两个单词的中文含义有很多相同之处，作为英文使用时有时并没有严格区别。但是，这两个单词还是有一些细微的区别。Build与Building(建筑物，通常指房屋建筑)密切相关，而Construction没有直接相关的工程对象词汇。D+B模式一般不特别说明其适用的工程范围，而EPC模式则特别强调适用于工厂、发电厂、石油开发和基础设施(Infrastructure)等建设工程。

Procurement译为采购是恰当的。按世界银行的定义，采购包括工程采购(通常主要指施工招标)、服务采购和货物采购。但在EPC模式中，采购主要是指货物采购即材料和工程设备的采购。虽然D+B模式在名称上未出现Procurement一词，但并不意味着在这种模式中材料和工程设备的采购完全由业主掌握。实际上，在D+B模式中，大多数材料和工程设备通常是由项目总承包单位采购(合同中对此也有相应的条款)，但业主可能保留对部分重要工程设备和特殊材料的采购权。EPC模式在名称上突出了Procurement，表明在这种模式中，材料和工程设备的采购完全由 EPC 承包单位负责。

EPC 模式于 20 世纪 80 年代首先在美国出现，得到了那些希望尽早确定投资总额和建设周期(尽管合同价格可能较高)的业主的青睐，在国际工程承包市场中的应用逐渐扩大。FIDIC 于 1999 年编制了标准的 EPC 合同条件，这有利于 EPC 模式的推广应用。

2. EPC 模式的特征

与建设工程组织管理的其他模式相比，EPC 模式有以下几方面的基本特征。

1) 承包商承担大部分风险

一般认为，在传统模式条件下，业主与承包商的风险分担大致是对等的。而在 EPC 模式条件下，由于承包商的承包范围包括设计，因而很自然地要承担设计风险。此外，在其他模式中均由业主承担的"一个有经验的承包商不可预见且无法合理防范的自然力的作用"的风险，在 EPC 模式中也由承包商承担。这是一类较为常见的风险，一旦发生，一般都会引起费用增加和工期延误。在其他模式中承包商对此所享有的索赔权在 EPC 模式中不复存在。这无疑大大增加了承包商在工程实施过程中的风险。

另外，在 EPC 标准合同条件中还有一些条款也加大了承包商的风险。例如，EPC 合同条件第 4.10 款规定："承包商应负责核查和解释(业主提供的)此类数据。业主对此类数据的准确性、充分性和完整性不承担任何责任。"而在其他模式中，通常是强调承包商自己对此类资料的解释负责，并不完全排除业主的责任。又如，EPC 合同条件第 4.12 款规定："(1)承包商被认为已取得了可能对投标文件或工程产生影响或作用的有关风险、意外事故和其他情况的全部必要的资料；(2)在签订合同时，承包商应已经预见到了为圆满完成工程今后发生的一切困难和费用；(3)不能因任何没有预见的困难和费用而进行合同价格的调整。"而在其他模式中，通常没有上述(2)、(3)的规定，意味着如果发生此类情况，承包商可以得到费用和工期方面的补偿。

2) 业主或业主代表管理工程实施

在 EPC 模式条件下，业主不聘请"工程师"(即我国的监理工程师)来管理工程，而是自己或委派业主代表来管理工程。EPC 合同条件第 3 条规定，如果委派业主代表来管理，业主代表应是业主的全权代表。如果业主想更换业主代表，只需提前 14 天通知承包商，不需征得承包商的同意。而在其他模式中，如果业主想更换工程师，不仅提前通知承包商的时间大大增加(如 FIDIC 施工合同条件规定为 42 天)，且需得到承包商的同意。

由于承包商已承担了工程建设的大部分风险，所以，与其他模式条件下工程师管理工程的情况相比，EPC 模式条件下业主或业主代表管理工程显得较为宽松，不太具体和深入。例如，对承包商所应提交的文件仅仅是"审阅"，而在其他模式则是"审阅和批准"；对工程材料、工程设备的质量管理，虽然也有施工期间检验的规定，但重点是在竣工检验，必要时还可能作竣工后检验(排除了承包商不在场作竣工后检验的可能性)。

需要说明的是，虽然 FIDIC 在编制 EPC 合同条件时，其基本出发点是业主参与工程管理工作很少，对大部分施工图纸不需要经过业主审批。但在实践中，业主或业主代表参与工程管理的深度并不统一。通常，如果业主自己管理工程，其参与程度不可能太深。但是，如果委派业主代表则不同，在有的实际工程中，业主委派某个建设项目管理公司作为其代表，从而对建设工程的实施从设计、采购到施工进行全面的严格管理。

3) 总价合同

总价合同并不是 EPC 模式独有的，但与其他模式条件下的总价合同相比，该模式条件下的合同更接近于固定总价合同(若法规变化仍允许调整合同价格)。通常，在国际工程承包中，固定总价合同仅用于规模小、工期短的工程。而 EPC 模式所适用的工程一般规模均较大、工期较长，且具有相当的技术复杂性。因此，在这类工程上采用接近固定的总价合同，也就称得上是特征了。另外，在 EPC 通用合同条件第 13.8 款中，没有其他模式合同条件中规定的调价公式，而只是在专用条件中提到。这表明，在 EPC 模式条件下，业主允许承包商因费用变化而调价的情况是不多见的。而如果考虑到 EPC 合同条件第 4.12 款的有关规定，则业主根本不可能接受在专用条件中规定调价公式。这一点也是 EPC 模式与同样是采用总价合同的 D+B 模式的重要区别。

3. EPC 模式的适用条件

由于 EPC 模式具有上述特征，因而应用这种模式需具备以下条件。

(1) 由于承包商承担了工程建设的大部分风险，因此，在招标阶段，业主应给予投标人充分的资料和时间，以使投标人能够仔细审核“业主的要求”(这是 EPC 模式条件下业主招标文件的重要内容)，从而详细地了解该文件规定的工程目的、范围、设计标准和其他技术要求，在此基础上进行工程前期的规划设计、风险分析和评价以及估价等工作，向业主提交一份技术先进可靠、价格和工期合理的投标书。

另外，从工程本身的情况来看，所包含的地下隐蔽工作不能太多，承包商在投标前无法进行勘察的工作区域也不能太大；否则，承包商就无法判定具体的工程量，增加了承包商的风险，只能在报价中以估计的方法增加适当的风险费，难以保证报价的准确性和合理性，最终要么损害业主的利益，要么损害承包商的利益。

(2) 虽然业主或业主代表有权监督承包商的工作，但不能过分地干预承包商的工作，也不要审批大多数的施工图纸。既然合同规定由承包商负责全部设计，并承担全部责任，只要其设计和所完成的工程符合“合同中预期的工程之目的”(EPC 合同条件第 4.1 款：承包商的一般义务)，就应认为承包商履行了合同中的义务。这样做有利于简化管理工作程序，保证工程按预定的时间完成。而从质量控制的角度考虑，应突出对承包商过去业绩的审查，尤其是在其他采用 EPC 模式工程上的业绩(如果有的话)，并注重对承包商投标书中技术文件的审查以及质量保证体系的审查。

(3) 由于采用总价合同，因而工程的期中支付款(Interim Payment)应由业主直接按照合同规定支付，而不是像其他模式那样先由工程师审查工程量和承包商的结算报告，再决定和签发支付证书。在 EPC 模式中，期中支付款可以按月度支付，也可以按阶段(我国所称的形象进度或里程碑事件)支付；在合同中可以规定每次支付款的具体数额，也可以规定每次支付款占合同价的百分比。

如果业主在招标时不满足上述条件或不愿接受其中某一条件，则该建设工程就不能采用 EPC 模式和 EPC 标准合同文件。在这种情况下，FIDIC 建议采用《工程设备和设计——建造合同条件》，即新黄皮书。

案例(EPC 总承包项目——文档控制)

背景：某国际油田项目，由两个独立的区域组成，主要地面设施包括两座集油站、一

座中心处理站、三条油气外输管线和一条新鲜水管线。在该项目中，文档控制工作小组隶属于行政部，通过整体外包的形式开展文档控制工作。该项目为EPC总承包项目，项目文件主要包括：①信函、会议纪要、备忘录等文书类文件；②项目管理类文件；③工程技术文件；④项目管理培训供货商文件；⑤合同商务类文件。

根据EPC总承包项目的特点，文档控制工程师主要分布于设计、采购、施工3个部门，在关系上隶属于行政部文档控制小组。信函、会议纪要等文书类文件及项目管理类文件由行政部文档控制小组统一管理，工程技术文件由设计部文档控制工程师负责管理，供货商文件由采购部文档控制工程师负责管理。文档控制团队主要的工作职责包括：负责项目文书类文件、管理类文件、工程技术文件、供货商文件及合同商务类文件的收集、整理、流转、归档、管理、统计、检索、借阅等工作；负责项目应用的各类文件模板的编制及修订；定期对项目文件进行检查、评审，包括对项目文件的查借阅情况、存档准确性以及是否按项目文档控制程序执行等。

通过对项目文档控制工作的总结，国际大型工程建设项目通常需要文档控制人员兼顾一些文档控制工作以外的其他工作内容，这对于文档控制人员来说是一个较大的风险。明确文档控制人员的岗位职责和工作界面，将文档控制工作落实到具体的岗位中，增加工作界面协调管理制度，使项目文档控制涉及的每项工作有理可依、有据可查，能够大大提高文档控制工作的效率，提升项目文档管理的工作质量，进而辅助项目管理相关工作有序开展。

7.3.3 Partnering模式

1. Partnering的概念

Partnering模式于20世纪80年代中期首先在美国出现，1984年，壳牌(Shell)石油公司与SIP工程公司签订了被美国建筑业协会(CII)认可的第一个真正的Partnering协议。1988年，美国陆军工程公司(ACE)开始采用Partnering模式并应用得非常成功；1992年，美国陆军工程公司规定在其所有新的建设工程上都采用Partnering模式，从而大大促进了Partnering模式的发展。到20世纪90年代中后期，Partnering模式的应用已逐渐扩大到英国、澳大利亚、新加坡等国家和中国香港地区，越来越受到建筑工程界的重视。

Partnering一词看似简单，但要准确地译成中文却相当困难，我国大陆有学者将其译为伙伴关系，台湾地区学者则将其译为合作管理。对Partnering一词的理解，尤其要注意其作为英文动名词的特性，翻译成中文时不能与作为英文名词的Partner和Partnership相混淆。Partner的基本含义是伙伴、合伙人，Partnership的基本含义是伙伴关系、合伙关系。仅从这个角度来看，相对而言，将Partnering翻译成“合作管理”显得较为贴切。尽管如此，在未得到我国学术界和工程界普遍认可的情况下，本书仍然宁可采用英文表示。

不仅对Partnering一词的中文翻译相当困难，而且对Partnering模式的定义也相当困难。即使在Partnering模式的发源地美国，至今对Partnering模式也没有统一的定义。美国建筑业协会(CII)、美国陆军工程公司(ECE)、美国国民经济发展办公室(NEDO)、美国总承包商联合会(AGC)、美国土木工程师协会(ASCE)、美国仲裁协会(AAA)等机构以及一些学者都分别对 Partnering 模式下了不同的有较大差异的定义。本书不一一列举和比较这些定义，在此仅试图将这些定义共同的主要内容归纳如下。

Partnering 模式意味着业主与建设工程参与各方在相互信任、资源共享的基础上达成一种短期或长期的协议；在充分考虑参与各方利益的基础上确定建设工程共同的目标；建立工作小组，及时沟通以避免争议和诉讼的产生，相互合作、共同解决建设工程实施过程中出现的问题，共同分担工程风险和有关费用，以保证参与各方目标和利益的实现。

2. Partnering 协议

Partnering 协议的英文原文为 Partnering Charter，其中 Charter 的含义有宪章、协议等，一般是由多方共同签署的文件，这是与 Agreement 的重要区别。本书虽然将 Charter 译为协议，但应注意不要将其与 Agreement 相混淆。

Partnering 协议不仅仅是业主与施工单位双方之间的协议，而且需要建设工程参与各方共同签署，包括业主、总包商或承包商、主要的分包商、设计单位、咨询单位、主要的材料设备供应单位等。对此，要注意两个问题。一是提出 Partnering 模式的时间可能与签订 Partnering 协议的时间相距甚远。由于业主在建设工程中处于主导和核心地位，所以通常是由业主提出采用 Partnering 模式的建议。业主可能在建设工程策划阶段或设计阶段开始前就提出采用 Partnering 模式，但可能到施工阶段开始前才签订 Partnering 协议。二是 Partnering 协议的参与者未必一次性全部到位，如最初 Partnering 协议的签署方可能不包括材料设备供应单位。

需要说明的是，一般合同(如施工合同)往往是由当事人一方(通常是业主)提出合同文本，该合同文本可以采用成熟的标准文本，也可以自行起草或委托咨询单位起草，然后经过谈判(主要是针对专用条件内容)签订。而 Partnering 协议没有确定的起草方，必须经过参与各方的充分讨论后确定该协议的内容，经参与各方一致同意后共同签署。

由于 Partnering 模式出现的时间还不长，应用范围也比较有限，因而到目前为止还没有标准、统一的 Partnering 协议的格式，其内容往往也因具体的建设工程和参与者的不同而有所不同。但是，Partnering 协议还是有许多共同点，一般都是围绕建设工程的三大目标以及工程变更管理、争议和索赔管理、安全管理、信息沟通和管理、公共关系等问题做出相应的规定，而这些规定都是有关合同中没有或无法详细规定的内容。

3. Partnering 模式的特征

Partnering 模式的特征主要表现在以下几个方面。

1) 出于自愿

在 Partnering 模式中，参与 Partnering 模式的有关各方必须是完全自愿，而非出于任何原因的强迫。Partnering 模式的参与各方要充分认识到，这种模式的出发点是实现建设工程的共同目标以使参与各方都能获益。只有在认识上统一才能在行动上采取合作和信任的态度，才能愿意共同分担风险和有关费用，共同解决问题和争议。在有的案例中，招标文件中写明工程将采取 Partnering 模式，这时施工单位的参与就可能是出于自愿。

2) 高层管理的参与

Partnering 模式的实施需要突破传统观念和传统的组织界限，因而建设工程参与各方高层管理者的参与以及在高层管理者之间达成共识，对这种模式的顺利实施是非常重要的。

由于这种模式要由参与各方共同组成工作小组，要分担风险、共享资源，甚至是公司的重要信息资源，因此高层管理者的认同、支持和决策是关键因素。

3) Partnering 协议不是法律意义上的合同

Partnering 协议与工程合同是两个完全不同的文件。在工程合同签订后，建设工程参与各方经过讨论协商后才会签署 Partnering 协议。该协议并不改变参与各方在有关合同规定范围内的权利和义务关系，参与各方对有关合同规定的内容仍然要切实履行。Partnering 协议主要确定了参与各方在建设工程上的共同目标、任务分工和行为规范，是工作小组的纲领性文件。该协议的内容也不是一成不变的，当有新的参与者加入，或某些参与者对协议的某些内容有意见时，都可以召开会议经过讨论对协议内容进行修改。

4) 信息的开放性

Partnering 模式强调资源共享，信息作为一种重要的资源对于参与各方必须公开。同时，参与各方要保持及时、经常和开诚布公的沟通，在相互信任的基础上，要保证工程的设计资料、投资、进度、质量等信息能被参与各方及时、便利地获取。这不仅能保证建设工程目标得到有效的控制，而且能减少许多重复性的工作，降低成本。

4．Partnering 模式与其他模式的比较

为简明起见，将 Partnering 模式与建设工程组织管理的其他模式(主要指基本模式和 CM 模式)的比较用表格形式汇总于表 7-1 中。

表 7-1　Partnering 模式与其他模式的比较

项　目	其他模式	Partnering 模式
目标	业主与施工单位均有三大目标，但除了质量方面双方目标一致外，在费用和进度方面双方目标可能相矛盾	将建设工程参与各方的目标融为一体，考虑业主和参与各方利益的同时要满足甚至超越业主的预定目标，着眼于不断地提高和改进
期限	合同规定的期限	可以是一个建设工程的一次性合作，也可以是多个建设工程的长期合作
信任性	信任是建立在对完成建设工程能力的基础上，因而每个建设工程均需组织招标(包括资格预审)	信任是建立在共同的目标、不隐瞒任何事实以及相互承诺的基础上，长期合作则不再招标
回报	根据建设工程完成情况的好坏，施工单位有时可能得到一定的奖金(如提前工期奖、优质工程奖)或再接到新的工程	认为建设工程产生的结果很自然地已被彼此共享，各自都实现了自身的价值；有时可能就建设工程实施过程中产生的额外收益进行分配
合同	传统的具有法律效力的合同	传统的具有法律效力的合同加非合同性的 Partnering 模式
相互关系	强调各方的权利、义务和利益，在微观利益上相互对立	强调共同的目标和利益，强调合作精神，共同解决问题
争议与索赔	次数多、数额大，常常导致仲裁或诉讼	较少出现甚至完全避免

5. Partnering 模式的要素

Partnering 模式的要素是指保证这种模式成功运作所不可缺少的重要组成元素。综合美国各有关机构和学者对 Partnering 模式要素的论述，可归纳为以下几点。

1) 长期协议

虽然 Partnering 模式目前也经常被运用于单个建设工程，但从各国的实践来看，在多个建设工程上持续运用 Partnering 模式可以取得更好的效果，这也是 Partnering 模式的发展方向。通过与业主达成长期协议、进行长期合作，施工单位能够更加准确地了解业主的需求；同时能保证施工单位不断地获取工程实施任务，从而使施工单位可以将主要精力放在工程的具体实施上，充分发挥其积极性和创造性。这既对工程的投资、进度、质量控制有利，同时也降低了施工单位的经营成本。而业主一般只有通过与某一施工单位的成功合作才会与其达成长期协议，这样不仅可以使业主避免了在选择施工单位方面的风险，而且可以大大降低"交易成本"，缩短建设周期，取得更好的投资效益。

2) 共享

共享的含义是指建设工程参与各方的资源共享、工程实施产生的效益共享；同时，参与各方共同分担工程的风险和采用 Partnering 模式所产生的相应费用。在这里，资源和效益都是广义的。资源既有有形的资源，如人力、机械设备等，也有无形的资源，如信息、知识等；效益同样既有有形的效益，如费用降低、质量提高等，也有无形的效益，如避免争议和诉讼的产生、工作积极性提高、施工单位社会信誉提高等。其中，尤其要强调信息共享。在 Partnering 模式中，信息只有在参与各方之间及时、准确而有效地传递、转换，才能保证及时处理和解决已经出现的争议和问题，提高整个建设工程组织的工作效率。为此，需将传统的信息传递模式转变为基于电子信息网络的现代传递模式，如图 7-4 所示。

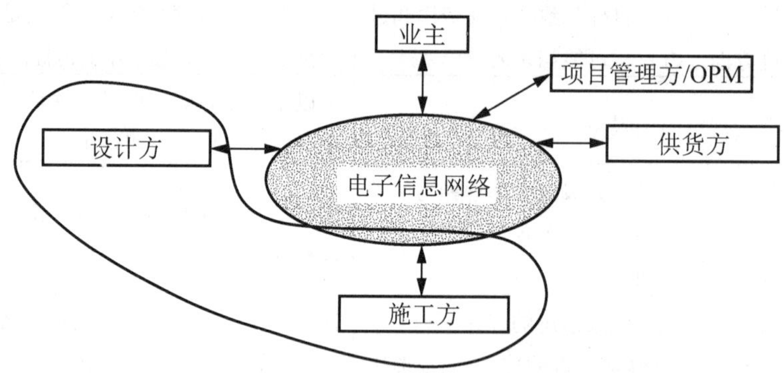

图 7-4　基于电子信息网络的信息传递模式

3) 相互信任

相互信任是确定建设工程参与各方共同目标和建立良好合作关系的前提，是 Partnering 模式的基础和关键。只有对参与各方的目标和风险进行分析和沟通，并建立良好的关系，彼此才能更好地理解；只有相互理解才能产生信任，而只有相互信任才能产生整体性的效果。Partnering 模式所达成的长期协议本身就是相互信任的结果，其中每一方的承诺都是基于对其他参与方的信任。有了信任才能将建设工程组织管理其他模式中常见的参与各方之间相互对立的关系转化为相互合作的关系，才可能实现参与各方的资源和效益共享。因此，在采用 Partnering 模式时，在建设工程实施的各个管理层次上，包括参与各方的高层管理者、具体建设工程的主要管理人员和基层工作人员之间，都需要建立信任关系，并使之不断强化。由此可见，Partnering 模式实质上是建设工程组织管理的一种全新理念。

4) 共同的目标

在一个确定的建设工程中，参与各方都有各自不同的目标和利益，在某些方面甚至还有矛盾和冲突。尽管如此，在建设工程的实施过程中，参与各方之间还是有许多共同利益的。例如，通过设计方、施工方和业主方的配合，可以降低工程的风险，对参与各方均有利；还可以提高工程的使用功能和使用价值，不仅提高了业主的投资效益，而且也提高了设计单位和施工单位的社会声誉等。因此，采用 Partnering 模式要使参与各方认识到，只有建设工程实施结果本身是成功的，才能实现他们各自的目标和利益，从而取得双赢和多赢的结果。为此，就需要通过分析、讨论、协调、沟通，针对特定的建设工程确定参与各方共同的目标，在充分考虑参与各方利益的基础上努力实现这些共同的目标。

5) 合作

合作意味着建设工程参与各方都要有合作精神，并在相互之间建立良好的合作关系。但这只是基本原则，要做到这一点，还需要有组织保证。Partnering 模式需要突破传统的组织界限，建立一个由建设工程参与各方人员共同组成的工作小组。同时，要明确各方的职责，建立相互之间的信息流程和指令关系，并建立一套规范的操作程序。该小组围绕共同的目标展开工作，在工作过程中鼓励创新、合作的精神，对所遇到的问题要以合作的态度公开交流，协商解决，力求寻找一个使参与各方均满意或均能接受的解决方案。建设工程参与各方之间这种良好的合作关系创造出和谐、愉快的工作氛围，不仅可以大大减少争议和矛盾的产生，而且可以及时做出决策，大大提高工作效率，有利于共同目标的实现。

6．Partnering 模式的适用情况

Partnering 模式总是与建设工程组织管理模式中的某种模式结合使用，较为常见的情况是与总分包模式、项目总承包模式、CM 模式结合使用。这表明 Partnering 模式并不能作为一种独立存在的模式。从 Partnering 模式的实践情况来看，并不存在什么适用范围的限制，但是 Partnering 模式的特点决定了它特别适用于以下几种类型的建设工程。

1) 业主长期有投资活动的建设工程

这种建设工程比较典型的有大型房地产开发项目、商业连锁建设工程、代表政府进行基础设施建设投资的业主的建设工程等。由于长期有连续的建设工程作保证，业主与施工单位等工程参与各方的长期合作就有了基础，有利于增加业主与建设工程参与各方之间的了解和信任，从而可以签订长期的 Partnering 协议，取得比在单个建设工程上运用 Partnering 模式更好的效果。

2) 不宜采用公开招标或邀请招标的建设工程

这种建设工程有军事工程、涉及国家安全或机密的工程、工期特别紧迫的工程等。在这些建设工程上，相对而言，投资一般不是主要目标，业主与施工单位较易形成共同的目标和良好的合作关系。而且，虽然没有连续的建设工程，但良好的合作关系可以保持下去，在今后新的建设工程上仍然可以再度合作。这表明，即使对于短期内一个确定的建设工程，也可以签订具有长期效力的协议(包括在新的建设工程上套用原来的 Partnering 协议)。

3) 复杂的不确定因素较多的建设工程

如果建设工程的组成、技术、参与单位复杂，尤其是技术复杂、施工的不确定因素多，在采用一般模式时，往往会产生较多的合同争议和索赔，容易导致业主和施工单位产生对立情绪，相互之间的关系紧张，影响整个建设工程目标的实现，其结果可能是两败俱伤。在这类建设工程中采用 Partnering 模式，可以充分发挥其优点，能协调参与各方之间的关系，有效避免和减少合同争议，避免仲裁或诉讼，较好地解决索赔问题，从而更好地实现建设工程参与各方共同的目标。

4) 国际金融组织贷款的建设工程

按贷款机构的要求，这类建设工程一般应采用国际公开招标(或称国际竞争性招标)，常常有外国承包商参与，合同争议和索赔经常发生且数额较大。另外，一些国际著名的承包商往往有 Partnering 模式的实践经验，至少对这种模式有所了解。因此，在这类建设工程中采用 Partnering 模式容易为外国承包商所接受并较为顺利地运作，从而可以有效地防范和处理合同争议和索赔，避免仲裁或诉讼，较好地控制建设工程的目标。当然，在这类建设工程上，一般是针对特定的建设工程签订 Partnering 协议，而不是签订长期的 Partnering 协议。

7．Partnering 模式的应用

1) 选择 Partnering 模式

采用 Partnering 模式强调各参与方应是自愿的，即业主与承包商都要表达出愿意采用 Partnering 模式的意愿，如果任何一方不自愿或被迫参加，伙伴关系都无法成功建立。这种意愿在签订合同之后就应当表达出来，有时承包商也可能在中标文件中表达。确定是否采用 Partnering 模式前，需要考虑的问题有以下三点。

(1) 要准确理解 Partnering 和 Partnering 模式的含义，把握其主要内涵，以便在实践中正确应用，不被误解和歪曲。

(2) 要意识到 Partnering 模式可能带来的机遇和风险。COE(美国陆军工程公司)和 NAVAFC(美国海军设施工程司令部)选取不同的样本空间对采用 Partnering 模式和不采用 Partnering 模式的项目分析比较后得出结论，一致认为采用 Partnering 模式比不采用 Partnering 模式能够减少项目总成本，提高项目进度，减少项目变更和增加更多的项目价值工程余额。“高收益，高风险”，建立伙伴关系需要长期不懈的投入和精心的呵护，需要对伙伴成员不容置疑地信任，需要共同承担风险等。

(3) 分析 Partnering 模式适用的场合。从 Partnering 模式的实践情况来看，并不存在特别适用范围的限制，大型或小型项目、公立性或私立性项目等都可适用。

综合以上三点可得出在项目中是否应该采用 Partnering 模式的结论。

2) 建立工作小组

决定采用 Partnering 模式后就要建立工作小组，工作小组是由项目各利益相关组织的主要负责人组成，由一名中立的、第三方作为主持人主持小组工作。工作小组的主要任务是讨论原则性协议与寻找涉及各方利益的问题解答，是使Partnering模式顺利实施的操作平台。

3) 召开伙伴工作会议

工作会议的主要目的是让伙伴成员公开、坦诚地交流，建立相互依赖的团队精神和形成 Partnering 协议。会议通常持续 2～3 天，根据项目的规模及与会人员的数量决定，一般

两天就足够了。对于小型项目或已有较好关系的组织，一天也可以。

案例：Partnering 案例分析

背景：地铁将军澳延长线路包括 13 个建筑合同、4 个建筑服务合同和 17 个 E&M 合同。604 项目是地铁将军澳延长线路的一个合同段。项目业主是香港地铁公司(MTRC)，属于特别行政区政府控股的上市公司。该项目合同额为 4.37 亿港币，与一家日本建筑公司 Kumagai Gumi Ltd(KG)签订承包合同。该项目在 2009 年年底开工，2011 年 11 月竣工。

1. 选择 Partnering 模式

香港地铁公司拥有自己的项目部，该项目部人员具有丰富的项目管理经验，且一直认为有效的项目管理需要咨询人员、承包商、业主之间的相互合作。2008 年地铁将军澳延长线路即将建设，该项目部人员意识到需要创造一个合作项目环境以便达到公司期望的高质量。基于以上考虑，项目部组建了工作小组研究 Partnering 模式。工作小组重点研究了 Partnering 带来的效益和如何将 Partnering 模式引入到工程项目中。通过几个月的研究和实地考察，工作小组得出结论：Partnering 模式提高了资金效益，明确了工程进度，改善了沟通渠道，提高了合作水平，增强了解决问题的能力。这表明了采用 Partnering 的潜在利益。工作小组向项目部建议：Partnering 不一定适合所有的工程项目，引入 Partnering 应逐步有序进行，首先应建立 Partnering 关系，然后考虑经济效益。604 合同签订之后，MTRC 立即采用了 Partnering 模式。

2. Partnering 实施

为了成功实施 Partnering，MTRC 发展了一系列实施方法。

(1) 举办管理层 Partnering 研讨会。由专家为香港地铁公司管理层讲解 Partnering 模式的概念、实施方法和潜在效益等，取得高层管理者对 Partnering 的支持，为 Partnering 实施提供了资源保障。

(2) 举办 Partnering 讨论会。项目主要参与方派人组成 Partnering 工作小组，举办第一次讨论会。为了有效举办 Partnering 讨论会，香港地铁公司聘请中立第三方协调和组织。项目主要参与方通过讨论明确了项目的共同目标和实施方法，形成了 Partnering 协议。Partnering 协议中共同目标包括建立合作工作关系、按时完工、提高质量、减少浪费和有效解决争端。在项目进行过程中不定期举行 Partnering 讨论会，使得 Partnering 概念不断被强化。

(3) 举办 Partnering 评价会。每月举办一次 Partnering 评价会，由 MTRC 和 KG 轮流主持，用来评价 Partnering 模式实施状况。在评价会举办前，项目业主和承包商的相关人员完成 Partnering 模式实施状况的评价表。Partnering 模式实施状况通过 13 项指标完成情况反映，即信任、真诚、沟通、合作、工作满意度、工期、质量、安全、成本、资源、减少浪费、第三方的需求以及解决争议的办法。评价表由各方的 Partnering 负责人汇总。在评价会议上讨论每项评价指标，指出变化的原因，并提出相应的措施。Partnering 评价会促进 Partnering 实施水平不断提高。根据对 Partnering 实施状况的统计，Partnering 实施水平总趋势是上升的。同时 Partnering 评价会鼓励了项目各方积极参与和公开交流，提高了参与者间的承诺，有助于消除传统方式的层级结构。

(4) 集体活动。由 Partnering 主持人负责，在项目实施中组织一系列集体活动，如足球赛、篮球赛等，以促进项目人员的个人关系，提高团队合作精神，创造积极的合作交流环境。

(5) Partnering 通讯刊物。香港地铁公司编写了一份名为“双赢”的 Partnering 通讯刊物。Partnering 通讯刊物月刊免费派送给 MTRC 的员工、承包商以及咨询人员。该通讯刊物报道 Partnering 模式的成功案例、Partnering 模式的经验、集体活动及其项目最新动态等，提高了员工对 Partnering 的认识。该通讯刊物也说明了 MTRC 对 Partnering 的承诺，提高了员工对 Partnering 模式的信心。

(6) 激励协议。在几个月深入讨论的基础上，MTRC 和承包商签订了一份激励协议，该协议作为补充协议生效。这份协议明确了可预见风险在 MTRC 和 KG 之间的分配以及其他风险由双方共担，并规定了共担风险的目标成本(目标成本的超支或节余由双方等额分担)，以及盈利/损失的分担公式。该协议使各项风险具体化、明确化，减少了责任的不明确性。分享目标成本的节余激励 KG，因此，价值管理被引入，以减少成本，从而实现了 MTRC 和 KG 的双赢。

除了以上提到的实施方法，MTRC 还采用关键绩效指标(Key Performance Indicators，KPI)和合同报告。KPI 和合同报告对合同履行情况进行定量分析。

3. Partnering 效益

(1) 促成了项目提前竣工，使得建设成本大大低于预算。在沟通方面，更多采用了非正式的沟通，创造了融洽的气氛，提高了工作效率。根据对 604 合同的统计，除了几次因建设强度引起的增加，书面信函的总趋势是下降的。

(2) MTRC 和 KG 签订激励协议后，该协议对项目实施产生了积极的影响：承包商提出的索赔数目从平均每月 4 项减少到平均每月 1 项；索赔批准率从 94%提高到 98%；处理索赔的时间从每项平均 170 天减少到每项平均 40 天。

本项目采用非合同化方式引入 Partnering 模式，遵循一般实施程序。项目业主发展了一系列措施：举办管理层 Partnering 研讨会，取得了高层管理者的支持，实现了承诺；举办 Partnering 讨论会形成 Partnering 协议，明确了共同目标和实施方法；举办 Partnering 评价会增强了沟通，提高了承诺；举办集体活动，提高了相互信任；发行 Partnering 通讯刊物提高了员工对 Partnering 模式的信心等。这些措施保证了 Partnering 核心理念的实现，其中最值得借鉴的是签署激励协议，实施盈亏共担的激励机制，从而实现了业主和承包商的双赢。

7.3.4 Project Controlling 模式

1．Project Controlling 模式的概念

Project Controlling 模式于 20 世纪 90 年代中期在德国首次出现并形成相应的理论。Project Controlling 博士首次提出了 Project Controlling 模式，并将其成功地应用于德国统一后的铁路改造和慕尼黑新国际机场等大型建设工程。我国也在 20 世纪 90 年代后期由同济大学工程管理研究所将该模式应用于厦门国际会展中心。经过近年来的理论研究和实践探索，Project Controlling 模式逐渐被建筑工程界所认识和接受，其应用范围也在逐渐扩大。

Project Controlling 可直译为“项目控制”，但这一翻译无法与 Project Controlling 的中文相区别。Project Controlling 是一个全新的概念，有其特定的含义。有鉴于此，我国有学者将 Project Controlling 译为“项目总控”，从而避免了与 Project Controlling 的中文翻译相混淆。但这一中文翻译能否被我国建筑工程界普遍接受，还有待于实践检验。在涉及 Project

Controlling 的概念时，本书仍采用英文原文。

在大型建设工程的实施过程中，一方面形成工程的物质流(即生产流)；另一方面，在建设工程参与各方之间形成信息传递关系，即形成工程的信息流。通过信息流可以反映工程物质流的状况。建设工程业主方的管理人员(尤其是高层管理人员)对工程目标的控制实际上就是通过掌握信息流来了解工程物质流的状况，从而进行多方面策划和控制决策(如设计决策、施工招标决策、施工决策等)，使工程的物质流按照预定计划进展，最终实现建设工程的总体目标。而 Project Controlling 方实质上是建设工程业主的决策支持机构，其日常工作就是及时、准确地收集建设工程实施过程中产生的与工程三大目标有关的各种信息，并科学地对其进行分析和处理，最后将处理结果以多种不同的书面报告形式提供给业主管理人员，以使业主能够及时地做出正确决策。由此可见，Project Controlling 模式的核心就是以工程信息流处理的结果(或简称信息流)指导和控制工程的物质流。

Project Controlling 模式是为适应大型建设工程业主高层管理人员决策需要而产生的。在大型建设工程的实施中，即使业主委托了建设项目管理咨询单位进行全过程、全方位的项目管理，但重大问题仍需业主自己决策。例如，当进度目标与投资目标发生矛盾或质量目标与投资目标发生矛盾时，要做出正确的决策对业主来说是相当困难的。另外，某些大型和特大型建设工程(如我国的长江三峡工程、德国的统一铁路改造工程等)往往由多个颇具规模和复杂的单项工程和单位工程组成，业主通常是委托多个各具专业优势的建设项目管理咨询单位分别对不同的单项工程和单位工程进行项目管理，而不可能仅仅委托一家建设项目管理咨询单位对整个建设工程进行全面的项目管理。在这种情况下，如果不同的单项工程之间出现矛盾，业主是很难做出正确决策的。

要做出正确的决策，必须具备一定的前提：首先，要有准确、详细的信息，使业主对工程实施情况有一个正确、清晰而全面的了解；其次，要对工程实施情况和有关矛盾及其原因有正确、客观的分析(包括偏差分析)；再次，要有多个经过技术经济分析和比较的决策方案供业主选择。而常规的建设项目管理往往难以满足业主决策的要求。

Project Controlling 模式是工程咨询和信息技术相结合的产物。Project Controlling 方通常由两类人员组成：一类是具有丰富的建设项目管理理论知识和实践经验的人员；另一类是掌握最新信息技术且有很强的实际工作能力的人员。他们不仅能科学地分析和处理建设工程实施过程中产生的各种信息，而且能组织开发适应特定业主要求的建设工程信息系统，从而可以大大提高信息处理的效率和效果，为业主管理人员提供更好的决策支持。

Project Controlling 模式的出现反映了建设项目管理专业化发展的一种新的趋势，即专业分工的细化。建设项目管理咨询服务既可以是全过程、全方位的服务，也可以仅仅是某一阶段(如设计阶段或施工阶段)或某一方面(如质量控制或投资控制)的服务；既可以是建设工程实施过程中的实务性服务(如我国建设工程监理中所称的“旁站监理”)或综合管理服务，也可以仅仅是为业主提供决策支持的服务。这样，不仅可以更好地适应业主的不同要求，而且有利于建设项目管理咨询单位发挥各自的特长和优势，有利于在建设项目管理咨询服务市场形成有序竞争的局面。

2．Project Controlling 模式的类型

根据建设工程的特点和业主方组织结构的具体情况，Project Controlling 模式可以分为

单平面 Project Controlling 和多平面 Project Controlling 两种类型。

1) 单平面 Project Controlling 模式

当业主方只有一个管理平面(指独立的功能齐全的管理机构)时，一般只设置一个 Project Controlling 机构，称为单平面 Project Controlling 模式，其组织结构如图 7-5 所示。

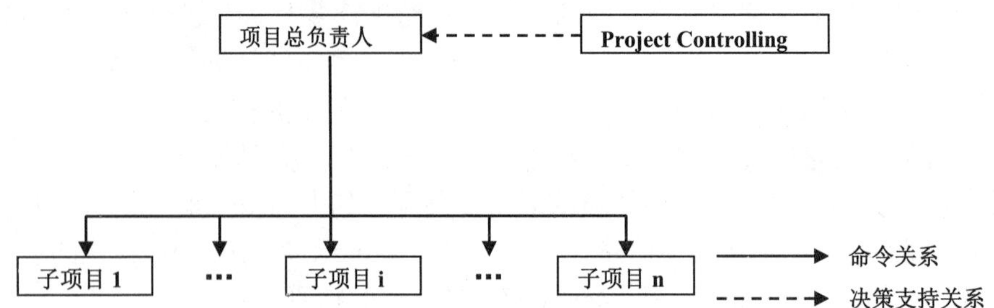

图 7-5　单平面 Project Controlling 模式的组织结构

单平面 Project Controlling 模式的组织关系简单，Project Controlling 方的任务明确，仅向项目总负责人(泛指与项目总负责人所对应的管理机构)提供决策支持服务。为此，Project Controlling 方首先要协调和确定整个项目的信息组织，并确定项目总负责人对信息的需求；在项目实施过程中，收集、分析和处理信息，并把信息处理结果提供给项目总负责人，以使其掌握项目总体进展情况和趋势，并做出正确的决策。

2) 多平面 Project Controlling 模式

当项目规模大到业主方必须设置多个管理平面时，Project Controlling 方可以设置多个平面与之对应，这就是多平面 Project Controlling 模式，如图 7-6 所示。

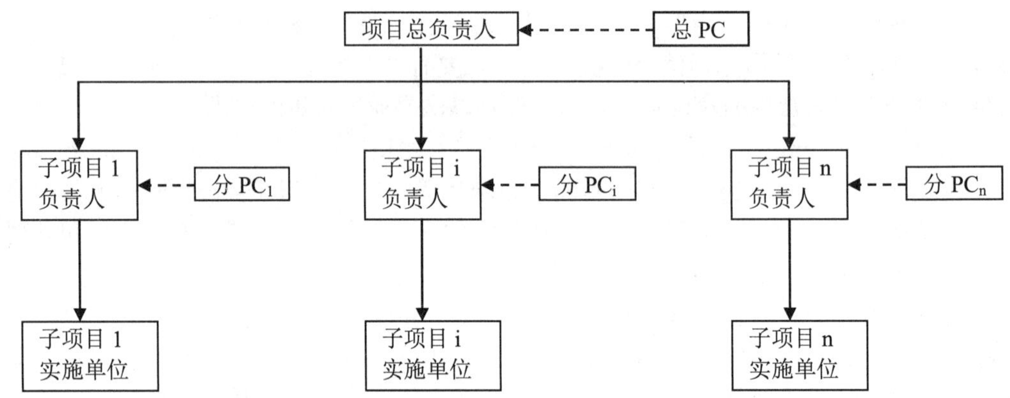

图 7-6　多平面 Project Controlling 模式的组织结构

多平面 Project Controlling 模式的组织关系较为复杂，Project Controlling 方的组织需要采用集中控制和分散控制相结合的形式，即针对业主项目总负责人(或总管理平面)设置总 Project Controlling 机构，同时针对业主各子项目负责人(或子项目管理平面)设置相应的分 Project Controlling 机构。这表明，Project Controlling 方的组织结构与业主方项目管理的组织结构有明显的一致性和对应关系。在多平面 Project Controlling 模式中，总 Project Controlling 机构对外服务于业主项目总负责人，对内则确定整个项目的信息规则，指导、规范并检查分 Project Controlling 机构的工作，同时还承担了信息集中处理者的角色；而分 Project

Controlling 机构则服务于业主各子项目负责人，且必须按照总 Project Controlling 机构所确定的信息规则进行信息处理。

下面以德国统一铁路改造工程为例说明多平面 Project Controlling 模式的具体应用。

德国统一铁路改造工程总投资高达 360 亿马克，工程内容包括铁轨的铺设、车站的新建和改建、公路和铁路桥的架设、隧道的贯通以及电气设施的建设和安装等。该工程的子项目分布在数千公里的铁路线上，工地地点分散，最多有 60 多个不同的子项目同时在进行设计、施工，而且 80%的施工项目必须在不影响铁路正常运输的前提下进行施工，即采用边运行边施工的建设方式。

该工程由德国统一铁路交通工程规划公司(PBDE)承担业主角色，负责整个工程的统一管理和控制。鉴于该工程规模巨大、工程内容复杂和工地分散的特点，PBDE 设置了 12 个地方项目管理中心，形成两平面的项目管理组织结构。为了提高决策水平和对整个工程建设的控制效果，PBDE 委托德国 GIB 工程咨询公司担任 Project Controlling 方。针对业主方的项目管理组织结构，GIB 工程咨询公司设置了中央和地方两级 Project Controlling 机构，分别与业主方的项目管理组织机构相对应，如图 7-7 所示。GIB 工程咨询公司利用所建立的 GRANID 信息处理系统，进行该工程战略策划、投资、进度、合同付款和资源等方面的信息处理；根据处理结果进行分析和协调，在必要时还提出一些建议；最终形成一系列的书面报告，满足了 PBDE 不同领导层项目管理工作的需要。

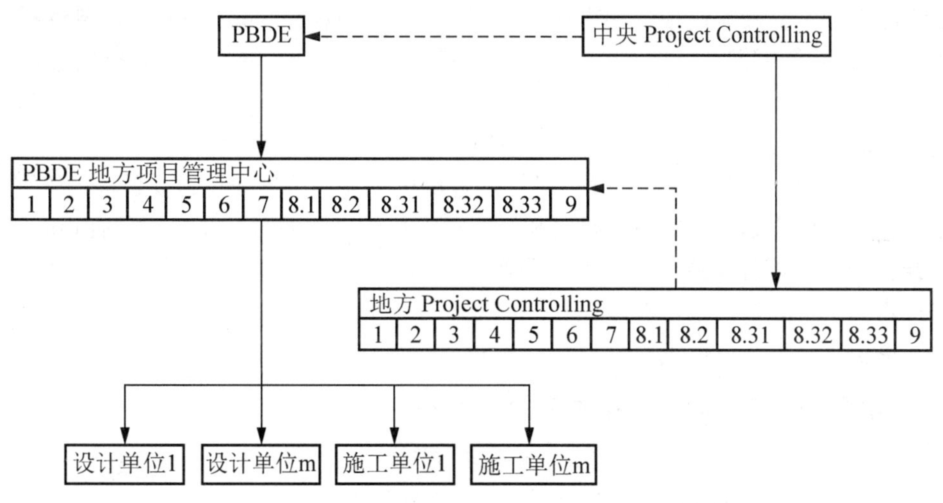

图 7-7 德国统一铁路改造工程多平面 Project Controlling 模式的组织结构

3．Project Controlling 与建设项目管理的比较

由于 Project Controlling 是由建设项目管理发展而来，是建设项目管理的一个新的专业化方向，因此，Project Controlling 与建设项目管理具有一些相同点，主要表现在：一是工作属性相同，即都属于工程咨询服务；二是控制目标相同，即都是控制项目的投资、进度和质量三大目标；三是控制原理相同，即都是采用动态控制、主动控制与被动控制相结合并尽可能采用主动控制。

Project Controlling 与建设项目管理的不同之处主要表现在以下几个方面。

(1) 两者的服务对象不尽相同。建设项目管理咨询单位既可以为业主服务，也可以为设计单位和施工单位服务，但是在大多数情况下是为业主服务，且设计单位和施工单位都要自己实施相应的建设项目管理；而 Project Controlling 咨询单位只为业主服务，不存在为设计单位和施工单位服务的 Project Controlling，也无所谓设计单位和施工单位自己的 Project Controlling。

(2) 两者的地位不同。在都是为业主服务的前提下，建设项目管理咨询单位是在业主或业主代表的直接领导下，具体负责项目建设过程的管理工作，业主或业主代表可在合同规定的范围内向建设项目管理咨询单位在该项目上的具体工作人员下达指令；而 Project Controlling 咨询单位直接对业主的决策层负责，相当于业主决策层的智囊，为其提供决策支持，业主不向 Project Controlling 咨询单位在该项目上的具体工作人员下达指令。

(3) 两者的服务时间不尽相同。建设项目管理咨询单位可以为业主仅仅提供施工阶段的服务，也可以为业主提供实施阶段全过程乃至工程建设全过程的服务，其中以提供实施阶段全过程服务在国际上最为普遍；而 Project Controlling 咨询单位一般不仅仅为业主提供施工阶段的服务，还为业主提供实施阶段全过程和工程建设全过程的服务，甚至还可能提供项目策划阶段的服务。由于到目前为止 Project Controlling 模式在国际上的应用尚不普遍，已有的项目实践尚不具有统计学上的意义，因而还很难说以哪一种情况为主。

(4) 两者的工作内容不同。建设项目管理咨询单位围绕项目目标控制有许多具体工作，如设计和施工文件的审查、分部分项工程乃至工序的质量检查和验收、各施工单位施工进度的协调、工程结算和索赔报告的审查与签署等；而 Project Controlling 咨询单位不参与项目具体的实施过程和管理工作，其核心工作是信息处理，即收集信息、分析信息、出具有关的书面报告。可以说，建设项目管理咨询单位侧重于负责组织和管理项目物质流的活动，而 Project Controlling 咨询单位只负责组织和管理项目信息流的活动。

(5) 两者的权力不同。由于建设项目管理咨询单位具体负责项目建设过程的管理工作，直接面对设计单位、施工单位以及材料和设备供应单位，因而对这些单位具有相应的权力，如下达开工令、暂停施工令、工程变更令等指令权，对已实施工程的验收权，对工程结算和索赔报告的审核与签署权，对分包商的审批权等；而 Project Controlling 咨询单位不直接面对这些单位，对这些单位没有任何指令权和其他管理方面的权力。

4. 应用 Project Controlling 模式需注意的问题

在应用 Project Controlling 模式时需注意以下几个认识上和实践中的问题。

(1) Project Controlling 模式一般适用于大型和特大型建设工程。因为在这些工程中，即使委托多个项目管理咨询单位分别进行全过程、全方位的项目管理，业主仍然有数量众多、内容复杂的项目管理工作，往往涉及重大问题的决策，业主自己没有把握做出正确决策，而一般的项目管理咨询单位也不能提供这方面的服务，因而业主迫切需要高水平的 Project Controlling 咨询单位为其提供决策支持服务。而对于中小型建设工程来说，常规的建设项目管理服务已经能够满足业主的需求，不必采用 Project Controlling 模式。

(2) Project Controlling 模式不能作为一种独立存在的模式。在这一点上，Project Controlling 模式与 Partnering 模式有共同之处。但是，Project Controlling 模式与 Partnering 模式在这一点上仍然有明显的区别。由于 Project Controlling 模式一般适用于大型和特大型建设工程，而在这些建设工程中往往同时采用多种不同的组织管理模式，这表明，Project

Controlling 模式往往是与建设工程组织管理模式中的多种模式同时并存，且对其他模式没有任何“选择性”和“排他性”。另外，在采用 Project Controlling 模式时，仅在业主与 Project Controlling 咨询单位之间签订有关协议，该协议不涉及建设工程的其他参与方。

(3) Project Controlling 模式不能取代建设项目管理。Project Controlling 与建设项目管理所提供的服务都是业主所需要的，在同一个建设工程上，两者是同时并存的，不存在相互替代、孰优孰劣的问题，也不存在领导与被领导的关系。实际上，应用 Project Controlling 模式能否取得预期的效果，在很大程度上取决于业主是否得到高水平的建设项目管理服务。不难理解，在特定的建设工程中，建设项目管理咨询单位的水平越高，业主自己项目管理的工作就越少，面对的决策压力就越小，从而使 Project Controlling 咨询单位的工作较为简单，效果就较好。尤其要注意的是，不能因为有了 Project Controlling 咨询单位的信息处理工作，而淡化或弱化建设项目管理咨询单位常规的信息管理工作。

(4) Project Controlling 咨询单位需要建设工程参与各方的配合。Project Controlling 咨询单位的工作与建设工程参与各方有非常密切的联系。信息是 Project Controlling 咨询单位的工作对象和基础，而建设工程的各种有关信息都来源于参与各方；另外，为了能向业主决策层提供有效的、高水平的决策支持，必须保证信息的及时性、准确性和全面性。由此可见，如果没有建设工程参与各方的积极配合，Project Controlling 模式就难以取得预期的效果。需要特别强调的是，在这一点上，所谓建设工程参与各方也包括建设项目管理咨询单位(或我国的工程监理单位)。而且，由于建设项目管理咨询单位直接面对建设工程的其他参与方，因而其与 Project Controlling 咨询单位的配合显得尤为重要。

7.3.5　其他模式

(1) DB 模式。设计—建造(Design-Build)模式，又称为交钥匙工程或一揽子工程。通常的做法是在项目的初始阶段，业主邀请一位或几位有资格的承包商(或具备资格的项目管理咨询公司)，根据业主的要求或设计大纲，由承包商独自完成或会同自己委托的设计咨询公司提出初步设计或成本概算。这种模式的特点是：①效率高，一旦和约签订以后，承包商就据此进行施工图设计，如果承包商本身拥有设计能力，必然会积极地提高设计质量，通过合理和精心的设计创造经济效益，往往达到事半功倍的效果；②责任单一性，DB 模式的承包商对项目建设的全过程负有全部的责任，这种责任的单一性避免了工程建设中各方相互矛盾和扯皮，也促使承包商不断提高自己的管理水平，通过科学的管理创造效益。

(2) BOT 模式。BOT(Build-Operate-Transfer)模式译为建造—运营—移交模式。BOT 模式的思路是：由项目所在国政府或所属机构为项目的建设和经营提供一种特许权协议作为项目融资的基础，由本国公司或外国公司作为项目的投资者和经营者安排融资，承担风险，开发建设项目，并在有限的时间内经营项目获取商业利润，最后根据协议将该项目转让给项目所在国的政府机构。

(3) PFI(Private-Finance-Initiative)模式，即私人主动融资，其含义是公共工程项目由私人资金启动，投资兴建，政府授予私人特许经营权，通过特许协议，政府和项目的其他参与方之间分担建设和运作风险。

(4) PPP(Private-Public-Partnership)模式，即“国家私人合营公司”模式。20 世纪 90 年

代后，一种崭新的融资模式——PPP 模式，即公共部门与私人企业合作模式，在西方国家特别是欧洲流行起来，在公共基础设施领域，尤其是在大型、一次性的项目，如公路、铁路、地铁等的建设中扮演着重要角色。PPP 模式是一种优化的项目融资与实施模式，以各参与方的“双赢”或“多赢”作为合作的基本理念，其典型的结构为：政府部门或地方政府通过政府采购的形式与中标单位组建的特殊目的公司签订特许合同(特殊目的公司一般是由中标的建筑公司、服务经营公司或对项目进行投资的第三方组成的股份有限公司)，由特殊目的公司负责筹资、建设及经营。政府通常与提供贷款的金融机构达成一个直接协议，这个协议不是对项目进行担保的协议，而是一个向借贷机构承诺将按与特殊目的公司签订的合同支付有关费用的协议，这个协议使特殊目的公司能比较顺利地获得金融机构的贷款。采用这种融资形式的实质是：政府通过给予私营公司长期的特许经营权和收益权来加快基础设施建设及有效运营。

技能训练营——国外工程项目管理案例分析报告

任务背景

学习下面某国外工程项目管理案例的部分内容，回答有关问题，以 FIDIC 合同为指南，撰写该工程项目管理案例分析报告。

任务提示

1. 报告题目：某国外工程项目管理案例分析报告。

2. 报告组成内容应至少包括下面几个部分。

(1) 工程项目背景。

(2) 问题分析。

(3) 结论。

3. 完成任务思路：课外认真阅读 FIDIC 合同的最新版本，并进行网上调研，小组成员分工合作完成，最后形成 PPT 汇报交流。

附：某国外工程项目管理案例(摘录)

背景：我国援助非洲某城市的地下工程，业主与施工单位参照 FIDIC 合同条件签订了施工合同，除税金外的合同总价为 9600 万元，其中现场管理费率 16%，企业管理费率 9%，利润率 5%，合同工期 830 天。为保证施工安全，合同中规定施工单位应安装满足最小排水能力 1.5 t/min 的排水设施，并安装 1.5 t/min 的备用排水设施，两套设施合计 16 900 元。合同中还规定，施工中如遇业主原因造成工程停工或窝工，业主对施工单位自有机械按台班单价的 60%给予补偿，对施工单位租赁机械按租赁费给予补偿(不包括运转费用)。

该工程施工过程中发生以下 3 个事件。

事件 1：施工过程中业主通知施工单位某分项工程(非关键工作)需进行设计变更，由此造成施工单位的机械设备窝工 12 天(见表 7-2)。

表 7-2　施工方项目费用表

项　目	机械台班单价/(元・台班)(运转费)	时间/天	金额/元
9 m^3 空气压缩机	310	12	

续表

项　目	机械台班单价/(元・台班)(运转费)	时间/天	金额/元
25 t 履带吊车 9(租赁)	1500	12	
塔吊	1000	12	
混凝土泵车(租赁)	600	12	
合计			

事件 2: 施工过程中遇到了非季节性大暴雨天气，由于地下断层相互贯通及地下水位不断上升等不利条件，原有排水设施满足不了排水要求，施工工区涌水量逐渐增加，使施工单位被迫停工，并造成施工设备被淹没。为保证施工安全和施工进度，业主指令施工单位紧急购买排水设施，尽快恢复施工，施工单位按业主要求购买并安装了两套 1.5 t/min 的排水设施，恢复了施工。

事件 3: 施工中发现地下文物，处理地下文物工作造成工期拖延 50 天。

3 个事件，施工单位按合同规定的索赔程序向业主提出索赔。

本 章 小 结

本章主要介绍了建设项目管理的类型、工程咨询的服务对象和内容、建设工程组织管理的新型模式，即 CM 模式、EPC 模式、Partnering 模式和 Project Controlling 模式等，主要介绍了它们的概念和特点。

自我拓展(基础与进阶测试)

一、基础测试——不定项选择题

1. PPP 模式可以视为(　　)。
   A. 中外合作模式　　B. 公私合营模式
   C. 多点互动模式　　D. 私人互助模式
2. PMP 是指(　　)资格认证。
   A. 项目管理专业人员　　B. 国际工程监理人士　　C. 国际施工
   D. 造价师　　E. 国际精算师
3. (　　)是以从事工程咨询业务为职业的工程技术人员和其他专业人员的统称。
   A. 资讯工程师　　B. 咨询工程师　　C. 项目工程师
   D. 监理工程师　　E. 商务工程师
4. (　　)是国际上最有权威的被世界银行认可的咨询工程师组织。
   A. FIDIC　　B. Partnering 模式　　C. CM 模式
   D. ASTM　　E. ASCE
5. 一旦咨询工程师的行为违背了职业道德规范或准则，(　　)。

A. 有刑罚之忧　　B. 必然遭到索赔　　C. 被国际媒体曝光
D. 只能改行　　E. 依旧可以执业

6. 通常，在国际工程承包中，固定总价合同仅用于(　　)的工程。
A. 规模小、工期短　　B. 规模大、工期长　　C. 巨大规模
D. 工期适中　　E. 复杂多元化的

二、进阶测试——论述题

1. 简述建设项目管理的类型。
2. 咨询工程师应具备哪些素质?
3. 简述工程咨询公司的服务对象和内容。
4. 简述 CM 模式的类型和适用情况。
5. 简述 EPC 模式的特征和适用情况。
6. 利用网络查阅资料，列举在“一带一路”背景下，中国在哪些海外工程中采取了特色的建设工程组织管理模式，并以中国电建集团海外投资有限公司全资开发的柬埔寨甘再水电站(2011 年 11 月竣工，总工期 50 个月)为例，详细分析其工程背景与管理模式。

附：技能训练营案例问题答案

事件 1：

项　目	机械台班单价/(元・台班)(运转费)	时间/天	金额/元
9 m^3 空气压缩机	310	12	3720
25 t 履带吊车 9(租赁)	1500	12	18 000
塔吊	1000	12	12 000
混凝土泵车(租赁)	600	12	7200
合计			40 920

(1) 现场管理费= 40 920 × 16% = 6547(元)
(2) 企业管理费= (40 920 + 6547) × 9% = 4272(元)
(3) 利润= (40 920 + 6547 + 4272) × 5% = 2587(元)
合计= 54 326(元)

事件 2：

由于非季节性大暴雨天气影响施工，费用索赔如下。
(1) 备用排水设施及额外增加排水设施费= 16 900 ÷ 2 × 3 = 25 350(元)。
(2) 被地下水淹没的机械设备损失费为 17 000 元。
(3) 额外排水工作的劳务费为 8750 元，合计 51 100 元。

事件 3：

由于处理地下文物需延长工期 50 天，索赔现场管理费(96 000 000 × 16% ÷ 830) × 50 = 925 301.2(元)。

第8章 自主学习大本营

【学习目标】

能力目标	知识目标	素质目标
(1) 能够搜集和整理国内外建设工程监理的实例 (2) 能够正确分析建设工程监理案例所反映的问题根源，并提出解决方案 (3) 能够加强对建设工程监理法规文件的理解和运用	(1) 了解建设工程监理的案例分析方法 (2) 熟悉建设工程各参与人员的职责与分工 (3) 了解专业学习网站、行业企业网页以及其他各类学习资源	(1) 不断提高自我学习和终身学习意识 (2) 树立求真务实、爱岗敬业的职业道德意识 (3) 培养一丝不苟、细致耐心的工作作风

【任务引导】

1. 背景

某多层框架建设项目，其建设单位经招投标委托某监理公司负责施工阶段的监理工作。该公司副总工程师亲自出任该项目的总监理工程师。

该公司副总工程师主持编写了项目的监理规划，并且经公司技术负责人审核签字后，报送建设单位。该公司副总工程师从公司各部门抽调人员组成监理机构，并亲自主持了设计技术交底会、第一次工地会议和每旬召开的工地例会。

2. 任务布置

请分析此案例，并回答以下几个问题。

(1) 上述做法有哪些不妥之处？

(2) 试简述建设工程监理的程序。

(3) 第一次工地会议的主要内容有哪些？目的是什么？

(4) 每旬工地例会的主要内容有哪些？

【应知应会】

在本章的学习过程中，应重点把握不同案例所隐含的基本知识和理论；应透过案例描述的现象，抓住工程参建方的行为“本质”；应掌握案例分析的基本思路和解题方法。

在本章的学习过程中，应会搜集国内外建设工程监理与项目管理的常见案例；应会针对性地分析案例存在的问题，并提出解决问题的思路和方法；应不断加强对建设工程监理法规文件的理解和运用。

【案例实战】

8.1 案 例 1

【背景】某实施监理的工程，建设单位与甲施工单位签订施工合同，约定的承包范围包括 A、B、C、D、E 五个子项目，其中，子项目 A 包括拆除废弃建筑物和新建工程两部分，拆除废弃建筑物分包给具有相应资质的乙施工单位。

工程实施过程中发生下列事件。

事件 1：由于拆除废弃建筑物的危险性较大，乙施工单位编制了专项施工方案，并组织召开了有甲施工单位与项目监理机构相关人员参加的专家论证会。会后，乙施工单位将该施工方案送交项目监理机构，要求总监理工程师审批。总监理工程师认为该方案已通过专家论证，便签字同意实施。

事件 2：建设单位要求乙施工单位在废弃建筑物拆除前 10 日内，将资质等级证明与专项施工方案报送工程所在地建设行政主管部门。

事件 3：受金融危机的影响，建设单位于 2010 年 1 月 20 日正式通知甲施工单位与监理单位，缓建尚未施工的子项目 D、E。而此前，甲施工单位已按照批准的计划订购了用于子项目 D、E 的设备，并支付定金 400 万元。鉴于无法确定复工时间，建设单位于 2010 年 2 月 10 日书面通知甲施工单位解除施工合同。

【问题】

1. 指出事件 1 中的不妥之处，并写出正确做法。
2. 指出事件 2 中建设单位的不妥之处，并写出正确做法。
3. 事件 3 中，建设单位是否可以解除施工合同？请说明理由。如果甲施工单位不同意解除合同而继续子项目 D、E 的施工，项目监理机构应做哪些工作？
4. 事件 3 中，若解除施工合同，根据《建设工程监理规范》(GB/T 50319—2013)，甲施工单位应得到哪些费用补偿？

8.2 案 例 2

【背景】某工程项目业主与监理单位及施工承包单位分别签订了施工阶段委托监理合同和工程建设施工合同。由于工期紧张，在设计单位仅交付地基基础工程的施工图时，业主要求施工承包单位进场施工，同时向监理单位提出对设计图纸质量把关的要求。在此情况下，监理单位为满足业主要求，由土建专业监理工程师向建设单位直接编制并报送监理规划，其部分内容如下。

(1) 工程项目概况。

(2) 监理工作范围、内容和目标。

(3) 监理组织。

(4) 设计方案评选方法及组织设计协调工作的监理措施、监理工作依据。

(5) 因施工图纸不全，拟按进度分阶段编写基础、主体、装修工程的施工监理措施。

(6) 对施工合同进行监督管理。

(7) 监理工作制度。

【问题】

1. 请判断下列说法的对错。

(1) 建设监理规划应在监理合同签订以前编制。 (　　)

(2) 在本项目的设计、施工等实施过程中，监理规划作为指导整个监理工作的纲领性文件。 (　　)

(3) 建设监理规划应由项目总监理工程师主持编制，它是项目监理组织机构有序开展监理工作的依据和基础。 (　　)

2. 你认为监理规划是否有不妥之处？为什么？

3. 你认为业主的做法有无不妥之处？为什么？

8.3 案　例　3

【背景】某工程建设项目，业主建设单位委托某监理公司承担该项目的施工阶段的监理工作。要求建设工程档案管理和分类按照《建设工程文件归档整理规范》(GB/T 50328—2001)执行。工程开始后，总监理工程师任命了一位负责信息管理的专业监理工程师，并根据《建设工程监理规范》(GB/T 50319—2013)建立了监理报表体系，制定了监理主要文件档案清单，并按建设工程信息管理各环节的要求进行建设工程的文档管理，竣工后又按要求向相关单位移交了监理文件。

【问题】

1. 按照《建设工程文件归档整理规范》(GB/T 50328—2001)规定，建设工程档案资料分为哪几大类？

2. 根据《建设工程监理规范》(GB/T 50319—2013)的规定，构成监理报表体系的有哪几大类？监理主要文件档案有哪些？

3. 建设工程信息管理有哪些环节？

4. 监理机构应向哪些单位移交需要归档保存的监理文件？

8.4 案 例 4

【背景】建设单位将一热电厂建设工程项目的土建工程和设备安装工程施工任务分别发包给某土建施工单位和某设备安装单位。经总监理工程师审核批准，土建施工单位又将桩基础施工分包给一专业基础工程公司。

建设单位与土建施工单位和设备安装单位分别签订了施工合同和设备安装合同。在工程延期方面，合同中约定，业主违约一天应补偿承包方 6000 元，承包方违约一天应罚款 6000 元。

该工程所用的桩是钢筋混凝土预制桩，共计 1200 根。预制桩由建设单位供应。

按施工总进度计划的安排，规定桩基础施工应从 6 月 10 日开工至 6 月 20 日完工。但在施工过程中，由于建设单位供应预制桩不及时，使桩基础施工在 6 月 13 日才开工；6 月 13 日至 6 月 18 日基础工程公司的打桩设备出现故障不能施工；6 月 19 日至 6 月 22 日又出现了属于不可抗力的恶劣天气无法施工。

【问题】

1. 在上述工期拖延中，监理工程师应如何处理？
2. 土建施工单位应获得的工期补偿和费用补偿各为多少？
3. 设备安装单位的损失应由谁承担责任？应补偿的工期和费用是多少？
4. 施工单位向建设单位索赔的程序如何？

8.5 案 例 5

【背景】某工程，建设单位通过招标方式选择监理单位。工程实施过程中发生下列事件。

事件 1：在监理招标文件中，列出的监理目标控制工作如下。

投资控制：①组织协调设计方案优化；②处理费用索赔；③审查工程概算；④处理工程价款变更；⑤进行工程计量。

进度控制：①审查施工进度计划；②主持召开进度协调会；③跟踪检查施工进度；④检查工程投入物的质量；⑤审批工程延期。

质量控制：①审查分包单位资质；②原材料见证取样；③确定设计质量标准；④审查施工组织设计；⑤审核工程结算书。

事件 2：监理合同签订后，总监理工程师委托总监理工程师代表负责以下工作。①主持编制项目监理规划；②审批项目监理实施细则；③审查和处理工程变更；④调解合同争议；⑤调换不称职监理人员。

事件 3：该项目监理规划内容包括：①工程项目概况；②监理工作范围；③监理单位的经营目标；④监理工作依据；⑤项目监理机构人员的岗位职责；⑥监理单位的权利和义务；⑦监理工作方法及措施；⑧监理工作制度；⑨监理工作程序；⑩工程项目实施的组织；⑪监

理设施；⑫施工单位需配合监理工作的事宜。

事件4： 在第一次工地会议上，项目监理机构将项目监理规划报送建设单位，会后，结合工程开工条件和建设单位的准备情况，又将项目监理规划修改后直接报送建设单位。

事件5： 专业监理工程师在巡视时发现，施工人员正在处理地下障碍物。经认定，该障碍物确属地下文物，项目监理机构及时采取措施并按有关程序进行了处理。

【问题】

1. 指出事件1中所列监理目标控制工作中的不妥之处，并说明理由。
2. 指出事件2中的不妥之处，并说明理由。
3. 指出事件3中项目监理规划内容中的不妥之处。根据《建设工程监理规范》(GB/T 50319—2013)，写出该项目监理规划还应包括哪些内容。
4. 指出事件4中的不妥之处，并说明理由。
5. 写出项目监理机构处理事件5的程序。

8.6 案例6

【背景】某大型商业建筑工程项目，主体建筑物20层。在主体工程进行到第二层时，该层的100根钢筋混凝土柱已浇注完成并拆模后，监理人员发现混凝土外观质量不良，表面疏松，怀疑其混凝土强度不够，设计要求混凝土抗压强度达到C20的等级，于是要求承包商出示有关混凝土质量的检验与试验资料及其他证明材料。承包商向监理单位出示了其对10根柱施工时混凝土抽样检验和试验结果，表明混凝土抗压强度值(28天强度)全部达到或超过C20的设计要求，其中最大值达到了C30，即30 MPa。

【问题】

1．你作为监理工程师应如何判断承包商这批混凝土结构施工质量是否达到了要求？

2．如果监理方组织复核性检验结果证明该批混凝土全部未达到C20的设计要求，其中最小值仅有8 MPa(即仅达到C8)，应采取什么处理决定？

3．如果承包商承认他所提交的混凝土检验和试验结果不是按照混凝土检验和试验规程及规定在现场抽取试样进行试验的，而是在实验室内，按照设计提出的最优配合比进行配制和制取试件后进行试验的结果。对于这起质量事故，监理单位应承担什么责任？承包方应承担什么责任？

4．如果查明发生的混凝土质量事故主要是由于业主提供的水泥质量问题导致混凝土强度不足，而且在业主采购及向承包商提供这批水泥时，均未向监理方咨询和提供有关信息，协助监理方掌握材料质量和信息。虽然监理方与承包商都按规定对业主提供的材料进行了进货抽样检验，并根据检验结果确认其合格才接受。试问在这种情况下，业主及监理单位应当承担什么责任？

8.7 案 例 7

【背景】某工程，建设单位委托监理单位承担施工招标代理和施工阶段监理工作，并采用无标底公开招标方式选定施工单位。工程实施过程中发生下列事件。

事件1：项目监理机构在组织评审A、B、C、D、E五家施工单位的投标文件时发现，A单位施工方案工艺落后，报价明显高于其他投标单位的报价；B单位投标文件的关键内容字迹模糊、无法辨认；C单位投标文件符合招标文件要求；D单位的报价总额有误；E单位投标文件中某分部工程的报价有个别漏项。

事件2：为确保深基坑开挖工程的施工安全，施工项目经理亲自兼任施工现场的安全生产管理员。为赶工期，施工单位在申报深基坑开挖工程专项施工方案的同时即开始该基坑的开挖。

事件3：施工单位对某分项工程的混凝土试块进行试验，试验数据表明混凝土质量不合格。于是委托经监理单位认可的有相应资质的检测单位对该分项工程混凝土实体进行检测，检测结果表明，混凝土强度达不到设计要求，须加固补强。

事件4：专业监理工程师巡视时发现，施工单位采购进场的一批钢材准备用于工程，但尚未报验。

【问题】

1. 事件1中A、B、D、E四家单位的投标文件是否有效？请分别说明理由。
2. 指出事件2中施工单位做法的不妥之处，并写出正确做法。
3. 根据《建设工程监理规范》(GB/T 50319—2013)，写出总监理工程师处理事件3的程序。
4. 写出专业监理工程师处理事件4的程序。

8.8 案 例 8

【背景】某国家机关新建一办公楼，建筑面积为60 000m^2，通过招投标手续，确定了由某建筑公司进行施工，并及时签署了施工合同。双方签订施工合同后，该建筑公司又进行了劳务招标，最终确定江西某劳务公司为中标单位，并与其签订了劳务分包合同，在合同中明确了双方的权利和义务。该工程由本市某监理单位实施监理任务。该建筑公司为了承揽该项施工任务，采取了低报价策略而获得中标。在施工中，为了降低成本，施工单位采用了一个小砖厂的价格便宜的砖，在砖进场前未向管理单位申报。在施工过程中，屋面带挂板大挑檐悬挑部分根部突然断裂。建设单位未按规定办理工程质量监督手续。经事故调查、原因分析，发现造成该质量事故的主要原因是施工队伍素质差，致使受力钢筋反向，构件厚度控制不严而导致事故发生。

【问题】

1. 该建筑公司对砖的选择和进场的做法是否正确？如果不正确，施工单位应如何做？
2. 施工单位现场质量检查的内容有哪些？
3. 施工单位为了降低成本，对材料的选择应如何去做才能保证其质量？
4. 对该起质量事故该市监理公司是否应承担责任？原因是什么？
5. 政府对建设工程质量监督的职能是什么？

【网站资源与自主测试】

8.9 学习资源

[1] http://zyk.ouchn.cn/portal/index　教育部职业教育专业教学库资源平台
[2] https://www.tech.net.cn/　高职高专教育网
[3] http://www.caec-china.org.cn/　中国建设监理协会
[4] http://fidic.org/　国际咨询工程师联合会
[5] http://www.jiangsujl.com/　江苏省建设监理协会
[6] http://www.czsjzyxh.com/　常州市建筑业协会
[7] http://www.mohurd.gov.cn/　中华人民共和国住房和城乡建设部
[8] http://jsszfhcxjst.jiangsu.gov.cn/　江苏省住房和城乡建设厅
[9] http://zizhan.mot.gov.cn/sj2019/anzhis/　交通运输部安全与质量监督管理司
[10] http://xypt.mwr.gov.cn/　水利部市场服务监管平台
[11] http://caecjxjy.jianshe99.com/caecjxjy/　注册监理工程师网络教育系统
[12] www.ouchn.edu.cn　国家开放大学
[13] http://www.buildhr.com/　建筑英才网
[14] http://www.nlc.cn/　中国国家图书馆
[15] http://www.12348.gov.cn　中国法律服务网
[16] http://openstd.samr.gov.cn/bzgk/gb/index　中国国家标准全文公开系统
[17] http://cpquery.sipo.gov.cn/　中国国家知识产权局中外专利查询平台
[18] https://www.cnki.net/　中国知网

8.10 相关网站

[1] https://www.wanmen.org　万门大学
[2] https://bbs.zhulong.com/　筑龙学社
[3] http://bbs.jianshe99.com/　建设工程教育网
[4] http://www.gcrlt.com/　工程人论坛

[5] http://bbs.tianya.cn/list-417-1.shtml 工程师论坛(天涯社区)
[6] http://www.covec.com 中国海外工程有限公司
[7] http://www.cscec.com.cn 中国建筑集团有限公司
[8] http://www.abbs.com.cn/ ABBS 建筑论坛
[9] http://www.co188.com/ 网易土木在线
[10] https://bbs.yantuchina.com/ 岩土论坛
[11] http://www.mohurd.gov.cn/wbdt/ryzgcx/ 住建部注册人员资格查询平台
[12] http://jzsc.mohurd.gov.cn/home 全国建筑市场监管公共服务平台
[13] http://www.jszljd.com 江苏省建设工程质量监督网
[14] https://open.163.com/ 网易公开课
[15] http://www.open.edu/openlearn/tags 英国大学联盟公开课
[16] http://openclassroom.stanford.edu 美国斯坦福大学公开课
[17] http://qikan.cqvip.com/ 维普期刊查询
[18] http://book.chaoxing.com/ 超星数字图书馆

8.11 综合测试

一、判断题(共10题)

1. 注册监理工程师从事职业活动应履行的义务是对本人执业活动进行解释和辩护。 ( )
2. 建设工程监理评标中采用"定性综合评估法"的优点是能集中体现各方的意见。 ( )
3. 根据《建设工程监理合同(示范文本)》，附加合同是指监理合同约定的正常工作以外的监理工作。 ( )
4. 根据《建设工程监理合同(示范文本)》，相关服务的酬金应在协议书中约定。( )
5. 根据《建设工程监理合同(示范文本)》，由于监理人的原因导致暂停全部监理服务时间超过180天，监理人可发出解除合同的通知。 ( )
6. 建设工程采用平行承发包模式的优点是有利于业主方的合同管理。 ( )
7. 总监理工程师负责制的"核心"内容，是指总监理工程师是建设工程监理的责任主体。 ( )
8. 建设单位招聘并培训生产管理人员，组织相关人员参加设备安装、调试等工作是建设准备阶段的工作。 ( )
9. 风险识别的工作成果是建立建设工程风险清单。 ( )
10. 《建设工程监理规范》规定，分部工程经审核和现场检查符合要求后，应由专业监理工程师予以签认。 ( )

二、单选题(共20题)

1. 工程监理单位签订工程监理合同后，组建项目监理机构，严格按法律、法规和工程建设标准等实施监理，这体现了建设工程监理的(　　)。

A. 服务性　　B. 科学性　　C. 独立性　　D. 公平性

2. 分包商在施工现场的协调管理工作，应由(　　)负责。

A. 业主　　B. 监理工程师　　C. 总包商　　D. 分包商自己

3. 工程建设监理规划的主要作用是(　　)。

A. 协调整个工程项目的监理工作

B. 使业主相信监理单位的实力，从而承揽到监理业务

C. 指导项目监理机构的有关部门开展监理实务作业

D. 全面指导项目监理机构开展监理工作

4. 办理工程质量监督手续时需提供的文件是(　　)。

A. 施工图设计文件　　B. 施工组织设计文件

C. 监理单位质量管理体系文件　　D. 建筑工程用地审批文件

5. 实行建设项目法人责任制的项目中，项目董事会的职权是(　　)。

A. 编制和确定招标方案　　B. 编制项目年度投资计划

C. 提出项目竣工验收报告　　D. 提出项目后评价报告

6. 关于工程监理制和合同管理制两者关系的说法，正确的是(　　)。

A. 合同管理制是实行工程监理的重要保证

B. 合同管理制是实行工程监理的必要条件

C. 合同管理制是实行工程监理的充分条件

D. 合同管理制是实行工程监理的充分必要条件

7. 根据《建筑法》，在建的建筑工程因故中止施工的，建设单位应当自中止施工之日起(　　)内向施工许可证发放机关报告。

A. 1 周　　B. 2 周　　C. 1 个月　　D. 3 个月

8. 根据《中华人民共和国合同法》，关于委托合同的说法，错误的是(　　)。

A. 受托人应当亲自处理委托事务

B. 受托人处理委托事务取得的财产应转交给委托人

C. 对无偿的委托合同，因受托人过失给委托人造成损失的，委托人不应要求赔偿

D. 受托人为处理委托事务垫付的必要费用，委托人应偿还该费用及利息

9. 监理工程师在每个控制环节中都要做好(　　)这种动态控制的基础工作。

A. 信息反馈　　B. 评价对比　　C. 纠偏防偏　　D. 投入转换

10. 根据《建设工程安全生产管理条例》，关于施工单位安全责任的说法，正确的是(　　)。

A. 不得压缩合同规定的工期

B. 应当为施工现场人员办理意外伤害保险

C. 将安全生产保证上报有关部门备案

D. 保证本单位安全生产条件所需资金的投入

11. 根据《安全生产事故报告和调查处理条例》，某生产安全事故造成 5 人死亡，1 亿元直接经济损失，该生产安全事故属(　　)。

A. 特别重大事故　　B. 重大事故　　C. 严重事故　　D. 较大事故

12. 经建设主管部门核定的监理业务范围是指(　　)。

A. 可以在什么建设阶段监理什么等级的工程

B. 可以在什么地区、部门开展监理活动

C. 可以在什么地区、部门监理什么等级的工程

D. 可以在什么地区、部门监理什么等级的工程和什么专业的工程

13. 根据《建设工程监理合同(示范文本)》，采用直接委托方式确定工程监理单位时，监理合同的组成文件是(　　)。

A. 委托书　　B. 监理实施细则　C. 总监理工程师任命书　　D. 监理规划

14. 总监理工程师负责制的主要含义是总监理工程师(　　)。

A. 可以在授权范围内发布有关指令

B. 在监理合同授权范围内全面负责受委托的监理工作

C. 对所监理的工程负全面指挥之责

D. 承担监理合同规定的监理单位全部责任

15. 工程监理企业从事建设工程监理活动时，应具备“守法、诚信、公平、科学”的准则，体现诚信准则的是(　　)。

A. 建立健全与建设单位的合作制度

B. 按照工程监理合同约定严格履行义务

C. 不得出借、转让工程监理企业资质证书

D. 具有良好的专业技术能力

16. 建设工程质量控制要避免不断提高质量目标的倾向，确保基本质量目标的实现，并尽量发挥其对投资目标和进度目标实现的积极作用，这表明对建设工程质量应进行(　　)控制。

A. 前馈　　B. 系统　　C. 全过程　　D. 全方位

17. 决定建设工程价值与使用价值的主要阶段是(　　)阶段。

A. 设计　　B. 施工　　C. 竣工验收　　D. 工程保修

18. 总监理工程师通过调整合同管理工作流程来加强合同管理，属于监理工作的(　　)措施。

A. 合同　　B. 组织　　C. 技术　　D. 经济

19. 对业主来说，建设工程决策阶段和实施阶段的风险分别表现为(　　)。

A. 投机风险和纯风险　　B. 投机风险和基本风险

C. 基本风险和特殊风险　　D. 特殊风险和技术风险

20. 下列关于建设工程风险和风险识别特点的表述中，错误的是(　　)。

A. 不同类型建设工程的风险是不同的

B. 建设工程的建造地点不同，风险是不同的

C. 建造地点确定的建设工程，如果由不同的承包商建造，风险是不同的

D. 风险是客观的，不同的人对建设工程风险识别的结果应是相同的

三、多项选择题(共20题)

1. 下列关于监理单位的责任认识，正确的是(　　)。

A. 监理单位对第三方违反合同规定的质量要求和完工时限，不承担责任
B. 监理单位对施工现场安全承担主要责任
C. 监理单位只承担监理合同中确定的职权范围内的责任
D. 监理单位因过错造成重大经济损失的，应承担一定的经济责任和法律责任
E. 监理单位对投资目标突破应承担一定的经济责任

2. 工程设计阶段，工程监理单位协助建设单位报审工程设计文件时，需要开展的工作内容有(　　)。

A. 了解政府对设计文件的审核程序、报审条件等信息
B. 向相关部门咨询，获得相关部门的咨询意见
C. 事前检查设计文件及附件的完整性、合理性
D. 联系相关政府部门，及时向建设单位反馈审批意见
E. 协助设计单位落实政府有关部门的审批意见

3. 下列风险管理工作中，属于风险分析与评价工作内容的有(　　)。

A. 确定单一风险因素发生的概率
B. 分析单一风险因素的影响范围大小
C. 分析各风险因素之间相关性的大小
D. 分析各个风险因素最适宜的管理措施
E. 分析各个风险因素的结果

4. 根据《建设工程监理规范》(GB/T 50319—2013)，监理日志应包括的内容有(　　)。

A. 旁站情况　　B. 工地会议记录　　C. 监视情况
D. 存在问题及处理　　E. 平等检验情况

5. 项目监理机构编制的工程质量评估报告应包括的内容有(　　)。

A. 工程参建单位　　B. 工程质量验收情况　　C. 竣工验收情况
D. 监理工作经验与教训　　E. 工程质量事故处理情况

6. 根据《中华人民共和国合同法》，合同权利义务的终止，不影响执行合同中约定的条款有(　　)。

A. 预付款支付义务　　B. 结算和清理条款　　C. 通知义务
D. 缺陷责任条款　　E. 保密条款

7. 根据《建设工程质量管理条例》建设单位的质量责任和义务有(　　)。

A. 不使用未经审查批准的施工图设计文件
B. 责令改正工程质量问题
C. 不得任意压缩合理工程
D. 签署工程质量保密书
E. 向有关部门移交建设项目档案

8. 根据《建设工程质量管理条例》建设工程竣工验收应具备的条件有(　　)。

A. 有完整的技术档案和施工管理资料
B. 有施工、监理等单位分别签署的质量合格文件
C. 有质量监督机构签署的质量合格文件
D. 有施工单位签署的工程保障书

9. 根据《建设工程质量管理条例》,关于违反条例规定进行贷款的说法,正确的有(　　)。

A. 必须实行工程监理而未实行的，对建设单位处 20 万元以上 50 万元以下罚款

B. 未按规定覆行工程质量监督手续的，对施工单位处 20 万元以上 50 万元以下罚款

C. 超越本单位资质等级承揽工程监理业务的，对监理单位处监理抽酬金 1 倍以上 2 倍以下罚款

D. 工程监理单位转让工程监理业务的，对监理单位处监理酬金 1 倍以上 2 倍以下罚款

E. 未按照工程建设强制性标准进行设计，对设计单位处 10 万元以上 30 万元以下罚款

10. 根据《根据建设工程安全生产管理条例》，属于施工单位安全责任的有(　　)。

A. 拆除工程施工前，向有关部门报送拆除施工组织方案

B. 列入工程预算的安全作业环境所需费用不得挪作他用

C. 对承担的建设工程进行定期和专项安全检查并做好安全检查记录

D. 为施工现场从事危险作业的人员办理意外伤害保险

E. 向作业人员提供安全防护用具和安全防护服装

11. 根据《根据建设工程安全生产管理条例》，达到一定规模的危险性较大的分部分项工程中,施工单位还应当组织专家对专项施工方案进行论证,审查的分部分项工程有(　　)。

A. 深基坑工程　　B. 脚手架工程　　C. 地下暗挖工程

D. 起重启装工程　　E. 拆除爆破工程

12. 根据《生产安全事故报告和调查处理条例》，生产安全事故发生后，有关单位和部门应逐级上报事故情况，事故报告内容包括(　　)。

A. 事故发生单位概况　　B. 事故发生的现场情况　　C. 已采取的措施

D. 事故发生的原因　　E. 事故发生的性质

13. 注册监理工程师在执业活动中应严格遵守的执业道德守信有(　　)。

A. 履行工程监理合同规定的义务　　B. 根据本人的能力从事相应的执业活动

C. 不以个人名义承揽监理业务　　D. 接受继续教育

E. 坚持独立自主地开展工作

14. 注册监理工程师从事执业活动时应有的权利有(　　)。

A. 使用注册监理工程师称谓

B. 执行技术标准、规范和规程

C. 保管和使用本人的注册证书和执业印章

D. 对侵犯本人权利的行为进行申诉

E. 保守在执业中知道的商业秘密

15. 根据《建设工程监理合同(示范文本)》，监理人需完成的基本工作有(　　)。

A. 主持图纸会审和设计交谈会议

B. 检查施工承包人的实验室

C. 查验施工承包人的施工测量放线成果

D. 审核施工承包人提交的工程款支付申请

E. 编写工程质量评估报告

16. 建设工程采用工程总承包模式的优点有(　　)。
A. 合同关系简单　　B. 有利于速度控制　　C. 有利于工程造价控制
D. 有利于工程质量控制　　E. 合同管理难度小

17. 根据《建设工程监理合同(示范文本)》，对于招标的监理工程，建设工程监理合同的组成文件有(　　)。
A. 中标通知书　　B. 投标文件　　C. 招标文件
D. 专项条件　　E. 招标公告

18. 矩阵制监理组织形式的优点有(　　)。
A. 部门之间协调工作量小　　B. 有利于监理人员业务能力的推荐
C. 有利于解决复杂问题　　D. 具有较好的适应性
E. 具有较好的机动性

19. 项目监理机构对监理单位内部检测设备需求进行协调平衡时应该注意的内容有(　　)。
A. 规格的明确性　　B. 数量的准备性　　C. 质量的规定性
D. 期限的及时性　　E. 使用的规范性

20. 项目监理机构编制的见证取样实施细则应包括的内容有(　　)。
A. 见证取样方法　　B. 见证取样范围　　C. 见证人员职责
D. 见证工作程序　　E. 见证试验方法

四、解答题(共 6 题)

1. 建设工程投资控制的原理是指什么？
答：

2. 建设监理组织结构设计的原则是什么？
答：

3. 什么叫第一次工地会议？其主要议题有哪些？

答：

4. 简述合同管理的原则和工作内容。

答：

5. 试述设计阶段监理的依据。

答：

6. 引起建设施工阶段索赔的原因有哪些？

答：

五、综述题(共 4 题)

第一题

【背景】某施工实施过程中发生以下事件。

事件 1：监理合同签订后，监理单位按照下列步骤组建项目监理机构：①确定项目监理机构目标；②确定监理工作内容；③制定监理工作流程和信息流程；④进行项目监理机构组织设计，根据项目特点，决定采用矩阵制组织形式组建项目监理机构。

事件 2：总监理工程师对项目监理机构的部分工作安排如下。

造价控制组：①研究制定预防索赔措施；②审查确认分包单位资格；③审查施工组织设计与施工方案。

质量控制组：①检查成品保护措施；②审查分包单位资格；③审批工程延期。

事件 3：为有效控制建设工程质量、进度、投资目标，项目监理机构拟采取下列措施开展工作。

(1) 明确施工单位及材料设备供应单位的权利和义务。

(2) 拟定合理的承发包模式和合同计价方式。

(3) 建立健全实施动态控制的监理工作制度。

(4) 审查施工组织设计。

(5) 对工程变更进行技术经济分析。

(6) 编制资金使用计划。

(7) 采用工程网络计划技术实施动态控制。

(8) 明确各级监理人员职责分工。

(9) 优化建设工程目标控制工作流程。

(10) 加强各单位(部门)之间的沟通协作。

事件 4：采用新技术的某专业分包工程开始施工后，专业监理工程师编制了相应的监理实施细则，总监理工程师审查了其中的监理工作方法和措施等主要内容。

【问题】

1. 指出事件 1 中项目监理机构组建步骤的不妥之处和采用矩阵组织形式的优点。

2. 逐项指出事件 2 中总监理工程师对造价控制组合质量控制组的工作安排是否妥当。

3. 逐项指出事件 3 中各项措施分别属于组织措施、技术措施、经济措施和管理措施中的哪一项。

4. 指出事件 4 中专业监理工程师做法的不妥之处，总监理工程师还应审查监理实施细则中的哪些内容。

第二题

【背景】某工程，参照定额工期确定的合理工期为 1 年，建设单位与施工单位按此签订施工合同，工程实施过程中发生以下事件。

事件 1：建设单位提出以下要求：①总监理工程师代表负责增加和调配监理人员；②施工单位将本月工程款支付申请直接报送建设单位，建设单位审核后拨付工程款；③项目监理机构增加平行检验项目。

事件 2：在基础工程施工中，项目监理机构发现有部分构件出现较大裂缝，为此总监理工程师签发《工程暂停令》，经检测及设计验算，需进行加固补强，施工单位向项目监理机构报送了质量事故调查报告和加固补强方案。项目监理机构按工作程序进行处理之后，签发《工程复工令》。

事件 3：为使工程提前完工投入使用，建设单位要求施工单位提前 3 个月竣工。于是，施工单位在主体结构施工中未执行原施工方案，提前拆除混凝土结构模板。专业监理工程师为此发出《监理通知单》，要求施工单位整改。施工单位以工期紧、气温高和混凝土能达到拆模强度为由回复。专业监理工程师不再坚持整改要求，因气温骤降，导致施工单位在拆除第五层结构模板时混凝土强度不足，发生了结构坍塌安全事故，造成 2 人死亡、9 人重伤和 1100 万元的直接经济损失。

【问题】

1. 指出事件 1 中建设单位所提出要求的不妥之处，写出正确的做法。

2. 针对事件 2，写出项目监理机构在签发《工程复工令》之前需要进行的工作程序。

3. 针对事件 3，分别从死亡人数、重伤人数和直接经济损失三方面分析事故等级，并综合判断该事故的最终等级。

4. 针对事件 3 的安全事故，分别指出建设单位、监理单位、施工单位是否有责任，并说明理由。

第三题

【背景】实施过程中发生以下事件。

事件 1：施工单位完成下列施工准备工作后即向项目监理机构申请开工：①现场材料质量、安全生产管理体系已通过监理机构检验；②管理及施工人员已到位；③施工机具已具备使用条件；④主要工程材料已落实；⑤水、电、通信等已满足开工要求。项目监理机构认为上述开工条件不够完备。

事件 2：项目监理机构审查了施工单位报送的实验室资料，内容包括实验室资质等级、试验人员资格证书。

事件 3：项目监理机构审查施工单位报送的施工组织设计后认为：①安全技术措施符合工程建设强制性标准；②资金、劳动力、材料、设备等资源供应计划满足工程施工需要；③施工总平面布置科学合理，同时要求施工单位补充、完善相关内容。

事件 4：施工过程中，建设单位采购的一批材料运抵现场，施工单位组织清点和检验并向项目监理机构报送材料合格证后即开始用于工程。项目监理机构随即发出《监理通知单》，要求施工单位停止该批材料的使用，并补报质量证明文件。

事件 5：施工单位按照合同约定将钢结构屋架吊装工程分包给具有相应资质和业绩的专业施工单位。分包单位将由其项目经理签字认可的专项施工方案直接报送项目监理机构，专业监理工程师审核后批准了该专项施工方案。

【问题】

1. 针对事件 1，施工单位申请开通还应具备哪些条件?

2. 针对事件 2，项目监理机构对实验室的审查还应包括哪些内容?

3. 针对事件 3，项目监理机构对施工组织设计的审查还应包括哪些内容?

4. 针对事件 4，施工单位还应补报哪些质量证明文件?

5. 分别指出事件 5 中分包单位和专业监理工程师做法的不妥之处，写出正确做法。

第四题

【背景】依法必须招标的工程，建设单位采用公开招标方式选择监理单位承担施工监理任务，工程施工过程中发生以下事件。

事件 1：编制监理招标文件时，建设单位提出投标人除应具备规定的工程监理资质条件外，还必须满足下列条件。

(1) 具有工程招标代理资质。

(2) 不得组成联合体投标。

(3) 已在工程所在地行政辖区内进行工商注册登记。

(4) 属于混合股份制企业。

事件 2：经评审，评标委员会推荐了 3 名中标候选人，并进行了排序。建设单位在收到评标报告 5 日后公示了中标候选人，同时，与中标候选人协商，要求重新报价。中标候选人拒绝了建设单位的要求。

事件 3：中标监理单位与建设单位按照《建设工程监理合同(示范文本)》签订了监理合同，合同履行过程中，合同双方就以下几项工作是否可作为附加工作进行了协商：①工程建设过程中外部关系协调；②施工起重机械安全性检测；③施工合同争议处理；④竣工结算审查。

事件 4：管道工程隐蔽后，项目监理机构对施工质量提出疑问，要求进行剥离复验。施工单位以该隐蔽工程已通过项目监理机构检验为由拒绝复验。项目监理机构坚持要求施工单位进行剥离复验，经复验该隐蔽工程质量合格。

【问题】

1. 逐条指出事件 1 中建设单位针对投标人提出的条件是否妥当，说明理由。

2. 指出事件 2 中建设单位做法不妥之处，说明理由。

3. 分别指出事件 3 中 4 项工作是否可作为附加工作，请说明理由。

4. 针对事件 4，施工单位、项目监理机构的做法是否妥当？请说明理由，该隐蔽工程剥离所发生的费用由谁承担?

参考文献

[1] 中华人民共和国国家标准．建设工程监理规范 (GB/T 50319—2013) [S]．北京：中国建筑出版社，2013.

[2] 王照雯．建筑工程监理概论[M]．上海：复旦大学出版社，2013.

[3] 汪迎红．建设工程监理概论[M]．北京：人民交通出版社，2016.

[4] 韩明，张浦阳．工程建设监理基础[M]．天津：天津大学出版社，2013.

[5] 陈东佐．建筑法规概论[M]．北京：中国建筑工业出版社，2017.

[6] 中国机械工业教育协会．建设工程监理．北京：机械工业出版社，2010.

[7] 中国建设监理协会．建设工程监理进度控制[M]．北京：知识产权出版社，2014.

[8] 中国建设监理协会．建设工程监理投资控制[M]．北京：知识产权出版社，2014.

[9] 中国建设监理协会．建设工程监理质量控制[M]．北京：知识产权出版社，2014.

[10] 江苏省住房和城乡建设厅．江苏省监理人员培训教程[M]．南京：南京大学出版社，2014.

[11] 中国建设监理协会．全国监理工程师考试培训教材[M]．北京：知识产权出版社，2013.

[12] 中国建设监理协会．注册监理工程师继续教育培训教材必修课教材[M]．北京：知识产权出版社，2013.

[13] 梅钰，李刚强．建设工程监理安全责任与工作指南[M]．北京：中国建材工业出版社，2008.

[14] 杨效中，漆贯学，陆湛秋．建设工程监理安全责任读本[M]．北京：中国建材工业出版社，2006.

[15] 董维东，汪霄．建筑工程施工监理实施细则[M]．北京：中国建筑工业出版社，2011.

[16] 盖卫东．施工现场业务管理细节大全丛书——监理员[M]．2 版．北京：机械工业出版社，2015.

[17] 李继业，魏德义，朱万峰．建筑节能工程监理[M]．北京：化学工业出版社，2012.

[18] 刘常宝．项目管理理论与实务[M]．北京：机械工业出版社，2012.

[19] 宾图．项目管理(英文版)[M]．2 版．鲁耀斌，赵玲，译．北京：机械工业出版社，2012.